Dominik Birgelen

Alles, was Sie über das Verkaufen wissen müssen:
Der Verkaufsprozess
Mehr Kunden, mehr Know-how, mehr Abschlüsse.

Dominik Birgelen
Zürich, Schweiz

ISBN 978-3-658-00836-9　　　　　　　　　　　　ISBN 978-3-658-00837-6 (eBook)
DOI 10.1007/978-3-658-00837-6

Die Deutsche Nationalbibliothek verzeichnet diese Publikation in der Deutschen Nationalbibliografie; detaillierte bibliografische Daten sind im Internet über http://dnb.d-nb.de abrufbar.

Springer Gabler
© Springer Fachmedien Wiesbaden 2013
Das Werk einschließlich aller seiner Teile ist urheberrechtlich geschützt. Jede Verwertung, die nicht ausdrücklich vom Urheberrechtsgesetz zugelassen ist, bedarf der vorherigen Zustimmung des Verlages. Das gilt insbesondere für Vervielfältigungen, Bearbeitungen, Übersetzungen, Mikroverfilmungen und die Einspeicherung und Verarbeitung in elektronischen Systemen.

Die Wiedergabe von Gebrauchsnamen, Handelsnamen, Warenbezeichnungen usw. in diesem Werk berechtigt auch ohne besondere Kennzeichnung nicht zu der Annahme, dass solche Namen im Sinne der Warenzeichen- und Markenschutz-Gesetzgebung als frei zu betrachten wären und daher von jedermann benutzt werden dürften.

Covergestaltung/Innengestaltung/Satz: schönit und freunde, Dreieich
Herstellung: Gabriele Singer
Druck und Bindung: AZ Druck und Datentechnik, Berlin

Gedruckt auf säurefreiem und chlorfrei gebleichtem Papier

Springer Gabler ist eine Marke von Springer DE.
Springer DE ist Teil der Fachverlagsgruppe Springer Science+Business Media
www.springer-gabler.de

Dominik Birgelen

Alles, was Sie über das Verkaufen wissen müssen:

Der Verkaufsprozess

Mehr Kunden, mehr Know-how, mehr Abschlüsse.

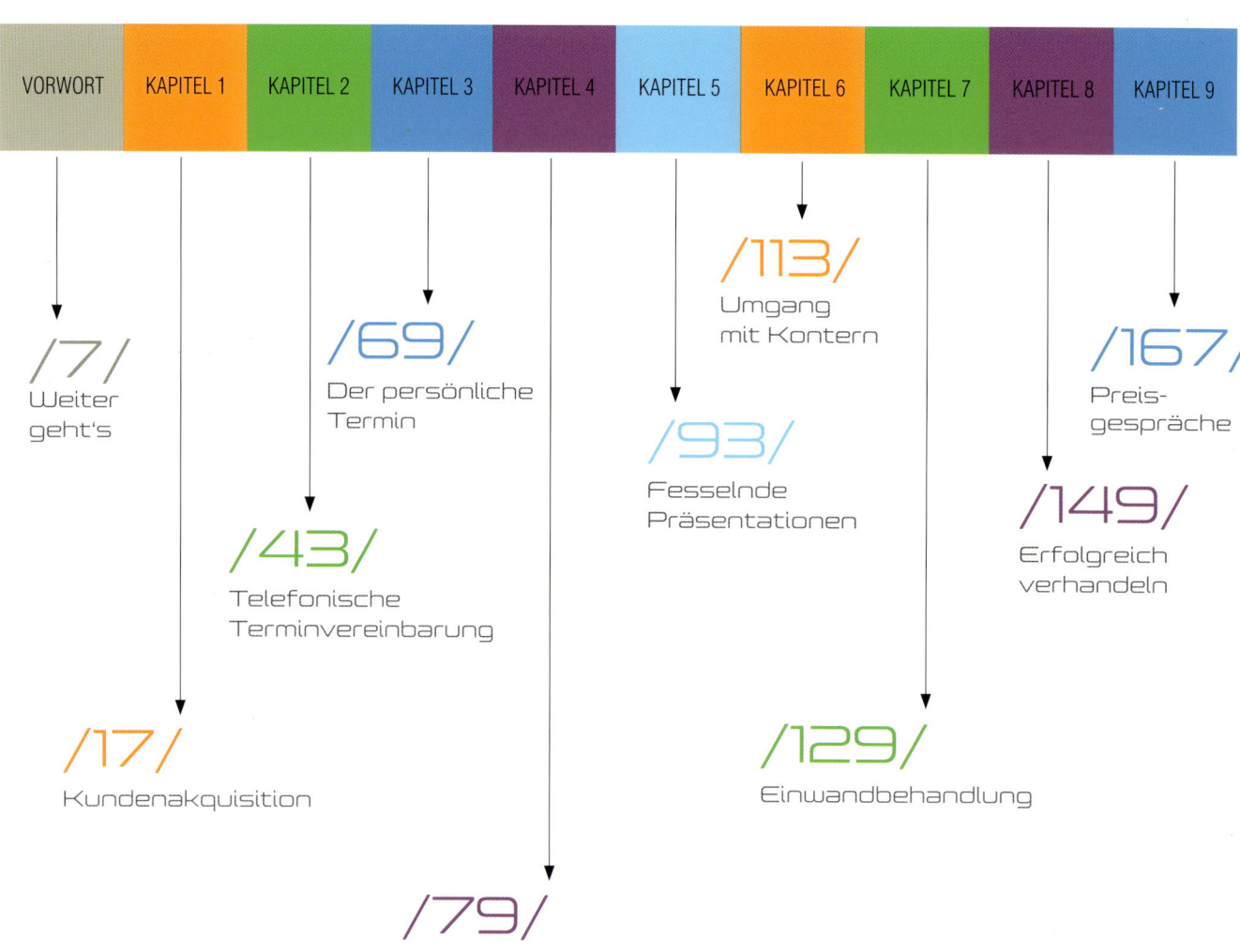

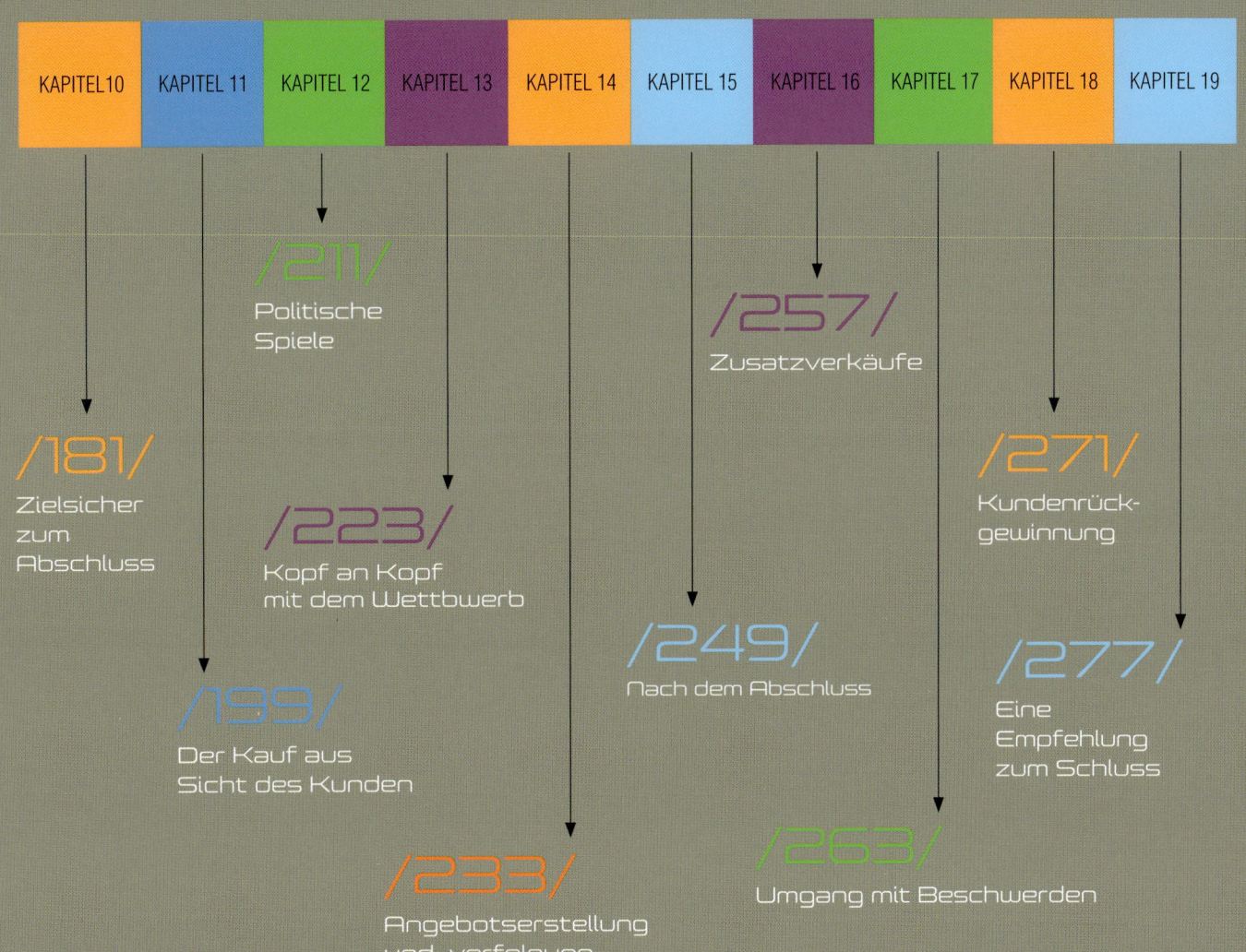

Weiter geht's

Kunst ist, aus nichts etwas zu machen und es zu verkaufen.

(Frank Zappa)

Dieses Buch ist der zweite Teil von „Alles, was Sie über das Verkaufen wissen müssen". Aufgrund meiner Studien und persönlichen Erfahrungen als CEO der SELLGATE® AG, einer Unternehmensgruppe, die auf Vertriebsberatung und Vertriebsauslagerung spezialisiert ist, habe ich mein Wissen in den beiden Büchern „ICH UND DER KUNDE" sowie „DER VERKAUFSPROZESS" für Sie zusammengetragen. Sie können sich die Inhalte des vorliegenden Buchs unabhängig vom ersten Teil zu Gemüte ziehen, wenngleich ich der besseren Memorierung halber viele Verweise zu den Kapiteln im ersten Buch gemacht habe.

Wenn Sie bereits das Buch „ICH UND DER KUNDE" gelesen haben, haben Sie alles gelernt, was Sie im Umgang mit sich selbst und mit dem Kunden wissen müssen. Sie haben sich selbst im Griff und können Ihre Kunden richtig analysieren, verstehen, einordnen und beeinflussen. Sie haben gelernt, wie Sie /1/ Ihre persönlichen Ressourcen entwickeln können, /2/ durch eine trainierte Stimme authentisch und sympathisch rüberkommen, /3/ mit einem überzeugenden Sprachstil und den richtigen Worten eine Brücke zum Kunden bauen und so die Abschlussquote erhöhen, wie Sie /4/ mit Smalltalk eine erste positive Verbindung zu anderen Menschen herstellen, /5/ Körpersprache und Gefühle Ihrer Kunden entschlüsseln und durchschauen. Sie können /6/ Kundenverhalten erklären und wissen, welche Prozesse im Kopf des Kunden ablaufen, wenn er eine Kaufentscheidung trifft. Im Weiteren haben Sie gelernt, wie Sie /7/ verschiedene Menschentypen erkennen und dann beeinflussen können, /8/ Ihre Kunden durch automatische Reaktionsmuster in die gewünschte Richtung lenken, /9/ mittels Verkaufshypnose interne Bilder und Gefühle beim Kunden aktivieren, um ihn zum Verkaufsabschluss zu bewegen, wie Sie

Weiter geht's

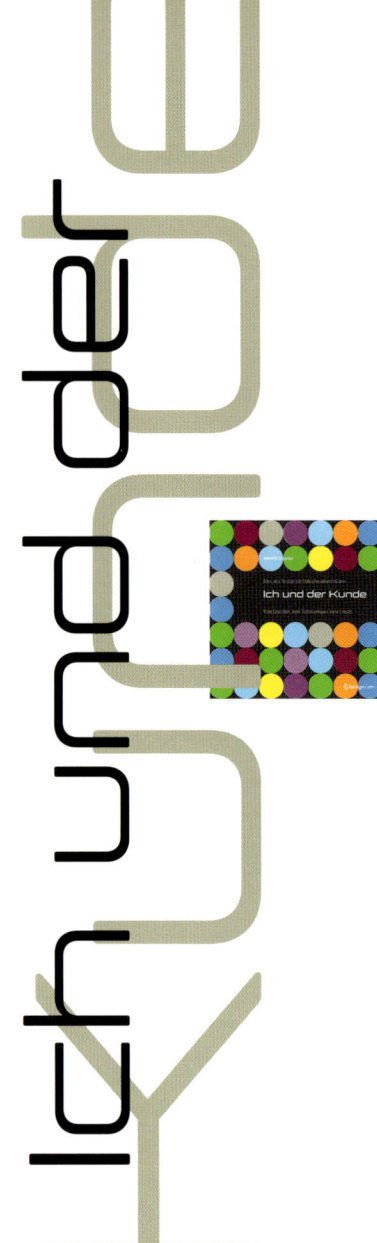

/10/ Menschen in beiderseitigem Interesse manipulieren, ohne dass diese etwas davon merken und zuletzt /11/ methodisch professionell vorgehen, um Ihre Produktivität zu erhöhen.

Im vorliegenden Buch „DER VERKAUFSPROZESS" geht es nun auf die Kunden los. Wie sieht heutzutage der ideale Verkaufsprozess aus? Auf welche Produkte und Kunden kann ich diesen anwenden?

Viele moderne Verkaufstrainer und Buchautoren grenzen sich stark ab von den Verkaufsstilen der früheren Perioden. Aber ist das richtig? Gab es damals nicht auch Verkaufstechniken, die wir heute – vielleicht etwas adaptiert – erfolgreich einsetzen können?

Für Verkaufstrainer und Buchautoren ist es in Mode gekommen, ihr eigenes Verkaufskonzept zu kreieren. Dazu wird oft ein Teilbereich anders oder neu gemacht, es wird eine griffige Formulierung gesucht und das Ganze als neue Weltformel im Verkauf vermarktet. Aber so einfach ist die Wirklichkeit nicht! Nicht alles lässt sich über einen Kamm scheren und durch ein einziges Konzept mit einem einfachen Akronym erklären. Dazu kommt, dass es sich bei diesen Konzepten oftmals um alten Wein in neuen Schläuchen handelt. Meist wird auf Grundlagen zurückgegriffen, die schon lange bekannt und dokumentiert worden sind. Dr. Reinhard Sprenger, einer der profiliertesten Managementberater Deutschlands, spricht mir im Vorwort zu seinem aktuellen Buch „Radikal führen" aus der Seele. Er antwortet auf die Frage, ob in seinem Buch etwas Neues steht, mit einer Gegenfrage: „Wann wurde jemals etwas Neues geschrieben? Wie oft schon hielt ich einen Gedanken für neu – und dann las ich etwas Ähnliches oder gar Identisches in irgendeinem alten Schmöker. Wirkliche Originalität ist äußerst selten. Ihr Anschein wird meistens von der Wortwahl und der Form der Darreichung erzeugt, nicht vom Inhalt."

Oft wird von zeitgenössischen Autoren darauf hingewiesen, dass ältere Verkaufstechniken plumpen Regeln folgen. Natürlich gab und gibt es auch plumpe, teils stark manipulative Elemente. Aber die Gesprächsmuster haben damals in psychologischer Hinsicht funktioniert. Heißt das, dass sich diese psychologischen Regeln heute geändert haben? Nein, natürlich nicht! Denn sie erklären das Verhalten des Menschen, und dieses folgt tiefenpsychologischen Mustern, die auch heute ihre Gültigkeit besitzen. Gestern wie heute müssen Verkäufer verstehen, wie und warum Menschen kaufen und nach welchen Regeln sie ihre Entscheidungen treffen. Belegt und ergänzt werden diese Erkenntnisse in den letzten Jahren durch die Hirnforschung sowie viele praktische Erfahrungen.

Uns wird immer beigebracht, dass wir ohne Geschichte die Gegenwart nicht verstehen können. Wie können wir moderne Gesprächsmuster in ihren Tiefen und in ihrer Wirkung erfassen, wenn wir sie nicht auf ihre Wurzeln zurückführen?

Bevor Sie irgendetwas zurückweisen, weil es schon lange existiert, möchte ich Sie daran erinnern, dass gewisse Methoden oder Informationen alt sind, weil sie gut sind. Würden sie keine guten Ergebnisse bringen, wären sie nicht alt, sondern schon längst vergessen. Die Gegenwart erklärt sich also aus der Geschichte. Deshalb beginne ich dieses Buch mit einem kurzen Streifzug durch die geschichtliche Entwicklung des persönlichen Verkaufs.

Die Ursprünge des Verkaufens sind so alt wie die Menschheit selbst. Alles begann mit dem Tauschhandel. Schon immer gab es erfolgreiche und weniger erfolgreiche Verkäufer. Schon immer hat einer besser getauscht als der andere. Eine systematische Erforschung und Ausbildung kam aber erst Ende des 19. Jahrhunderts auf, mit der Entstehung der Individualpsychologie.

Begründer des prozessorientierten Verkaufsansatzes war John Henry Patterson, der 1884 das international bekannte US-Unternehmen NCR („National Cash Register Company") übernahm. Patterson etablierte bei NCR moderne Vertriebsmethoden, die für die damalige Zeit ungewöhnlich waren. Alle Verkäufer mussten stets auf ein gepflegtes Äußeres achten, an regelmäßigen Schulungen teilnehmen und Pattersons Verkaufsmaximen verinnerlichen. Patterson stellte fest, dass seine Verkäufer unterschiedlich gut verkauften. Der persönliche Verkauf war zu diesem Zeitpunkt ein Buch mit sieben Siegeln. Entweder war man zum Verkäufer geboren, oder eben nicht. Erfolgreiches Verkaufen war ein Resultat der Verkäufer-Persönlichkeit. Unternehmen haben keine Verkäufer trainiert, Sie haben sich vor allem damit beschäftigt, talentierte Verkäufer zu finden.

Um den Erfolgsrezepten seiner guten Verkäufer auf den Grund zu gehen, organisierte Patterson die erste bekannte Verkäufertagung im Jahr 1886. Verkäufer wurden ab diesem Zeitpunkt nicht mehr nur mit Produktinformationen gefüttert, sondern auch in Verkaufstechniken geschult. Patterson analysierte die Vorgehensweise seines erfolgreichsten Verkäufers und fand heraus, dass sich dieser ausschließlich auf die Kundenbedürfnisse konzentrierte, anstatt – wie damals üblich – auf die Übermittlung von Produktinformationen. Gemeinsam mit seinem besten Verkäufer entwickelte Patterson einen konsultativen Verkaufsansatz, der vier Prozessschritte vorsah: /1/ Identifikation der Kundenprobleme, /2/ Bewertung der Auswirkungen dieser Probleme in Dollar und Cent, /3/ Präsentation einer maßgeschneiderten Lösung, inklusive Darstellung des Gewinnpotenzials und /4/ Abschlussfrage. Wenn der Kunde einen Einwand hatte wurde dieser beantwortet und Schritt Vier wiederholt. Das war er also, der erste ausformulierte Verkaufsprozess. Das war Pattersons großer Beitrag zum modernen Verkauf. Die Beschreibung eines Prozesses hat nämlich viele Vorteile. Es handelt sich dabei um eine Folge von eindeutig bestimmbaren Schritten, die reproduzierbar sind, nachverfolgt und gemessen werden können. Das wiederum bedeutete, dass Verkaufen erlernt werden konnte. „Heureka!", um es mit dem Ausruf der plötzlichen Erkenntnis von Archimedes zu formulieren. Die sieben Siegel waren gebrochen – oder zumindest die meisten davon ... Patterson wandte auf den Verkauf dieselbe Technik an, wie Frederick Taylor zuvor auf Arbeitsabläufe in der Produktion. Die Grundlagen des Verkaufsprozesses von John Henry Patterson wurden im 20. Jahrhundert von vielen Unternehmen übernommen, darunter Größen wie Xerox und IBM. In diesen Unternehmen wurde der Prozess jeweils verfeinert und es sind wiederum neue Ansätze entstanden, darunter bekannte Verkaufskonzepte wie „Professional Selling Skills", „Strategic Selling", „Solution Selling", „SPIN Selling" und viele mehr.

Auch das weltbekannte AIDA-Modell ist ein früher Ansatz zur systematischen Gliederung eines Überzeugungsgesprächs. Es wurde 1898 von Elmo Lewis verfasst. Er war der erste offizielle Werbestratege der Welt, Mitbegründer und erster Präsident der amerikanischen Association of National Advertising. Er publizierte in einem Fachartikel das AIDA-Modell als Leitfaden für überzeugungsorientierte Kommunikation im Verkauf. Das Stufenmodell enthält vier Phasen, welche der Kunde durchlaufen soll und die zu seiner Kaufentscheidung führen sollen. Das Modell findet auch heute noch in Werbestrategien und Verkaufsgesprächen seine Verwendung. Unglaublich, dass ein erster Schuss so gut sitzt. Überlegen Sie sich, wie es dazu gekommen ist, dass Sie zumindest schon einmal bis hierhin gelesen haben. Zuerst hat etwas Ihre Aufmerksamkeit geweckt (Attention). Dann konnten die Aufmachung, der Klappentext und das Inhaltsverzeichnis Sie für das Thema interessieren (Interest). Schließlich wurde ein Wunsch in Ihnen geweckt (Desire), und Sie haben sich „Alles, was Sie über das Verkaufen wissen müssen" gekauft (Action). Vielleicht sind Sie aber auch ein geschätzter Kunde von mir, und ich habe Ihnen das oder die Bücher ganz einfach geschenkt. Es führen bekanntlich mehrere Wege zum Ziel. Kein Verkaufsprozess verläuft gleich.

1937 kam ein weiterer evolutionärer Schritt hinzu. Diesmal war es Elmer Wheeler, der das Buch „Tested Sentences That Sell" veröffentlichte. Wheeler ist aufgrund seiner Publikation einer der bekanntesten Verkaufstrainer der damaligen Zeit in den USA geworden. Er entdeckte, dass die Wortwahl beim Verkauf eine große Rolle spielte. Je nachdem, wie eine Verkaufsaussage oder Frage formuliert wurde, hatte dies eine unterschiedliche Auswirkung auf die Abschlusswahrscheinlichkeit. Wheeler hatte Verkaufsbotschaften immer wieder neu formuliert und statistisch getestet, bis er die besten Resultate fand. Eine hochspannende Methode, die ich persönlich auch heute noch gerne verwende.

Das „moderne" Verkaufen nahm in den 1950er-Jahren seinen Lauf. Damals sprach man vom Wirtschaftswunder. Der Engpassfaktor war die Produktion, der Absatz die logische Folge. Die Vermittlung von verkäuferischem Fachwissen und einfachen Verkaufstechniken wurde systematisiert. Dale Carnegies Bücher „Wie man Freunde gewinnt" und „Sorge dich nicht, lebe" bildeten die Grundlage für den fortschrittlichen Verkauf. Die Verkäufer sollten Persönlichkeit entwickeln und positiv auf den Kunden wirken.

So eine wirtschaftliche Hochzeit währt meist nicht lange. Die Konsumgüterproduktion erreichte mithilfe der Automation zwar einen märchenhaften Ausstoß, doch beunruhigte jetzt etwas anderes die Gemüter der 60er-Jahre. Für die Verkäufer war die menschliche Eigenschaft verdrießlich, dass wir uns zu schnell mit dem zufriedengeben, was wir bereits besitzen. Die meisten Betriebe verfügten über immer größere Lager, die auf den Abverkauf warteten. Unter anderem erlebte Amerika dank der überbordenden Käseproduktion aus Wisconsin eine regelrechte Käseschwemme. Der Käse wurde überall, sogar in alten Schiffen aus dem zweiten Weltkrieg, eingelagert. Der amerikanische Senator Alexander Wiley brachte die Sache auf den Punkt: „Unser Problem ist nicht, dass zu viel Käse erzeugt, sondern eher, dass zu wenig Käse verbraucht wird." Er schaffte es mit dieser Aussage immerhin als „Käsesenator" in die Geschichtsbücher. Man sprach von der Absatzrevolution. Das „Hardselling" war geboren. Man zerbrach sich den Kopf darüber, wie man die Kauflust des Verbrauchers am besten anregen könnte. Wie konnte man Wünsche wachrufen, von deren Existenz die Menschen noch gar nichts ahnten? Verkäufer wurden in psychologischen Fähigkeiten und Abschlusstricks geschult. Mit hoch manipulativen Suggestionstechniken lernten sie sich durchzusetzen, zu überreden und Kaufwiderstände zu brechen. Einige Kosmetikfirmen gaben einen Viertel ihres Umsatzes für Werbung und Absatzförderung aus. Die Devise war: „Wir verkaufen keinen Lippenstift, wir kaufen Verbraucher!" Ein großes und lästiges Hindernis war zu dieser Zeit, dass viele Investitionsgüter qualitativ immer besser wurden. Die Unternehmen konnten nicht darauf warten, dass die Erzeugnisse schrottreif würden. Deshalb entwickelten die Werbefachleute eine psychologische Schrottreife. Autohersteller hatten es zum Beispiel darauf abgesehen, in jedem Menschen ein Gefühl der Beschämung hervorzurufen, der einen mehr als drei Jahre alten Wagen fuhr. Jährlich wurden neue Designs und Funktionen herausgebracht, wodurch Unzufriedenheit bei den Besitzern der bisherigen Modelle geschürt wurde. Die Verkaufsstrategen entdeckten, dass die Verwendung von Farbe eine der günstigsten Methoden war, ein neues Produkt zu schaffen. Sobald die neue Farbe in „Mode" kam, waren die vorhandenen Modelle nicht mehr im Trend. Das funktioniert bis heute: Wir betrachten ein früheres Modell als veraltet, obwohl es noch tadellos funktioniert.

In den 70er-Jahren fand ein Umdenken in Richtung Marktorientierung statt. An erster Stelle stand jetzt die Frage, was sich verkaufen ließ. Entsprechend wurde produziert. Die Käufer wurden zu Zielgruppen, der Markt wurde in Segmente aufgeteilt. Die 70er-Jahre waren auch geprägt vom Aufkommen des Neurolinguistischen Programmierens, kurz NLP. NLP vereinte zunächst verschiedene psychotherapeutische Ansätze aus der Hypnotherapie, Familientherapie sowie der Gestalttherapie, und wurde schnell zum „Allheilmittel" im Verkauf. Die Idee hinter NLP war, dass der Mensch anhand von Reiz-Reaktions-Ketten funktioniere und diese durch externen Einfluss neu gestaltet werden können. Aus Hard- wurden damit Softseller, die sensibel und anpassungsfähig agieren sollten. Es wurde einerseits Wert auf empathische Fähigkeiten gelegt, etwa Zuhören, Zustimmung zeigen, Gefühle annehmen und sensibel nachfragen.

Andererseits wurde auch die aktive Einflussnahme beziehungsweise Abschlusshärte nicht außer Acht gelassen.

Diese Phase ging Anfang der 80er-Jahre nahtlos in den wertorientierten Verkauf über. Der Informationsstand der Einkäufer verbesserte sich immer mehr. Zur Informationsverbreitung wurde der Verkäufer nicht mehr gebraucht. Die Kunden suchten jetzt nach niedrigen Preisen. Japan, Indien und China eroberten den Markt. Erstmals wurden Außendienstmitarbeitern die Unternehmensziele nähergebracht. Die Verkäufer wurden mit Normen und Werten ausgestattet, unternehmenskulturelle Aspekte rückten in den Mittelpunkt. Die Verkäufer wurden als Berater und Problemlöser definiert. So wollte man sich vom reinen Preiskampf distanzieren.

In den 90er-Jahren entstanden Überlegungen zur professionellen Beziehungspflege. Customer Relationship Management (CRM) war geboren. Ziel war es, die Kundenbeziehungen mit technischen Mitteln zu standardisieren. Systematisierung, Wirtschaftlichkeitsorientierung und Informationstechnologie kamen auf den Plan.

Zur Jahrtausendwende hat die Gehirnforschung bahnbrechende Erkenntnisse hervorgebracht, die den eingeweihten Verkäuferalltag dramatisch verändern sollten. Marktorientierung ist seitdem nicht mehr nur auf die Verkaufsabteilung beschränkt, sondern wurde zur Führungsphilosophie des ganzen Unternehmens erklärt. Wie bei Mode und Musik wurden die guten alten Zeiten wieder aufgelebt. Das „Neue Hardselling" wurde eingeführt, diesmal salonfähig und adaptiert auf den heutigen Kunden.

Trotz oder gerade wegen der ganzen elektronischen Kommunikationsmittel rückt heute der persönliche Verkauf wieder in den Mittelpunkt der vertrieblichen Aufgaben. Als Folge des neuen Kommunikationsverhaltens verlangt der Kunde kurzfristige Erreichbarkeit und Reaktion. Die Bedeutung des Verkäufers als Servicepartner des Kunden gewinnt zunehmend an Stellenwert. Dabei muss der Verkäufer intelligente Lösungen mit dem Kunden ausarbeiten und mit Entscheidungskompetenzen ausgestattet sein. Eine Vernetzung zwischen Verkauf und anderen Unternehmensbereichen findet immer mehr statt, und zwar intern wie auch extern. Alle Instanzen im Unternehmen sowie externe Kooperationspartner sprechen über das gleiche Kundenproblem. Komplexe Aufgabenstellungen werden gemeinschaftlich gelöst.

Im vorliegenden Buch „DER VERKAUFSPROZESS" unterscheide ich 19 Themenblöcke, die sich über alle Perioden und Konzepte hinweg als die wichtigsten Verkaufsfaktoren herauskristallisiert haben. Diese Themenblöcke laufen nicht sequentiell, sondern Sie können diese je nach Branche und Produkt individuell zusammenstellen. Patterson nutzte vier Stufen in seinem Verkaufsprozess, andere sieben oder neun. Je nach Produkt wird viel Wert auf den Beziehungsaufbau gelegt, oder auch nicht. Wenn Sie ein austauschbares Produkt anbieten, dann bleibt Ihnen gar nichts anders übrig, als über die Beziehung zu verkaufen. Wieso sollte der Kunde sonst das Geschäft mit Ihnen abschließen? Sie lernen in diesem Buch, wie Sie /1/ einen laufenden Nachschub an neuen Kunden sicherstellen, /2/ telefonisch einen Termin vereinbaren und dabei am Sekretariat vorbeikommen sowie den Entscheider überzeugen, /3/ am wirkungsvollsten einen persönlichen Termin gestalten, /4/ eine saubere Motiv- und Bedarfsanalyse beim Kunden durchführen, /5/ in einer fesselnden Präsentation Ihre Produkte vorstellen und den Nutzen argumentieren, /6/ mit Kontern und Störungen während der Präsentation elegant umgehen, /7/ Einwände gekonnt behandeln, /8/ durch die Kenntnis psychologischer Regeln erfolgreich verhandeln und das beste Resultat für sich erzielen, /9/ mit Selbstvertrauen in Preisgespräche gehen sowie alles Notwendige zur geschickten Preisnennung und Preisargumentation kennen, wie Sie /10/ zielsicher zum Abschluss kommen, /11/ sich in den Kunden hineinversetzen und Ihren Verkaufsprozess auf den Kaufprozess des Kunden abstimmen, /12/ im politischen Haifischbecken großer Unternehmenskunden überleben, /13/ durch die richtigen Wettbewerbsstrategien Ihre Konkurrenz ausschalten, /14/ Angebote professionell erstellen und diese abschlusssicher nachverfolgen, wie Sie /15/ nach dem Abschluss durch eine intensive Betreuung und einen perfekten Service für eine dauerhafte Kundenbindung sorgen, /16/ mit Cross- und Up-Selling Ihre Verkaufsumsätze deutlich steigern, /17/ sicher mit Beschwerden umgehen und den Kunden anhand eines fachgerechten Beschwerdegesprächs wieder zufriedenstellen, /18/ profitable Bestandskunden nach einer Abwanderung durch ein strukturiertes Vorgehen wieder zurückholen, und Sie lernen, wie Sie /19/ neue Kunden durch Empfehlungen gewinnen können.

Und nun? Blättern Sie um und tauchen Sie ein. Viel Spaß!

Dominik Birgelen

1

Kundenakquisition

Immer wieder habe ich festgestellt, dass „Verkaufen" gar nicht so schwer war, sobald ich einen Interessenten hatte. Schnell bemerkte ich, dass das Finden von Interessenten weit schwieriger war als der Verkaufsvorgang selbst. (Helmut Seßler)

Bevor wir vertieft in den Verkaufsprozess an einzelne Kunden einsteigen, müssen Sie erst einmal Kunden finden, an denen Sie Ihre neu erlernten Fähigkeiten aus dem Buch „ICH UND DER KUNDE" ausprobieren können. Laufend neuer Nachschub an potenziellen Kunden ist ein kritischer Erfolgsfaktor. Hier hilft Ihnen dieses Kapitel über Kundenakquisition.

Die Kundenakquisition beginnt mit der Definition von Zielkunden. Welchen Markt werden Sie bearbeiten? Wo sind die Kunden zu finden, für die Ihr Produkt einen echten Mehrwert darstellt? Die Ausarbeitung Ihrer Akquisitionsstrategie hängt von der Anzahl möglicher Kunden in Ihrem Verkaufsgebiet ab. Wenn Sie über eine Vielzahl möglicher Kunden verfügen, dann müssen Sie die Massen erreichen. Einen anderen Ansatz wählen Sie, wenn Sie große Abschlüsse bei nur wenigen Kunden anstreben. Da es nur wenige Großkunden gibt, sind diese entsprechend wertvoll. Sie dürfen nichts dem Zufall überlassen.

Sich als Experte positionieren

Als ein Experte gilt ein Mann, der hinterher genau sagen kann, warum seine Prognose nicht gestimmt hat. (Winston Churchill)

Ausgangslage für alle Marketingaktivitäten ist es, über etwas Interessantes zu berichten. Es führt kein Weg daran vorbei, dass Sie sich für Ihr Produkt und Ihren Markt als Experte positionieren. Ansonsten sind Sie für den Kunden uninteressant. Wenn Sie sich auf eine Zielgruppe konzentrieren, erfahren Sie mehr über deren spezifische Probleme und Bedürfnisse. Dieses Wissen hilft Ihnen wiederum bei der Gewinnung neuer Kunden.

Ein Buch veröffentlichen

Als Fachbuchautor genießen Sie ein hohes Ansehen. Sie sind Experte auf Ihrem Gebiet und haben einen bleibenden Wert geschaffen. Wissen sammeln, Wissen aufbereiten und Wissen weitergeben lautet das Gebot der Stunde. Die Veröffentlichung eines Fachbuchs reicht als Beweis für Ihren Expertenstatus. Sie gewinnen Renommee und Bekanntheit. Ein handsigniertes Buch ist auch ein tolles Geschenk an Ihre Kunden oder solche, die es werden sollen.

Fachartikel platzieren

Es muss nicht immer ein ganzes Buch sein. Auch indem Sie Artikel für Fachzeitschriften verfassen, können Sie sich als Experte positionieren. Zudem steigern Sie die Penetration, wenn Sie regelmäßig publizieren. Online-Artikel bleiben lange Zeit erhalten und verweisen im Idealfall auf Ihre Internetpräsenz. Legen Sie Ihre Fachartikel zu Ihren Verkaufsunterlagen dazu.

Interviews geben

Interviews, in denen Sie zu Ihrem Thema befragt werden, sind eine ausgezeichnete Möglichkeit, viele Zuhörer oder Leser von Ihrem Expertenstatus zu überzeugen. Nehmen Sie Kontakt zu den Chefredaktionen bekannter Fachzeitschriften auf, um sich als Experte zu empfehlen. Weisen Sie auf Ihrer Internetseite auf veröffentlichte Interviews hin.

Studien durchführen

Studien sind für Ihre Kunden von großem Interesse und werden gerne von Fachzeitschriften gedruckt. Überlegen Sie sich, was Sie aus dem Arbeitsalltag Ihrer Kunden analysieren können. Sie verstärken die Medienpräsenz und Wirkung, wenn Sie eine Studie gemeinsam mit einem renommierten Institut durchführen. Der Ruf des Instituts färbt auf Sie und Ihr Unternehmen ab.

Vorträge halten

Vorträge halten macht Sie bekannt. Außerdem bringt es Sie mit anderen Experten zusammen. Nutzen Sie große Messen und Fachveranstaltungen als Plattform. Verbringen Sie die Zeit nach dem Auftritt mit interessierten Zuhörern. Jeder Zuhörer könnte ein Kunde von morgen sein. Schreiben Sie auf Ihrer Homepage, dass Sie als Vortragsredner Expertise und Schwung in jede Veranstaltung bringen.

Ein Blog schreiben

Ein Blog ist ein interaktives Online-Journal. Dabei veröffentlichen Sie regelmäßig Texte zu Ihrem Fachgebiet. Die Leser haben die Möglichkeit, Ihre Beiträge zu kommentieren. So erhalten Sie Feedback und bauen einen Dialog mit Ihrer Leserschaft auf. Ein Blog ist eine Mischung aus Information und persönlicher Meinung des Autors. Das ideale Instrument, um Sie als Experten aufzubauen. Gute Texte überzeugen mögliche Kunden von Ihrer Kompetenz. Blogbeiträge werden sehr gut in Suchmaschinen gefunden. Die Chance, dass ein Kunde zu einem bestimmten Suchwort bei Ihnen auf der Seite landet, ist relativ groß. Der Einfluss eines Blogs nimmt mit wachsender Leserschaft zu. Kommunizieren Sie die Internetadresse Ihres Blogs bei jeder Gelegenheit. Nehmen Sie die URL Ihres Blogs in Ihre E-Mail-Signatur mit auf. Verweisen Sie darauf in Netzwerkprofilen und auf Ihrer Visitenkarte. Durch Mund-zu-Mund-Propaganda empfehlen sich die Leser Ihre Beiträge untereinander weiter.

Werbung

Werbung hat die Aufgabe, Interessenten hervorzubringen. Werbung bietet Ihrer Zielgruppe etwas, was diese nicht aktiv sucht. Sie kann einen Bedarf erschaffen. Das wichtigste Kriterium bei Werbung ist

Die Kunst, einen Krieg mit einer zahlenmäßig schwächeren Armee zu führen, besteht darin, an dem Punkt, der angegriffen oder verteidigt werden soll, mehr Soldaten zur Verfügung zu haben als der Feind. (Napoleon)

Im Verkauf zählt nicht, wen Sie kennen. Was zählt ist, wer Sie kennt. (Geffrey Gitomer)

Verbreitung in der Masse. Gute Werbung beinhaltet stets eine klare Handlungsaufforderung an den Kunden. Er muss erfahren, was er jetzt tun soll, um ein bestimmtes Bedürfnis zu befriedigen. Die Zielperson muss etwas Konkretes tun, um sich als Interessent zu identifizieren. Finden Sie die richtigen Werbemaßnahmen für Ihre Zielgruppe heraus. Es kann sein, dass Sie ein wenig herumexperimentieren müssen, bevor Sie das richtige Medium und die richtige Ansprache gefunden haben. Klassische Werbung hat enorme Streuverluste. Um ein Produkt oder Unternehmen bekannt zu machen, muss Werbung qualitativ herausragend sein und großflächig verteilt werden. Das ist kostenintensiv. Übrigens: doppelseitige Anzeigen kann man viel leichter überblättern als einseitige Anzeigen neben einem interessanten Fachartikel.

Personenmarketing

Viele Unternehmen beweihräuchern in der Werbung ihre eigene Größe und Großartigkeit. Die Zielperson kommt sich dabei klein und unbedeutend vor. Auf die möglichen Bedürfnisse der Zielgruppe wird gar nicht eingegangen. Eine solche Vorgehensweise ist ein Hindernis. Wer will mit einem anonymen Unternehmen Kontakt aufnehmen? Deshalb empfiehlt es sich, in der Werbung bescheidener, zielorientierter und persönlicher aufzutreten. Der Interessent braucht für die Kontaktaufnahme einen Ansprechpartner auf Augenhöhe. Hier tritt das Personenmarketing auf den Plan. Sie verkleiden sich nicht als Produkt oder als Firma, sondern präsentieren sich als Person. Der Personen-Markt ist so gut wie leer. Ideale Voraussetzung, um dieses Feld zu besetzen. Stellen Sie Ihre Person in den Vordergrund und Ihr Produkt in den Hintergrund. Ein Produkt, das man nicht kennt, kauft man lieber von einer Person, die man kennt. Schalten Sie erst dann Werbung, wenn Sie sich als Experte positioniert haben. Erst dann haben Sie einen Namen und eine Marke mit Wiedererkennungswert. Erst dann nützt auch Werbung.

Virales Marketing

Unter viralem Marketing versteht man Werbebotschaften, die sich über Mund-zu-Mund-Propaganda rasend schnell verteilen. Die Verbreitung geschieht über soziale Netzwerke in der Zielgruppe, wie etwa durch Freunde, Bekannte, Arbeitskollegen oder Nachbarn. Dazu müssen Sie eine Botschaft erschaffen, die es wert ist, weitergeleitet zu werden. Erfolgreiche virale Botschaften werden als Textdokument, Animation, Spiel oder Videoclip produziert und an Meinungsführer in der Zielgruppe verteilt. Von dort aus verbreitet sich die Information nach dem Schneeballprinzip weiter. Der Kundennutzen besteht im Unterhaltungswert. Über Blogs und Foren, über Mailinglisten und Communitys verbreiten sich spektakuläre Informationen heute wie der Wind. Wenn Sie Glück haben und einen außergewöhnlichen Inhalt präsentieren können, berichten auch die großen Tagesmedien über Ihre Aktion. Ihr Produkt oder Unternehmen steht beim viralen Marketing nicht im Vordergrund. Sie sollten aber eine Verknüpfung zu Produkt und Unternehmen schaffen, damit die Verbreitung der Botschaft Ihnen auch etwas bringt. Im Vergleich zur klassischen Werbung ist virales Marketing eine günstige Alternative. Sie tragen die Produktionskosten Ihrer Botschaft, und die Verbreitung geschieht fast umsonst.

Internetmarketing

Sorgen Sie für einen professionellen Internetauftritt. Mit bezahlten Anzeigen auf anderen Seiten locken Sie Besucher auf Ihre Internetpräsenz. Mit Suchmaschinenoptimierung sorgen Sie dafür, dass Ihre Seite zu bestimmten Suchworten in den Suchmaschinen an erster Stelle erscheint. Achten Sie auch auf Ihrer Seite darauf, für Ihre Kunden einen persönlichen Ansprechpartner mit Bild zu platzieren. Dadurch wird eine Anfrage deutlich menschlicher als wenn der Interessent eine anonyme E-Mail an eine Info-Adresse senden soll.

Soziales Engagement vermarkten

Durch soziale Projekte können Sie den Bekanntheitsgrad und das Image Ihres Unternehmens steigern. Suchen Sie sich ein Projekt, das zu Ihnen und Ihrem Unternehmen passt. Sprechen Sie von Ihrem Engagement auf Ihrer Homepage, in E-Mails und anderen Kommunikationskanälen. Schreiben Sie Presseberichte, die Sie an Ihren Medienverteiler verschicken.

Presse- und Öffentlichkeitsarbeit

Presse- und Öffentlichkeitsarbeit steigert den Bekanntheitsgrad Ihres Unternehmens. Das Image wird gefestigt. Positive Zeitungsartikel bauen langfristig Vertrauen auf. Werbung macht Versprechen, während Zeitungsartikel über etwas Bestehendes berichten. Werbung zeigt eine mögliche Zukunft auf, während Zeitungsartikel die Vergangenheit betrachten. Werbung beschreibt das Angebot, während Zeitungsartikel die Anwender in den Vordergrund stellen. Diese Faktoren machen Zeitungsartikel glaubwürdiger als Werbung. Bauen Sie Kontakte zu Journalisten auf und pflegen Sie diese, um die Chance auf eine Erwähnung in den Medien zu erhöhen. Schicken Sie regelmäßig spannende Presseartikel an Ihren Medienverteiler. Hochwertige Bilder tragen entscheidend zu einer erfolgreichen Pressearbeit bei. Sie gewinnen neue Interessenten, indem Sie in Fachmedien mit Erfolgsgeschichten bestehender Kunden vertreten sind. Das Fachblatt wird so zum neutralen Zeugen. Anschließend können Sie die Zeitungsartikel auch aktiv in Ihrer Briefwerbung einsetzen. Sie können diese Vorteile von Zeitungsartikeln auch für Ihre Zwecke nutzen, ohne dass ein Zeitungsartikel tatsächlich erschienen ist. Schreiben Sie einfach selbst einen Text und gestalten Sie diesen wie einen echten Zeitungsartikel. Diesen legen Sie Ihrem Werbebrief bei. Die optische Anmutung genügt, um beim Leser die Symbolkraft eines echten Zeitungsartikels hervorzurufen.

Direktmarketing

Unter Direktmarketing werden postalische oder telefonische Werbemaßnahmen verstanden, die eine direkte Kundenansprache mit einer Aufforderung zur Antwort verknüpfen. Ziel ist, dass ein potenzieller Abnehmer von sich aus Interesse bekundet und auf Ihre Werbebotschaft reagiert. Nachfassaktionen werden eingesetzt, um die persönliche Ansprache und Reaktionswahrscheinlichkeit zu steigern. Das geschieht zum Beispiel durch ein weiteres Mailing, einen Telefonanruf oder eine SMS. Die Stärke des Direktmarketings liegt in seiner Messbarkeit. Mittels Werbecodes oder dem Abgleich von Listen lassen sich Kosten und Nutzen einer solchen Aktion zueinander ins Verhältnis setzen. Mit der Kundenakquisition startet ein Kontaktprozess. Die Zeitabstände Ihrer Botschaften sind so zu wählen, dass sich der Kunde immer noch an die vorangegangene Information erinnert. Forschungsresultate haben gezeigt, dass man nach dem Erstkontakt zwei Tage Zeit für die Wiederholung hat. Dann können Sie vier Tage warten und schließlich auf acht Tage ausdehnen. Informationsnotwendigkeit, Häufigkeit und Abstandsdauer sind natürlich auch immer abhängig vom Wissensstand des Kunden. In diesem Sinne können Sie einen persönlichen Anruf durch zwei schriftlichen Informationen vorbereiten. Im ersten Brief kündigen Sie den zweiten Brief an, der zwei Tage später losgeschickt wird: Ein weiterer Brief wird Sie überraschen. Wenn der Kunde nicht von sich aus reagiert, rufen Sie ihn vier Tage später an. Senden Sie dem Kunden zum Beispiel mit dem zweiten Brief eine kleine Geldkassette mit einigen Münzen drin. Aufschrift: „Wir sind Ihr Schlüssel zu mehr Gewinn." Die klappernden Münzen wecken die Neugier des Empfängers. Den Schlüssel senden Sie aber bewusst nicht mit. Die Rücklaufquote ist enorm. Viele Empfänger rufen an, weil sie den Schlüssel vermissen. Darauf antworten Sie: Den Schlüssel bringe ich persönlich bei Ihnen vorbei. Wann wollen wir uns denn treffen? Das Nachfassen von Mailings machen Sie mit unbestreitbaren Wahrheiten, wie Sie es im Kapitel über „VERKAUFSHYPNOSE" im ersten Buch dieses Kompendiums gelernt haben: Herr Müller, Sie haben von uns letzte Woche ein Schreiben mit einem speziellen Angebot erhalten. So können Sie sich ein erstes Ja abholen. Wenn der Kunde sich nicht an das Schreiben erinnert: macht auch nichts. Fassen Sie den Inhalt zu Beginn des Telefonats einfach nochmals kurz zusammen: In dem Brief, den wir Ihnen geschickt haben, geht es darum, wie Sie … Somit ist es unwichtig, ob der Kunde das Schreiben gelesen hat oder nicht. Wenn er es schon gelesen hat, ist es eine nützliche Wiederholung. Falls nicht, weiß er jetzt, um was es geht. Mit nutzenverknüpften Meinungsfragen kommen Sie weiter ins Gespräch: Was meinen Sie dazu, wenn Sie Ihre Abschlussquoten um 20 Prozent steigern können?

Kundenquellen

Bevor Sie mit Direktmarketing starten, benötigen Sie Daten von Kunden, die Sie kontaktieren können. Sie können Adressdaten nach vielen Selektionskriterien von Adressbrokern kaufen. So können zum Beispiel

Branche, Unternehmen, Ansprechpartner, Funktion, Anzahl Mitarbeiter oder Umsatzgröße gute Erstinformationen sein. Umfangreiche Kundendaten finden Sie auch in öffentlich zugänglichen Branchenverzeichnissen, bei Verbänden, in Messekatalogen, Ausstellerverzeichnissen, im Branchentelefonbuch oder bei der örtlichen Handelskammer.

Lesen Sie die Fachzeitschriften Ihrer Zielgruppe. Dort werden regelmäßig die größten Unternehmen der Branche vorgestellt, oder es erscheinen Rankings von potenziellen Kunden. Ihre Konkurrenz wird Werbung in solchen Fachzeitschriften schalten. Schauen Sie sich genau an, was dort beworben wird, und bauen Sie Ihre Argumentationskette darauf auf.

Auch Tageszeitungen sind eine gute Adressquelle. Schauen Sie sich die Anzeigen an. Firmen, die selbst Werbung schalten, verfolgen in der Regel eine Wachstumsstrategie und sind erfolgreich. Auch bei den Stellenanzeigen werden Sie fündig. Dort stellen sich die Firmen mit einem Ansprechpartner sogar selbst vor.

Briefwerbung

Mit Briefwerbung bringen Sie Ihre Ideen günstig in die Köpfe Ihrer Zielgruppe. Vorausgesetzt, Sie machen es richtig. Ein neutraler Umschlag ohne Hinweis auf den Inhalt garantiert, dass der Brief auch geöffnet wird. Insbesondere wenn Sie die Adresse mit der Hand schreiben. Beim Öffnen eines Briefs wird dem Empfänger die Werbebotschaft nicht übergestülpt, sondern er richtet freiwillig seine Aufmerksamkeit auf den Inhalt. Eine vorteilhafte Situation. Werbung mit unverständlichem Inhalt bringt Aufmerksamkeit, aber keine Reaktion. Schreiben Sie einen einfachen und verständlichen Text. Ein Leser, der zum Denken gezwungen wird, wird vom Lesen abgelenkt und verliert schnell die Lust. Wenn Sie keinen direkten Ansprechpartner für Ihr Thema im Unternehmen kennen, dann schreiben Sie in die Betreffzeile Ihres Briefs, was Sie genau wollen. So ist die Wahrscheinlichkeit hoch, dass der Brief an die richtige Person geleitet wird.

Versuchen Sie, die Kaufmotive der potenziellen Kunden genau zu erkennen. Kombinieren Sie die Bedürfnisse verschiedener Kundentypen, sodass Sie für jeden etwas bieten.

Schriftliche Kommunikation muss immer ausgesucht höflich sein. Fragen Sie sich, wie Sie sich fühlen würden, wenn Sie den Text selbst erhalten.

Es verstärkt die Wirkung, wenn Sie Ihre Botschaft an verschiedene verantwortliche Ansprechpartner im Kundenunternehmen adressieren. Anstatt nur an den Einkaufsleiter, senden Sie Ihren Brief gleichzeitig an den Verkauf und die Geschäftsleitung. Die Namen haben Sie natürlich vorher recherchiert. Die Briefe sind identisch – bis auf einen Zusatz am Ende: Da wir nicht ganz sicher sind, ob wir unser Anschreiben an die richtige Stelle in Ihrem Unternehmen adressiert haben, erlauben wir uns, diesen Brief zeitgleich auch noch an Herrn … und Frau … zu senden. Das wirkt Wunder. Die verschiedenen Personen behalten Ihr Schreiben, weil von den anderen Abteilungen ja noch eine Rückfrage kommen könnte. Wahrscheinlich meldet sich mindestens einer der Ansprechpartner bei Ihnen zurück.

Sie sollten wissen, wie der Empfänger einen Brief liest. Der Leser fragt sich als Erstes, wer ihm geschrieben hat. Ein seriöser Absender sorgt für eine erste Akzeptanz. Wählen Sie bei wichtigen Briefen eine passende Papierqualität. Das fällt auf, und Ihr Brief wird hochwertiger eingeschätzt. Das Einzige, was am Anfang Wort für Wort gelesen wird, ist die Betreffzeile und das PS. Sorgen Sie dafür, dass beide Formulierungen zum Weiterlesen anregen. Im PS können Sie den größten Vorteil wiederholen, eine Handlungsaufforderung platzieren oder Ihre Vorfreude auf das Kennenlernen ausdrücken. Sie verstärken die Wirkung, wenn Sie das PS mit der Hand schreiben. Gestalten Sie kurze Absätze, sodass das Auge direkt das Thema aufnehmen kann. Unterstreichungen oder fett gesetzte Wörter stoppen den Lesefluss und erhöhen die Konzentration auf die markierte Aussage. Die Unterschrift ist in einem Brief der Bild-Ersatz. Sorgen Sie dafür, dass Sie jeden Brief im Original unterschreiben. Nichts wirkt unpersönlicher als eine eingescannte Unterschrift. Unter die Unterschrift gehört Ihr ausgeschriebener Name.

Sich selbst vorstellen
Erzählen Sie Ihrer Zielgruppe etwas Interessantes über sich. Das macht Sie nahbar und schafft Vertrauen. Stellen Sie als Person Ihre Absichten offen dar, präsentieren Sie Ihre Vorzüge und sagen Sie bereits zu Beginn deutlich, was Sie wollen: Mit diesem Brief möchte ich Sie als Kunde gewinnen. So weiß die Zielperson, woran sie ist. Sie weiß, worauf sie sich einlässt, wenn sie weiterliest. Beschreiben Sie Ihren Nutzen. Was haben Sie Ihren bisherigen Kunden gebracht? Wer hat sich positiv über Sie und Ihre Leistung geäußert? Welche Erfahrungen haben Sie gemacht? Erzählen Sie zum Schluss etwas Menschliches. Sie als Person soll der Empfänger kennenlernen wollen. Bei diesen Themeninhalten kann Ihnen der Empfänger schwerlich widersprechen. Es sind ja Ihre Erfahrungen und Ihre Sichtweise, und keine leeren Behauptungen. Schreiben Sie einen langen und gleichzeitig interessanten Brief. In kurzen Briefen steht nicht genug drin, um den Kunden über einen längeren Zeitraum mit Ihrem Thema zu befassen. Bauen Sie ein Foto von sich in den Brief ein. Geben Sie zum Schluss des Briefs eine klare Handlungsaufforderung mit einer Bedingung zur echten Qualifikation: Wenn Sie sich für die Vorteile interessieren, die ich Ihnen verschaffen kann, dann rufen Sie mich bitte an. Hier ist meine Telefonnummer … Ziel eines solchen Briefs ist es, dass sich die Ansprechpartner freiwillig für Ihr Angebot interessieren und sich bei Ihnen melden. Das braucht in vielen Fällen einige Penetration. Schicken Sie Ihren Zielpersonen den gleichen

Brief mit aktuellem Datum alle sechs bis acht Wochen. Nach dem dritten oder vierten Brief haben Sie die volle Aufmerksamkeit des Kunden. Der Kunde merkt, dass Sie es wirklich ernst meinen. Nicht die Abwechslung bringt die Reaktion, sondern die Wiederholung des gleichen Inhalts. Das ist günstiger und bringt mehr. Wenn Sie die Möglichkeit einer Kontaktaufnahme durch Ihre Person aufrechterhalten wollen, dann bereiten Sie den Kunden mit der folgenden Formulierung darauf vor: Wenn Sie uns nicht zuvorkommen, werde ich Sie gerne am …anrufen.

Schnippelmarketing
Beim Schnippelmarketing schneiden Sie Zeitungsartikel über Firmen aus, die Sie als Kunden gewinnen möchten. Schreiben Sie einen passenden Kommentar dazu und schicken Sie den Brief an die richtige Zielperson im Unternehmen. Durch diese Vorgehensweise bekommen Sie viel höhere Rücklaufquoten als bei gängigen Werbebriefen. Grund: Ihr Schreiben ist keine Massenpost, sondern bezieht sich auf ein spezifisches Thema des angesprochenen Unternehmens.

Provokationen
Mit Provokationen gegenüber dem Empfänger können Sie eine Reaktion auslösen. Idealerweise nimmt er Kontakt mit Ihnen auf, und Sie sind im Gespräch. Provozieren können Sie mit beweisbaren Aussagen zu Herausforderungen in der Branche und im Unternehmen. Finden Sie Provokationen, die beim Empfänger Unsicherheit auslösen. Bieten Sie eine Lösung für das dargestellte Problem und dessen Auswirkungen.

Um Rat suchen
Drehen Sie den Spieß doch einmal um. Anstatt Ihre Kunden mit Hinweisen zuzutexten, suchen Sie um Rat bei Ihren Ansprechpartnern. Wer Rat sucht, wertet den Ratgeber auf. Sie machen sich dadurch beliebt und sympathisch. Eine ideale Voraussetzung, um im zweiten Schritt Ihre Produkte zu verkaufen.

Beipackideen mitschicken
Wenn Sie kleine Geschenke mit Ihren Briefen mitschicken, lösen Sie beim Kunden Verpflichtungsgefühle aus und heben sich von Ihren Konkurrenten ab, sei es auch nur durch eine kleine Süßigkeit. Der Kunde muss von Beginn an das Gefühl haben, dass er etwas Besonderes ist und dass Sie alles für ihn tun. Die Beipackidee sollte einen kreativen Bezug zu Ihrem Produkt haben.

E-Mail-Marketing

Im Gegensatz zu einem Brief sollte eine E-Mail kurz und prägnant formuliert sein. Der Empfänger sitzt am Computer und hat jeden Tag Dutzende von E-Mails abzuarbeiten. Als Erstes wird der Empfänger versuchen, alle Werbebotschaften zu markieren und zu löschen. Als Anhaltspunkt dient ihm die Betreffzeile. Sie müssen also einen Betreff formulieren, der den Empfänger zur Öffnung der E-Mail bringt. Gut eignen sich konkret formulierte Vorteile und Kundennutzen: Sparen Sie täglich eine Stunde Zeit durch ... Kommunizieren Sie in der E-Mail klar und deutlich, wie Ihr Unternehmen den Kundennutzen realisiert. Schicken Sie keine Anhänge bei unverlangten E-Mails mit. Verzichten Sie auch auf grafische Gestaltung in der E-Mail selbst. Das qualifiziert sie sofort als Werbebotschaft. Es geht für Ihren Kunden nur um den Inhalt. Die E-Mail soll informieren und zur Handlung auffordern. Geben Sie dem Empfänger keine Anweisungen, die er nicht sofort erfüllen kann. Viele Werbetexte sind voll von nichtssagenden Worthülsen, wie „Nutzen Sie ...", „Profitieren Sie von ..." oder „Genießen Sie die Vorteile von ...". Diese Anweisungen kann der Interessent nicht sofort ausführen. Auch Wünsche und Hoffnungen lähmen jede Handlungsbereitschaft des Kunden. Verzichten Sie auf Formulierungen, wie „Wir würden uns freuen, von Ihnen zu hören". In einer Handlungsaufforderung sollten Sie sich auf einen einfachen nächsten Schritt konzentrieren, den Sie klar und deutlich formulieren: Bitte antworten Sie auf diese E-Mail, wenn Sie weitere Informationen von uns erhalten möchten.

Mailings
Ein Mailing ist eine persönlich adressierte Massensendung und agiert nach dem Zufallsprinzip. Potenzielle Kunden werden durch Werbebotschaften in E-Mails angesprochen und können durch den Klick auf einen Link zu einer Landingpage oder Bestellseite geleitet werden. Organisieren Sie sich E-Mail-Adressen von sogenannten List Brokern und bieten Sie Ihrer Zielgruppe eine interessante Information an.

Newsletter
Newsletter sind regelmäßige Informationsangebote, die Ihre Kunden gratis abonnieren können. Der regelmäßige E-Mail-Kontakt sorgt dafür, dass Sie bei Ihren potenziellen Kunden immer wieder in Erinnerung gebracht werden. In Ihrem Newsletter können Sie sich als Experte zu Ihrem Thema positionieren und Ihre Kompetenz beweisen. Sie haben deutlich weniger Streuverluste mit einem selbst aufgebauten Newsletter-Verteiler als bei einem Mailing mit gekauften E-Mail-Adressen. Die Schwierigkeit am Anfang ist es, einen eigenen Verteiler aufzubauen. Dazu müssen Sie Ihren Newsletter bekannt machen und so oft wie möglich darauf hinweisen. Wie beim Blog, sollten Sie auch auf Ihren Newsletter in aller Kundenkorrespondenz hinweisen. Wenn die Inhalte einen Mehrwert haben, werden sie von Ihren Kunden und neuen Interessenten ausgetauscht. So entsteht Mund-zu-Mund-Propaganda, und Ihr Verteiler wächst. Wichtige Kennzahlen beim Versenden eines Newsletters sind die Abonnentenzahl sowie die Öffnungs- und Klickrate der einzelnen Beiträge. Auch beim Newsletter können Sie auf interessante Angebote und Produkte hinweisen sowie die Kunden auf weiterführende Internetseiten lenken.

Warmakquisition

Bei der Warmakquisition knüpfen Sie für den Erstkontakt zum Kunden an etwas bereits Bekanntes an. Entweder hat Ihr Unternehmen schon Kontakt, oder es besteht eine indirekte Beziehung, zum Beispiel über eine gemeinsame Vereinstätigkeit oder einen gemeinsamen Geschäftspartner.

Folgeprodukte vorstellen
Bleiben Sie mit all Ihren früheren Kunden in Kontakt. Achten Sie dabei auf die durchschnittliche Haltedauer Ihres Produkts. Wenn dieser Zeitraum abgelaufen ist, benötigen die meisten Kunden ein Folgeprodukt. Kunden, die bereits einmal bei Ihrem Unternehmen gekauft haben, sind bestens vorqualifiziert. Sie kennen das Produkt, Ihr Unternehmen und gegebenenfalls Sie als Verkäufer. Wenn Sie ein neues Design, neue Funktionen oder ein komplett neues Produkt im Sortiment haben, dann rufen Sie alle an, die Ihr Produkt bereits besitzen.

Kontakte über den eigenen Kundendienst
Halten Sie engen Kontakt zum Kundendienst Ihres Unternehmens. Was Sie benötigen, sind Informationen über Kunden, die Ihr Produkt zum Service gebracht haben. Das ist die perfekte Gelegenheit, um diesen Personen ein neues Modell vorzustellen, das ihren Anforderungen noch besser gerecht wird.

Multiplikatoren
Suchen Sie sich Personen, die als Multiplikatoren für Ihren Verkauf dienen können. Bieten Sie solchen Personen eine Vermittlungsprovision. Nehmen Sie Kontakt zu Steuerberatern und Rechtsanwälten auf. Die betreuen viele Branchen und können Ihnen bestimmt den einen oder anderen wertvollen Kontakt vermitteln. Setzen Sie alle Hebel in Bewegung. Sprechen Sie mit jedem über Ihr Geschäft. Bieten Sie auch Ihrem Zahnarzt, Hausarzt und Friseur eine Vermittlungsprovision, falls es zu Ihrer Branche passt.

Networking
Professionelles Networking hilft Ihnen beim Aufbau von neuen Kunden. Gut vernetzte Menschen haben es immer leichter im Leben. Wenn zwei Anbieter gleich gut sind und Ihre Vorteile gleich gut kommunizieren, gewinnt sicherlich der, den man schon kennt oder der einem empfohlen wurde. Im Vergleich zu anderen Akquisitionsmaßnahmen ist Networking deutlich günstiger.

Interesse an anderen Menschen haben
Als Verkaufsprofi haben Sie schon einige wichtige Voraussetzungen. Offenheit und echtes Interesse an anderen Menschen sind Ihnen nicht fremd, die Kunst des Smalltalks beherrschen Sie perfekt. Gute

---

Der einzige Unterschied zwischen dem Punkt, an dem Sie jetzt stehen, und dem Punkt, an dem Sie nächstes Jahr stehen werden, besteht in den Menschen, die Sie kennenlernen, und in den Büchern, die Sie lesen. (Charlie Jones)

Netzwerker saugen alle Informationen über die Menschen auf, denen Sie begegnen und die Ihnen nützlich sein können. Je mehr Privates Sie von Ihren Netzwerkpartnern wissen, desto vertrauter wird der Kontakt. Bevor Sie selbst um Hilfe bitten, helfen Sie anderen bei der Erfüllung Ihrer Wünsche. Dadurch wird man Ihnen auch in Zukunft verpflichtet sein, und Sie können Ihr Netzwerk um einen Gefallen oder eine Empfehlung bitten. Erfolgreiches Networking ist am erfolgreichsten auf der gleichen sozialen Ebene. Notieren Sie sich alle Informationen, die Sie über Ihren Gesprächspartner erfahren.

Menschen kennenlernen
Erfolgreiche Netzwerker finden überall neue Kontakte, ob beim Reisen, Schlangestehen oder im Fitnessstudio. In Verbänden oder Clubs können Sie an Veranstaltungen leicht andere Mitglieder kennenlernen. Suchen Sie sich Institutionen, deren Mitglieder zu Ihnen und Ihrem Geschäft passen. Halten Sie sich zu Beginn und am Ende einer Veranstaltung nahe am Eingang auf. Dort lernen Sie die meisten Menschen kennen. Nach dem offiziellen Teil sollten Sie sich mit den anderen an die Bar gesellen. Dort finden oft die wichtigsten Gespräche statt. Die meisten Menschen sprechen am liebsten über sich selbst. Also geben Sie Ihnen dieses Privileg. Fragen Sie Ihr Gegenüber: An was arbeiten Sie denn gerade aktuell? Was ist die größte Herausforderung, mit der Sie im Moment konfrontiert sind? Durch die Antworten Ihres Gegenübers können Sie sofort einschätzen, ob sich eine Intensivierung des Gesprächs lohnt. Wenn Sie feststellen, dass Ihnen der Kontakt nichts bringt und Sie dem Gegenüber mit Ihrem Angebot nicht helfen können, dann steigen Sie höflich aus dem Gespräch aus. Wenn Sie merken, dass der Kontakt interessant sein könnte, dann folgt nun Ihre Selbstvorstellung.

Elevator Pitch
Sie werden umso interessanter, je mehr sich Ihre Tipps, Ideen und Empfehlungen um die großen Wünsche Ihres Gesprächspartners drehen. Dazu müssen Sie Ihren Nutzen kommunizieren: mit dem Elevator Pitch. Der Elevator Pitch ist eine Selbstvorstellung, die maximal zwei Minuten in Anspruch nimmt. In den 80er-Jahren nutzten junge, karriereorientierte Verkäufer die Dauer einer Aufzugsfahrt, um Vorgesetzte und Geldgeber von Ihren Anliegen zu überzeugen. Ein Elevator Pitch wird immer dann vorgebracht, wenn Sie nach Ihren beruflichen Aktivitäten gefragt werden. Es lohnt sich, Zeit und Mühe in eine kurze, prägnante Selbstdarstellung zu investieren. Denn beim Kennenlernen ist die Erkundigung nach dem Beruf immer eine der ersten Fragen. Verwenden Sie Bilder, Vergleiche und konkrete Beispiele, machen Sie Ihren Elevator Pitch leicht verständlich und einprägsam. Erklären Sie, welche Probleme Sie für Ihre Kunden lösen können. Was ist Ihr USP? Was unterscheidet Sie von Ihren Mitbewerbern? Finden Sie spannende Aussagen, die zum Nachfragen verleiten: Ich beschäftige mich mit Verkaufspsychologie und Neuromarketing oder Ich sorge dafür, dass Unternehmer reich werden. Ein: Wie machen Sie das? wird Ihnen sicher sein. Sagen Sie sich Ihren Elevator Pitch so oft laut vor, bis er sprachlich sitzt und Sie nichts

mehr daran verbessern können. Ihre Selbstdarstellung muss im entscheidenden Moment locker und souverän rüberkommen und alle wichtigen Elemente enthalten, damit sich Ihr Gesprächspartner für Sie und Ihr Unternehmen interessiert.

Kontakte pflegen
Kontakte sind wertvoll. Sie müssen gehegt und gepflegt werden. Auch dann, wenn Sie nicht unmittelbar etwas bringen. Manche Kontakte zahlen sich erst nach mehreren Jahren aus. Das Potenzial sollten Sie trotzdem schon zu Beginn erkennen. Jeder Kontakt braucht Zeit. Setzen Sie Ihre Zeit so effektiv wie möglich ein und treffen Sie die richtigen Leute. Wenn Sie einen interessanten Kontakt aufgetan haben, sollten Sie regelmäßig in Verbindung bleiben. Kurze Telefonate und E-Mails sind neben persönlichen Treffen eine gute Möglichkeit, um Beziehungen aufrechtzuerhalten. Auch ab und zu ein Brief oder eine Postkarte stärken die Verbindung. Rufen Sie in jeder Mittagspause einen Kontakt aus Ihrem Netzwerk an. Schicken Sie nach persönlichen Treffen eine Follow-Up-Mail an Ihren Kontakt. So geben Sie dem Gespräch eine besondere Bedeutung. Sie dokumentieren, dass Sie die Gedanken und Wünsche Ihres Gesprächspartners verstanden und aufgenommen haben. Das gibt dem Gegenüber ein gutes Gefühl. Schreiben Sie für jeden Netzwerkpartner eine Wunschliste, die Sie von ihm in Erfahrung gebracht haben. Arbeiten Sie gezielt an der Erfüllung dieser Wünsche für Ihre Kontakte. Bringen Sie zu Terminen oder Besprechungen immer eine Kleinigkeit mit. Senden Sie Geburtstagsgrüße und Karten zu wichtigen Festen. Laden Sie den Kontakt auch einmal zu einer gemeinsamen Veranstaltung ein. So können Sie Ihre Beziehung durch ein gemeinsames Erlebnis vertiefen.

Kontakte untereinander verbinden
Erfolgreiche Netzwerker verbinden Menschen miteinander. Fragen Sie Ihre Kontakte ganz genau, nach was sie suchen und was sie interessiert. Dann machen Sie die Verbindung zu einem passenden Kontakt. Verlangen Sie keine Vermittlungsprovision für solche Dienste. Sie machen sich damit besonders wertvoll und werden zur zentralen Anlaufstelle in Ihrem Netzwerk. Vernetzen Sie sich mit Personen, die selbst wiederum über ein riesiges Netzwerk verfügen, um das Potenzial zu erhöhen. Das sind zum Beispiel Headhunter, Politiker, Lobbyisten, Journalisten, PR-Spezialisten oder Personen bei Wohltätigkeitsorganisationen.

Soziale Netzwerke
Soziale Netzwerke sind gut funktionierende Kontaktkanäle. Gemeint sind Xing, LinkedIn, Facebook & Co. Erstellen Sie ein professionelles Profil über Ihre Person. Geben Sie detaillierte und aktuelle Informationen über sich bekannt. Das schafft Vertrauen, wenn Sie andere Leute kontaktieren. Finden Sie als Erstes den Namen des richtigen Ansprechpartners in Ihrem Zielunternehmen heraus. Das erfahren Sie über die

Telefonzentrale oder Internetseite des Unternehmens. Dann suchen Sie in den sozialen Netzwerken nach dieser Person und besuchen ihr Profil. Sprechen Sie die Person entweder direkt an: Sehr geehrter Herr Müller, mit Interesse habe ich Ihr Xing-Profil gelesen und würde mich freuen, wenn Sie den Kontakt bestätigen. Wenn Sie nach einer Bestätigung anrufen, haben Sie schon eine Verbindung zur Zielperson. Oder Sie prüfen, ob einer Ihrer Kontakte über eine direkte Verbindung zur Zielperson verfügt. Den gemeinsamen Kontakt können Sie um eine Vorstellung bitten. Oder Sie rufen direkt bei der Zielperson an, mit dem Verweis auf die gemeinsame Bekanntschaft.

Kaltakquisition

Kaltakquisition ist die hohe Schule der Neukundengewinnung. Sie kontaktieren Kunden, zu denen Sie vorher noch keine Geschäftsbeziehung hatten und zu denen auch kein Anknüpfungspunkt besteht.

Seminare und Workshops

Organisieren Sie Seminare und Workshops für potenzielle Kunden. Fragen Sie sich, wo die Teilnehmer konkrete Probleme haben und wie Sie diese lösen können. Sorgen Sie für einen Praxistransfer von Ihren zufriedenen Bestandskunden, die Ihre Projekte vorstellen. Wissen ist ein hohes Gut. Sorgen Sie dafür, dass Sie Ihre Kunden und Interessenten weiterbilden. Sie werden es Ihnen danken. Wählen Sie einen passenden Rahmen für Ihre Veranstaltung. Kontaktieren Sie die Teilnehmer einige Tage nach der Durchführung. Bedanken Sie sich für die Teilnahme und erkundigen Sie sich, wie es dem Interessenten gefallen hat. Fragen Sie, ob der Kunde zu ähnlichen Veranstaltungen wieder eingeladen werden möchte. Und dann stellen Sie die entscheidende Frage: Wie interessant ist es für Sie, einmal ein unverbindliches Gespräch über … zu führen? Die Terminquote liegt nahezu bei 100 Prozent. Die Interessenten stehen aufgrund der Veranstaltung in Ihrer Schuld und willigen gerne in ein unverbindliches Gespräch ein.

Messen

Messen bieten Ihnen die Chance für viele Kundenkontakte pro Tag. Aber nur, wenn Sie sich gut organisieren.

Standplanung

Anhand Ihrer Ziele erfolgt die Planung des Messestands. Ein Stand zur Stammkundenpflege wird anders organisiert als einer zur Neukundengewinnung. Im ersten Fall wählen Sie einen Aufbau mit wenig Einsicht, bequemer Sitzmöglichkeit und einem eindrucksvollen Catering. Im zweiten Fall geht es bei der Standortplanung um maximale Offenheit. Dem Besuch wird jede Möglichkeit zur Kontakt-

aufnahme geboten. Ziel ist eine Vielzahl an Kontakten, die in aussichtsreichen Fällen zu Folgeterminen führen. Ideal sind in diesem Fall Stehtische, damit Sie sich schnell von uninteressanten Gästen verabschieden können. Hat ein Besucher erst einmal Platz genommen, ist es schwieriger, in wieder hinauszukomplementieren. Damit Sie mit der Laufkundschaft ins Gespräch kommen, benötigen Sie einen Stopper, der die Aufmerksamkeit der Besucher auf sich zieht. Er ermöglicht Ihnen, die Interessenten anzusprechen. Messebesucher interessieren sich vor allem für Produktneuheiten und vergleichen mögliche Lieferanten.

Kunden einladen
Verlassen Sie sich nicht darauf, dass genügend Messebesucher an Ihrem Stand vorbeikommen. Laden Sie Ihre Bestandskunden und mögliche Neukunden aktiv zur Messe ein. Vereinbaren Sie Termine zu den Randzeiten der Messe. So stellen Sie sicher, dass Sie auch dann eine gute Auslastung haben. Oftmals schieben mögliche Neukunden Kaufentscheidungen auch bis zur Branchenmesse auf. Der Kunde möchte sich nochmals ein letztes Bild von allen Anbietern machen.

Interessenten ansprechen
Messen sind sehr teuer. Deshalb müssen Sie topfit sein und möglichst viele Kunden kennenlernen. Lassen Sie dem Besucher einen kurzen Moment Zeit, sich einen ungestörten Eindruck von Ihrem Stand zu verschaffen. Statt ihn sofort anzusprechen, nehmen Sie besser Kontakt mit den Augen auf. Das signalisiert dem Kunden, dass Sie ihn wahrnehmen. Nach einem kurzen Augenblick können Sie den Interessenten ansprechen. Aber bitte nicht mit einem „Kann ich Ihnen helfen?". Besser sind folgende offene Fragen: Ich sehe, dass Sie gerade … anschauen. Unsere Kunden haben damit sehr viel Erfolg. Was ist für Sie von Interesse? Worüber darf ich Sie informieren? Wie gefällt Ihnen … unser Produkt? …unser Messestand? Aus welchem Bereich kommen Sie? So finden Sie schnell heraus, wer Ihr Gesprächspartner ist und was seine Wünsche und Bedürfnisse sind. Wenn der Besucher interessant scheint, können Sie tiefer ins Detail einsteigen. Wenn nicht, suchen Sie einen schnellen und höflichen Gesprächsausstieg und wenden sich neuen Chancen zu.

Geben Sie bei einem Danke, ich möchte mich erst einmal in Ruhe umschauen nicht gleich auf. Versuchen Sie trotzdem, den Kunden in ein Gespräch zu verwickeln. Das funktioniert wie folgt: Gerne, schauen Sie sich in Ruhe um. Falls Sie Fragen haben, helfe ich Ihnen gerne. Damit Sie sich besser orientieren können: Hier haben wir die folgenden Leistungen … und hier die Produkte für … Was interessiert Sie denn davon eher? Vielfach kommen Sie im zweiten Anlauf doch noch ins Gespräch. Die Menschen wollen einfach erst ein wenig warmwerden und einige weitere Sätze von Ihnen hören, bevor sie sich öffnen. Falls der Kunde trotzdem in Ruhe weiterschauen möchte, dann lassen Sie ihn das tun.

Wenn Sie herausfinden, dass Ihr Kunde für einen anderen Standmitarbeiter interessant ist, begleiten Sie ihn persönlich zum richtigen Ansprechpartner und machen Sie die beiden miteinander bekannt. Stellen Sie zuerst den Mitarbeiter aus Ihrer Firma dem Interessenten vor: Das ist unser Herr … Er ist verantwortlich für … und damit Ihr richtiger Ansprechpartner. Erst dann machen Sie eine ordnungsmäßige Übergabe mit allen Informationen, die Ihnen der Kunde schon gegeben hat: … und das ist Herr Müller von der Firma… Er interessiert sich für… Dann wünsche ich Ihnen beiden ein interessantes Gespräch. Neben einer netten Einführung bestätigt das dem Kunden, dass Sie gut zugehört haben. Wenn der Kunde Ihnen bereits eine Visitenkarte übergeben hat, geben Sie diese ebenfalls an Ihren Kollegen weiter.

Bedarfs- und Motivanalyse
Wenn Sie sich um den Interessenten selbst kümmern können, steigen Sie jetzt in die Bedarfs- und Motivanalyse ein. Stellen Sie weiterführende Fragen, wie zum Beispiel: Haben Sie schon ein ähnliches Produkt im Einsatz? Arbeiten Sie schon mit einem Dienstleister auf diesem Gebiet zusammen? Welche Erfahrungen haben Sie damit gemacht? Was wäre Ihnen bei der Umsetzung wichtig? Aus welchem Grund ist Ihnen das so wichtig? Wann planen Sie, das Projekt umzusetzen? Wie und über was für einen Zeitraum funktioniert Ihr Entscheidungsprozess? Schreiben Sie sich alle wichtigen Informationen auf, wie zum Beispiel: Name, Unternehmen, Anzahl Mitarbeiter, Funktion, Projektvorstellung, Kaufmotive, Entscheider und möglicher Realisierungszeitpunkt.

Produktpräsentation
Jetzt folgt eine kurze Produktpräsentation, abgestimmt auf den Bedarf und die Motive des Interessenten. Sagen Sie dem Kunden, dass Sie ihm gerne weiterführende Informationen zukommen lassen. Seien Sie an der Messe selbst sparsam mit teuren Prospekten. Eine gute Alternative sind Postkarten. Das ist originell und hat Platz für die wichtigsten Informationen. Der Kunde muss keinen schweren Prospekt mitschleppen.

Folgetermin vereinbaren
Vereinbaren Sie mit interessanten Kunden gleich einen Termin nach der Messe oder legen Sie die weitere Vorgehensweise fest. Es ist einfacher, einen Termin später zu verlegen als einen neuen Termin zu vereinbaren. Beeindrucken Sie Ihre Besucher: Sorgen Sie dafür, dass sie gleich am nächsten Tag einen Brief, ein Fax oder eine E-Mail erhalten, worin Sie sich für den Besuch auf der Messe bedanken. So vermitteln Sie einen perfekten Eindruck über Ihre Schnelligkeit und Servicequalität.

Verabschiedung
Der letzte Eindruck zählt. Begleiten Sie den Besucher bis zur Grenze Ihres Standes. Bedanken Sie sich für die interessante Unterhaltung und verabschieden Sie den Gesprächspartner mit seinem Namen.

Fachmessen Ihrer Kunden

Besuchen Sie Fachmessen, auf denen Ihre Kunden ausstellen. Hier finden Sie viele potenzielle Neukunden an einem Ort. Sie haben die Chance, an einem Tag viele neue Kontakte zu knüpfen. Auch hier erhöhen Sie Ihre Chancen, wenn Sie vor der Messe schon einige Termine mit möglichen Kunden ausmachen. Solche Termine erhalten Sie schneller, weil der Gesprächspartner ja sowieso vor Ort ist und ebenfalls nach vielen Kontakten sucht. Besuchen Sie mögliche Kunden nicht zu Stoßzeiten. Am besten ist der Morgen des ersten Messetags. Da sind alle hochmotiviert, und es ist noch nicht so viel los. Suchen Sie den richtigen Ansprechpartner: *Guten Tag, ich bin Daniel Berger von der SELLGATE®AG. Ich suche den richtigen Ansprechpartner für... Wer ist bei Ihnen dafür verantwortlich?* Wenn die richtige Person an der Messe ist, halten Sie eine eindrückliche Selbstvorstellung, die Lust auf ein weiteres Gespräch macht. Tauschen Sie Visitenkarten und vereinbaren Sie ein Telefonat oder gleich einen Besuchstermin nach der Messe: *Lassen Sie uns doch Folgendes machen: Sie möchten sich jetzt sicher Ihren Kunden widmen. Vereinbaren wir doch einfach einen Termin, dann kann ich Ihnen alles detailliert vorstellen. Wann wollen wir uns denn nochmals kurz zusammensetzen?* Finden Sie etwas, das Sie von allen anderen Besuchern unterscheidet, sodass Sie in Erinnerung bleiben. Darauf können Sie sich dann beim nächsten Gespräch berufen. Wenn der Entscheider nicht auf der Messe ist, können Sie diesen anschließend wie folgt kontaktieren: *Guten Tag, Herr Müller, bei der Messe in... habe ich mit Herrn Maier aus Ihrem Unternehmen gesprochen. Der hat gesagt, dass ich mich bei Ihnen melden soll. Es geht um...* Damit haben Sie den perfekten Einstieg für Ihr Telefonat: einen Referenzgeber im eigenen Unternehmen.

Diplomarbeit

Mit dem Vorwand einer Diplomarbeit kommen Sie schnell und zielgerichtet an neue Kunden. Stellen Sie einen Praktikanten ein, der zuerst potenzielle Kunden recherchiert. Sobald der Entscheidungsträger gefunden wurde, wird mit diesem ein Fragekatalog für eine fiktive Diplomarbeit durchgegangen. Viele Kunden sind gegenüber fleißigen Studenten sehr auskunftsfreudig. Anschließend können Sie Ihre Vertriebsbemühungen dort einsetzen, wo Bedarf besteht.

Paketdienst und Fahrradkurier

Wenn Sie einen besonders hochkarätigen Kunden gewinnen wollen, dann müssen Sie sich auch etwas Hochkarätiges für die Akquisition einfallen lassen. Schicken Sie dem Entscheider Ihre Unterlagen mit einem Paketdienst oder Fahrradkurier. Den Empfang muss der Entscheider persönlich quittieren. Das Paket wird garantiert von der richtigen Person geöffnet. Auch Manager sind Menschen und neugierig auf den Inhalt von Paketen. Das Vorgehen eignet sich auch, wenn Sie in einem Telefonat noch keinen Termin vereinbaren konnten, sondern der wichtige Kunde zuerst Unterlagen wünscht. Schon nach kurzer Zeit hat der Kunde Ihre Informationen in den Händen. Er wird verblüfft sein, wie schnell und zuverlässig Sie sind.

T-Besuch

Der T-Besuch hat seinen Namen davon, dass Sie nach einem Kundentermin im Büro zur Rechten, zur Linken und den Flur entlang nach neuen Interessenten suchen. Gemeint ist damit, dass Sie rund um den Kundenstandort alle anderen Unternehmen abklappern, um mit weiteren Anfragen und Visitenkarten nach Hause zu kommen. So bauen Sie ein dichtes Netz von Kunden auf und durchdringen Ihr Verkaufsgebiet. Wenn die Ansprechpartner Sie schon einmal persönlich kennengelernt haben, werden Sie auch leichter Folgetermine bekommen. Bei Kaltgesprächen lernen Sie den Kunden besser kennen als in einer vorbereiteten Terminsituation. Kaltakquisition weckt den Eindruck einer besonderen Verkaufsbotschaft. Sie zeigen eine besondere Dynamik und die Sache drängt. Dem Kunden bietet sich eine außergewöhnliche Gelegenheit. In manchen Branchen ist die Kaltakquisition besonders erfolgreich. Man denke nur an Loriot: „Es saugt und bläst der Heinzelmann, wo Mutti sonst nur saugen kann." Gemeint sind natürlich die Staubsaugervertreter. Aber lustigerweise werden auch Haustüren an der Haustüre verkauft. Der Gelbe-Seiten-Vertreter kommt jährlich ohne Termin, und eine Rechtsschutzversicherung ist mit Kaltbesuchen sehr erfolgreich. Ein kleiner Vertretertrick am Rande: Stellen Sie sich seitlich vor die Tür, damit der Kunde die Tür weiter aufmachen muss, um Sie zu sehen.

Bei Unternehmenskunden eignet sich folgender Dialog am Empfang: Guten Tag, ich habe eine Bitte. Wer ist denn bei Ihnen für den Einkauf von… verantwortlich? Lassen Sie mich mal nachschauen… das ist Herr Müller. Ah, Herr Müller. Da habe ich noch eine Bitte. Können Sie mich gleich bei Herrn Müller anmelden? Wenn die Empfangsdame mitspielt und Sie gleich anmeldet, dann sagen Sie Ihren Vor- und Nachnamen sowie den größten Kundennutzen Ihres Produkts. Dieser soll den Ansprechpartner dazu bewegen, zu Ihnen runterzukommen. Wenn der Ansprechpartner nicht runterkommen möchte, dann versuchen Sie ihm einen Zettel hochbringen zu lassen. Darauf schreiben Sie: Sehr geehrter Herr Müller, ich habe eine wichtige Information für Sie zum Thema… Interessiert? Ich stehe am Empfang für Sie bereit. Wenn Sie den Kunden nicht antreffen, hinterlassen Sie Ihre Visitenkarte und einen individualisierten Prospekt mit einem netten Gruß. Darauf beziehen Sie sich bei Ihrem nächsten Anruf. Versuchen Sie, gleich beim Empfang einen Termin zu vereinbaren.

Sofern der Kunde selbst zum Empfang kommt, geben Sie ihm nicht einfach nur Visitenkarte, Prospekt und Preisliste, sondern versuchen Sie, mit ihm ins Gespräch zu kommen: Guten Tag Herr Müller, mein Name ist Daniel Berger von der SELLGATE® AG. Wir haben uns noch kundenorientierter aufgestellt, und deshalb bin ich heute hier, um mich persönlich bei Ihnen vorzustellen und Ihre Fragen zu beantworten. Meist sagt der Kunde: Ich habe gar keine Fragen. Dann Sie: Das trifft sich gut. Ich habe nämlich eine Frage an Sie. Sagen Sie weiter: Ich habe einige Ideen mitgebracht, wie Sie… Können wir uns kurz setzen? Ich möchte Ihnen gerne etwas zeigen.

Natürlich müssen Sie gerade bei der Kaltakquise mit Kundeneinwänden rechnen. Meist kommt: Haben Sie denn einen Termin? Darauf Sie: Genau deswegen bin ich ja hier. Oder: Ich habe keine Zeit. Deshalb komme ich ja persönlich vorbei, damit wir keine Zeit verschwenden. In 20 Minuten kann ich Ihnen zeigen, wie Sie… Wenn der Kunde wirklich keine Zeit hat, dann nutzen Sie die Gelegenheit, um gleich einen persönlichen Termin zu vereinbaren.

Direktkontakt

Wenn Sie noch nicht sicher sind, wie Sie andere Menschen am besten ansprechen, dann üben Sie mit dem folgenden Programm. Nehmen Sie sich eine Woche Zeit, um die Ansprache von wildfremden Menschen zu trainieren. Am ersten Tag nehmen Sie einfach Blickkontakt zu fremden Menschen auf, die Ihnen begegnen. Lächeln Sie ohne weitere Aktion. Am zweiten Tag gehen Sie einen Schritt weiter und grüßen die ausgewählten Zielpersonen mit einem einfachen „Hallo" oder „Guten Tag". Gehen Sie nach der kurzen Begrüßung einfach weiter. In der dritten Stufe fragen Sie höflich nach der Uhrzeit. So lernen Sie, andere Menschen anzusprechen und in ein kurzes Gespräch zu verwickeln. Wenn Sie die Uhrzeit bekommen haben, verabschieden Sie sich wieder. In der nächsten Stufe fragen Sie Ihr Zielobjekt, ob er Ihnen Geld für den Parkautomaten wechseln kann. Geldwechseln dauert etwas länger und Sie haben die Möglichkeit, ein Gespräch aufzubauen. Am fünften Tag geht es jetzt darum, jemanden ohne konkreten Grund anzusprechen. Das schaffen Sie über Komplimente zu Kleidungsstücken oder anderen Besitztümern des entsprechenden Menschen. In der letzten Stufe fragen Sie nach einem guten Café oder Restaurant. Wenn Sie eine nette Antwort oder Wegbeschreibung bekommen, können Sie weitere Fragen hinterherschieben. So wird aus einer kalten Ansprache ein warmes Gespräch, und Sie können sich und Ihr Angebot ins Spiel bringen. Mit der Zeit wird das Ansprechen zur reflexartigen Handlung und Sie gewöhnen sich daran, immer und überall andere Menschen anzusprechen.

Legen Sie sich danach eigene Standardsätze zurecht. Testen Sie immer wieder verschiedene Formulierungen, bis Sie die richtige Ansprache für Ihren Kundentyp gefunden haben. So sieht der Gesprächseinstieg immer ähnlich aus, was Ihnen Sicherheit gibt. Sie müssen sich nicht mehr darauf konzentrieren, was Sie sagen, sondern können sich mit Ihrer eigenen Körpersprache beschäftigen. Der Gesprächspartner muss auf die für ihn neue Situation reagieren, während Sie Zeit haben, Ihr Gegenüber zu analysieren. Begründen Sie Ihre Ansprache, damit Ihr Gesprächspartner weiß, warum Sie ihn ansprechen: Ich muss Sie darauf ansprechen, Sie haben so eine tolle Krawatte. Wo haben Sie die denn her? Oder: Entschuldigen Sie bitte, dass ich Sie einfach so anspreche, aber irgendwie kommen Sie mir bekannt vor. Arbeiten Sie bei der Firma…? Haben wir uns nicht an der … Messe kennengelernt? Das wird Ihr Zielobjekt aller Wahrscheinlichkeit nach verneinen. Dann Sie: Ich dachte, wir sind uns schon einmal vorgestellt worden. Anschließend können Sie gleich zur nächsten Frage übergehen: Was machen Sie denn beruflich? Vielleicht kennen wir uns ja daher? Bestätigen Sie Ihren Gesprächspartner in seinen Aussagen. Zeigen Sie ihm, dass Sie schätzen, was er tut. Wenn Sie das in einer netten Art und Weise machen, wird Sie Ihr Gegenüber vielleicht auch nach Ihrem Beruf fragen. Und schon sind Sie mitten im Gespräch. Wenn dieses positiv verläuft, geht es zum Schluss darum, die Kontaktdaten zu sichern: Das hört sich ja wirklich alles sehr interessant an. Lassen Sie uns doch einfach mal Karten tauschen. Vielleicht ergibt sich ja noch eine gemeinsame Idee. Ich habe in meinem Job sehr viel mit anderen Menschen zu tun. Wenn ich dort etwas Passendes höre, dann melde ich mich bei Ihnen. Ich gebe Ihnen mal meine Karte mit. Haben Sie auch ein Kärtchen von sich? Begründen Sie Ihren Wunsch nach der Visitenkarte. Das macht es für Ihr Gegenüber einfacher. Wenn der Kunde Ihnen seine Visitenkarte gibt, dann verabschieden Sie sich höflich. Wenn nicht, dann sagen Sie: Dann schreibe ich mir doch einfach kurz Ihren Namen auf… wie ist er denn? Dann fragen Sie mit einer Alternativfrage nach der Telefonnummer: Wo sind Sie denn am besten zu erreichen? Über Festnetz oder Handy? Warten Sie, was der Kunde antwortet, und dann fahren Sie fort: Das ist dann die Nummer… Schauen Sie Ihren Gesprächspartner dabei fragend an und warten Sie auf die Antwort. Et voilà, Sie haben einen neuen Kontakt. Schreiben Sie der betreffenden Person gleich eine E-Mail, dass Sie sich sehr über das Kennenlernen gefreut haben. Wenn Sie den Kunden jetzt wieder kontaktieren, ist er „warm" und Sie fahren fort, wie Sie es im Abschnitt „NETWORKING" gelernt haben.

Telefonische Terminvereinbarung

> Um gleich einen Auftrag zu erteilen und sich ein 45-minütiges Hochdruck-verkaufsgespräch zu ersparen, drücken Sie die Taste 1. (Jeffrey Gitomer)

Die telefonische Terminvereinbarung ist ein Teilgebiet der Kundenakquisition. Aufgrund des Themenumfangs und der Komplexität habe ich hierfür ein eigenes Kapitel gewählt. Ziel des Telefonkontakts ist es, einen Termin für ein persönliches Gespräch zu vereinbaren.

Vorbereitung des Telefonats

Eine gute Vorbereitung gibt Ihnen Selbstsicherheit und Überzeugungskraft am Telefon. Wie bei der Kundenakquisition ganz allgemein müssen auch beim Telefonieren zuerst Adressen beschafft werden. Gleich vorneweg: eine gute Adressqualität zahlt sich schnell aus. Nichts ist frustrierender als stundenlang an alten, ungültigen oder verbrauchten Adressen herumzutelefonieren.

Identifikation mit der Tätigkeit

Durch Ihre Bemühungen organisieren Sie für den Kunden einen Gesprächstermin, von dem dieser profitiert. Für das Unternehmen kostet ein Besuchstermin beim Kunden schnell einige Hundert Euro, wenn man die Anfahrt und den Stundenlohn des Verkäufers berücksichtigt. Der persönliche Gesprächstermin bietet dem Kunden die Möglichkeit, Ihr Angebot detailliert mit Wettbewerbsangeboten zu vergleichen. Denken Sie daran, dass Sie dem Kunden mit Ihrem Anruf einen Gefallen tun, und gehen Sie voller Selbstvertrauen ins Gespräch. Vielleicht fällt es Ihnen auch leichter, unter einem Pseudonym Termine zu vereinbaren. Kein Problem, wenn Sie dabei erfolgreicher sind.

Telefonskript erstellen

Erstellen Sie ein Telefonskript, um professionell durch Ihre Gespräche zu kommen. Bauen Sie den Leitfaden strukturiert nach den verschiedenen Gesprächsphasen auf. Formulieren Sie die wichtigsten Aussagen für Einstieg, Nutzenargumentation, Einwandbehandlung und Abschluss in Ihren eigenen Worten. Lesen Sie die fertigen Sätze laut vor, ob alles gut gesprochen klingt. Lernen Sie den Gesprächsleitfaden auswendig und sprechen Sie trotzdem mit Begeisterung. Denken Sie an Schauspieler, die ebenfalls nach einem strikten Drehbuch arbeiten. Trotzdem wirkt ihr Auftritt natürlich und nicht abgelesen. Ändern Sie nicht gleich nach den ersten Versuchen den Text. Wenn Sie Absagen bekommen, dann liegt es meist nicht am Text, sondern an der Betonung und Ihrer Überzeugung. Fragen Sie sich nach jeder Absage, wie Sie den Text noch überzeugender vortragen können. Erst nach zehn Absagen am Stück sollten Sie sich wieder über den Text Gedanken machen. Markieren Sie den Text für Modulation, Lautstärke und Pausen. Heiklere Punkte besprechen Sie besser mit leiser Stimme, warmem Klang und ruhigem Atem.

Unternehmen und Personen googeln

Gehen Sie auf die Internetseite Ihres Zielunternehmens. Oft können Sie während des Telefonats einen Bezug zur Homepage herstellen. Suchen Sie Ihren Ansprechpartner mit Foto in den Business-Netzwerken, wie *Xing* oder *LinkedIn*. Wenn Sie den Gesprächspartner schon vom Foto her kennen, gestaltet sich Ihr Telefonat viel persönlicher. Wenn Sie kein Bild finden, stellen Sie sich einfach einen interessanten und netten Menschen vor. So sprechen Sie automatisch freundlich und lebendig.

Mentale Einstimmung

Stimmen Sie sich auf jedes Telefonat mit einer kurzen Mentalübung ein. Schließen Sie die Augen und freuen Sie sich auf das nächste Gespräch. Was könnte alles Positives passieren, und welche Ziele setzen Sie sich? Schieben Sie jeden negativen Gedanken sofort weg. Stellen Sie sich vor, dass Sie den nächsten Gesprächspartner schon seit längerer Zeit kennen. Sie werden sofort feststellen, dass sich

Ihre Telefonate dadurch positiv verändern. Der Ton macht die Musik. Damit holen Sie alle Telefongespräche auf eine viel persönlichere Ebene.

Positive Körpersprache

Der Kunde spürt, ob Sie beim Telefonieren lächeln. Die positive Stimmung überträgt sich auf den Kunden. Wenn Sie einmal nicht so gut gelaunt sind, dann machen Sie die bereits vorgestellten Übungen: 30-Sekunden-Lächeln und Stift-zwischen-die-Zähne-Klemmen, ohne diesen mit den Lippen zu berühren. Beides führt dazu, dass im Gehirn positive Botenstoffe ausgeschüttet werden. Oder kleben Sie sich einen Spiegel an Ihren Monitor. Jedesmal, wenn Sie in den Spiegel schauen, lächeln Sie. Das gibt Ihnen einen großen Vorteil vor der Konkurrenz!

Sie wirken auch im Telefonat überzeugender, wenn Sie gestikulieren. Stehen Sie auf und ändern Sie die Blickrichtung, wenn Sie an einer kritischen Stelle sind. Das gibt Ihnen die notwendige Energie für schwierige Passagen.

An der Telefonzentrale

Die Personen in der Telefonzentrale sind meist überfleißig. Kaum fragen Sie, wer für einen bestimmten Bereich verantwortlich ist, schon werden Sie kommentarlos durchgestellt. Für ein gutes Telefonat benötigen Sie etwas mehr Informationen. Also fragen Sie an der Telefonzentrale: *Guten Tag, könnten Sie mir bitte einen Gefallen tun?* Jetzt wird Ihnen aufmerksam zugehört. Sie weiter: *Bevor Sie mich durchstellen, würde ich gerne den Namen des verantwortlichen Ansprechpartners für Vertriebsentscheidungen wissen.* Denken Sie daran: Zuständig ist man heute nur noch auf dem Amt. Ihr gewünschter Gesprächspartner hingegen „verantwortet" seinen Bereich. Lassen Sie sich auch gleich den Vornamen geben: *Damit ich Herrn Müller gleich richtig anschreiben kann, können Sie mir bitte noch seinen Vornamen geben?* Und die Durchwahl des Entscheiders, wenn Sie diese kriegen können: *Damit ich Herrn Müller später direkt erreichen kann, wie lautet denn seine Durchwahl?* Falls Sie die Durchwahl nicht erhalten, lassen Sie sich jetzt verbinden oder rufen später nochmals an. Wenn Sie den Vornamen und Nachnamen schon kennen, können Sie es später nochmals über die Telefonzentrale probieren und mit bestimmter Stimme fordern: *Verbinden Sie mich bitte mit Peter Müller.* Wenn Sie Glück haben, werden Sie direkt verbunden. Wenn Sie öfters an der Durchwahl scheitern, dann können Sie die Frage auch wie folgt umstellen: *Eine Durchwahl hat er nicht, oder?* Die Frage ist so gestellt, dass häufig ein automatischer „Doch"-Reflex folgt, mit anschließender Nennung der gewünschten Nummer.

Überwindung des Sekretariats

Auf dem Weg zum Entscheider stellt die Sekretärin die erste Hürde dar. Sie entscheidet, wer und welche Information bis zum Entscheider durchdringt. Merken Sie sich den Namen der Sekretärin, und schreiben Sie sich diesen auf. Wenn Sie den Namen einmal nicht verstanden haben, dann fragen Sie nach: Ihren Namen habe ich nicht genau verstanden, können Sie ihn bitte nochmals wiederholen? Durch eine persönliche Ansprache werten Sie die Beziehung auf.

Persönliche Beziehung

Suggerieren Sie beim Sekretariat, dass bereits eine persönliche Beziehung zum Entscheider besteht. Wenn Sie Vor- und Nachnamen des gewünschten Ansprechpartners nennen, wird der Eindruck eines bereits länger bestehenden Kontakts erweckt: Guten Tag Frau Maler. Bitte verbinden Sie mich mit Peter Müller, und seien Sie so freundlich und sagen Sie ihm, dass Daniel Berger dran ist. Fragen Sie nicht, ob der Entscheider „zu sprechen" ist. Das signalisiert, dass Sie etwas von ihm wollen. Und das provoziert sofortigen Widerstand.

Auch saloppe Formulierungen funktionieren ganz gut, um eine persönliche Beziehung vorzutäuschen: Ist der Peter ... der Peter Müller heut' schon im Haus? Bei solchen Formulierungen werden Sie oftmals direkt durchgestellt. Analog funktionieren: ... noch im Haus? ... schon zu Tisch? ... schon zurück? Der „Worum-geht-es-denn?"-Effekt wird so nicht ausgelöst. Wenn Ihre Frage durch die Sekretärin bejaht wird, dann sagen Sie: Dann verbinden Sie mich doch bitte kurz, und sagen Sie ihm, dass Daniel Berger von der Firma SELLGATE® am Apparat ist. Danke schön. Wenn die Sekretärin Ihnen mitteilt, dass der Ansprechpartner nicht erreichbar ist, dann sagen Sie wie selbstverständlich: Dachte ich's mir fast. Wann ist er denn zu erreichen? Dann rufen Sie um die vereinbarte Zeit wieder an. Oder Sie versuchen, ihr die Handynummer zu entlocken: Alles klar, dann spreche ich ihm einfach auf die Mailbox. Meine Assistentin hat mir die folgende Nummer gegeben ... Sagen Sie einfach irgendeine Handynummer auf. Oftmals werden Sie von der Sekretärin korrigiert, und Sie erhalten die richtige Handynummer des Entscheiders.

Hinweis auf früheren Kontakt

Ein Hinweis auf einen früheren Kontakt oder zugesandtes Informationsmaterial erleichtert Ihre Terminvereinbarung. Auch wenn beides tatsächlich niemals stattgefunden hat. Insbesondere die Berufung auf ein Rückruftelefonat lässt der Sekretärin wenig Spielraum. Sie wird sich kaum dem Wunsch ihres Vorgesetzten widersetzen.

Kurz und bündig

Auch die Sekretärin hat einen anstrengenden Arbeitstag und in der Regel viel zu tun. Vermeiden Sie langatmige Ausführungen. Wenn die Sekretärin fragt: Um was geht es denn? kommen Sie kurz und bündig zur Sache: Um seinen Vertriebsprozess, speziell seine Vertriebssteuerung. Bitte verbinden Sie mich mit ihm. Durch die Spezifizierung vermeiden Sie weiteres Nachfragen. Oder Sie antworten: Um unseren Termin. Bitte verbinden Sie mich doch kurz. Erklären Sie sich nicht lange, wie die meisten anderen Verkäufer. Mehr ist zum jetzigen Zeitpunkt gar nicht nötig. In seltenen Fällen kommt jetzt ein: Kennt Sie Herr Müller schon? Dann sagen Sie: Genau darum geht es. Ich möchte ihm ein innovatives Konzept zur Vertriebssteuerung vorstellen. Lügen Sie an dieser Stelle nicht. Das fliegt immer auf, und die Beziehung ist anschließend zerbrochen. Sagen Sie auch nicht, dass Sie ein privates Anliegen haben, wenn es nicht stimmt. Auch das führt zu Ärger, wenn Sie die Sekretärin mit dieser Aussage durchstellt. Wenn die Sekretärin beim Anrufgrund weiter nachhakt, sagen Sie mit einem Lächeln: Das ist eine lange Geschichte. Möchten Sie jetzt die ganze Geschichte hören? Die meisten Sekretärinnen winken dankend ab.

Expertentechnik

Für die Expertentechnik suchen Sie sich einen Begriff aus dem Unternehmen des Kunden aus. Dadurch signalisieren Sie, dass Sie sich auskennen, und vermeiden Rückfragen des Sekretariats. Viele Unternehmen verwenden eigene Bezeichnungen für Kostensenkungs- oder Umsatzsteigerungsprogramme. Wenn Sie einen solchen Namen zum Beispiel über den Geschäftsbericht in Erfahrung bringen, beziehen Sie sich darauf: Worum geht es denn? Es geht um STARLIGHT 2015. Natürlich brauchen Sie dann beim Entscheider einen Bezug zum entsprechenden Programm. Aber fast jedes Produkt hilft irgendwie beim Kostensenken oder Steigern von Erlösen. Je detailliertere Informationen Sie angeben können, desto einfacher werden Sie verbunden. Gut eignen sich auch Produktspezifikationen, genaue Messe- oder Veranstaltungsdaten.

Vorwegnahmetechnik

Eine elegante Lösung ist auch die Vorwegnahme des „Worum-geht-es-denn?": Frau Maler, Sie möchten sicher wissen, was der Grund meines Anrufs bei Herrn Müller ist. Sagen Sie das nicht als Frage, sondern als Aussage, indem Sie die Stimme zum Schluss hin senken. Achten Sie auf einen charmanten Tonfall. Die Sekretärin freut sich, dass sie endlich mal jemand versteht. Innerlich wird sie mit einem Ja antworten. Jede Zustimmung bringt Sie weiter. Dann fahren Sie am besten mit der Expertentechnik fort.

Gegenfrage

Kein normaler Verkäufer antwortet mit einer Gegenfrage auf den Anrufgrund. Sie ab jetzt schon: Ist Herr Müller heut' schon im Haus? Worum geht es denn? Ach, ist er noch gar nicht da? Die Gegenfrage wird die Sekretärin überraschen, und oft folgt dann ein: Äh, doch, Moment bitte, ich stelle Sie durch.

An die Hilfsbereitschaft appellieren
Appellieren Sie an die Hilfsbereitschaft der Sekretärin: Guten Morgen Frau Maler, mein Name ist Daniel Berger von der SELLGATE® AG. Guten Morgen. Ich brauche bitte Ihre Hilfe. Ich bin nicht sicher, ob ich mit Peter Müller oder jemand anderem sprechen soll. Ist Peter Müller bei Ihnen für die Vertriebssteuerung verantwortlich? Ja. Ist er jetzt zu erreichen? Vielen Dank für Ihre Hilfe. Bedanken Sie sich für die Hilfe, bevor die Sekretärin auf die Frage zur Erreichbarkeit antworten kann. So unterdrücken Sie noch einen letzten Anfall von „Worum geht es denn?". Falls er nicht sofort zu sprechen ist, fragen Sie weiter: Wann ist er denn für fünf Minuten mal am Telefon gut zu erreichen?

Mit ins Boot holen
Holen Sie die Sekretärin mit ins Boot: Frau Maler, ich hoffe, Sie können mir weiterhelfen. Wie ist Ihre Einschätzung: Ist Neukundengewinnung ein Thema für Ihr Unternehmen? Nennen Sie an dieser Stelle einen möglichst weit gefassten Nutzen, der nur schwer abgestritten werden kann. Die Beispielfrage wird wohl niemand ernsthaft verneinen. Ja, schon. Können Sie mich bitte zu Herrn Müller durchstellen, damit ich das mit ihm durchsprechen kann? Denken Sie daran: begründete Aussagen werden meist nicht mehr hinterfragt.

Die richtigen Worte für das Topmanagement
Im Topmanagement wirken Worte wie „strategisch" und „politisch" wie wahre Magie: Worum geht es denn? Es geht um eine strategische Zusammenarbeit im Bereich Vertriebssteuerung. Dazu benötige ich eine Entscheidung von Herrn Müller beziehungsweise ihn persönlich in einem kurzen Telefonat. Wann passt es bei ihm gut für ein fünfminütiges Sondierungsgespräch?

Rückfrage beim Vorgesetzten
Falls sich die Sekretärin bei Ihrem Chef rückversichern möchte, dann müssen Sie Ihr Einiges mit an die Hand geben, damit tatsächlich eine Rückmeldung bei Ihnen erfolgt. Geben Sie der Sekretärin Ihren Namen, Anrufgrund und eine Referenz: Bitte richten Sie Herrn Müller aus, dass Daniel Berger angerufen hat. Es geht um ein Sondierungsgespräch zur strategischen Vertriebssteuerung. Ich komme durch eine Empfehlung von Herrn Huber. Oder bieten Sie selbst an, einige Informationen per E-Mail zusammenzustellen und an den Entscheidungsträger zu schicken: Ich kann Ihnen gerne eine Zusammenfassung senden, worum es geht. An welche E-Mail-Adresse darf ich das denn schicken? So wissen Sie, was beim Entscheidungsträger tatsächlich ankommt.

Kompetenzfrage
Sprechen Sie die Sekretärin an, als wenn sie die Entscheidungsperson sei: Wir stellen Herrn Müller Informationen zur Vertriebssteuerung zusammen. Dafür muss ich genau wissen, welche Formen der

Vertriebssteuerung heute eingesetzt werden. Können Sie mir dabei weiterhelfen oder ist es besser, wenn ich direkt mit Herrn Müller spreche? Wenn Sie auch durch diese Strategie nicht verbunden werden, dann stellen Sie eine aufwertende Entscheidungsfrage: Frau Maler, verstehe ich Sie richtig, Sie entscheiden über ... ?

Interview mit dem Chef

Wenn Sie die Hinweise im Kapitel „KUNDENAKQUISITION" befolgt haben, dann sind Sie ein Experte auf Ihrem Gebiet. Sie werden an einem eigenen Blog oder anderen Veröffentlichungen schreiben. Sagen Sie der Sekretärin, dass Sie Ihren Chef gerne dafür interviewen möchten. Dieser Ansatz macht Sie vom Fleck weg zum Gewinner. Termine bei Entscheidungsträgern vereinbaren? Kein Problem. Preisen Sie beim Interview noch nicht Ihre Produkte an. Wenn der Entscheidungsträger danach fragt, sagen Sie natürlich genau, was Sie zu bieten haben. Versuchen Sie, einen Folgetermin zu vereinbaren, in dem Sie Ihr Produkt vorstellen können. Schicken Sie dem Entscheidungsträger einen Nachweis über seine Veröffentlichung zu.

Anmeldung des Telefonats

Eine weitere Möglichkeit auf dem Weg zum Chef ist die Anmeldung eines zweiten Telefonats: Guten Morgen, Frau Maler, hier ist Daniel Berger. Bitte richten Sie Herrn Müller aus, dass ich morgen Vormittag gegen zehn Uhr anrufen werde. Es wäre nett, wenn Sie ihm eine entsprechende Notiz hinlegen könnten. Mein Name ist Daniel Berger von der Firma SELLGATE® AG. Anrufgrund: Wir haben eine Idee, wie er den Umsatz deutlich steigern kann. Ist zehn Uhr morgen in Ordnung? Das funktioniert noch besser, wenn der Termin auf Ihrer Seite ebenfalls von einer Assistentin vereinbart wird.

Um Rückruf bitten

Hinterlassen Sie eine Nachricht und bitten Sie um Rückruf. Wenn Sie anrufen, sind Sie in der Bittstellerposition. Wenn der Kunde anruft, will er etwas von Ihnen. Wecken Sie also Begehrlichkeiten durch eine verlockende Nachricht. Verweisen Sie zum Beispiel auf Ihren Erfolg bei einem Konkurrenzunternehmen: Guten Morgen, Frau Maler. Hier ist Daniel Berger von der SELLGATE® AG. Richten Sie bitte Herrn Müller aus, dass es um meinen Referenzkunden, die VERSICHERUNGS AG, geht. Meine Rückrufnummer lautet ... Wenn Sie nicht zurückgerufen werden, dann rufen Sie am nächsten Tag erneut an und geben einen weiteren Hinweis. So machen Sie es von Montag bis Donnerstag. Am Freitag lassen Sie ausrichten: Heute kein Hinweis. Wenn Sie den fünften Hinweis wissen wollen, rufen Sie mich bitte an.

Oder beziehen Sie sich auf einen früheren Mitarbeiter: Richten Sie bitte Herrn Müller aus, es geht um Melanie. Probieren Sie es mal mit, mal ohne Nachnamen aus. Nur mit dem Vornamen klingt es noch geheimnisvoller. Denken Sie daran: die Menschen sind neugierig. Ein Rückruf ist garantiert. Wenn der Kunde zurückruft, dann sagen Sie einfach: Guten Tag, Herr Müller. Vielen Dank für Ihren Rückruf. Es geht um Melanie Schneider, unsere ehemalige Vertriebsmitarbeiterin. Sie nimmt sich gerade Elternzeit, und Ihr Unternehmen stand ganz oben auf Ihrer Kundenwunschliste, die Sie mir übergeben hat. Es geht um …

Um Rückruf können Sie auch auf einem Anrufbeantworter bitten, sofern Sie die Handynummer oder Durchwahl Ihres Ansprechpartners in Erfahrung gebracht haben: Guten Morgen, Herr Müller. Hier ist Daniel Berger von der SELLGATE® AG. Nachdem ich Sie telefonisch nicht erreiche, bitte ich Sie mich zurückzurufen. Meine Nummer lautet … Bis gleich und auf Wiederhören. Auch hier spielen Sie mit der Neugier der Menschen. Geben Sie bei dieser Vorgehensweise keinen genauen Anrufgrund an und lassen Sie offen, um was es geht. Aber auch die andere Strategie funktioniert: Wenn Sie genau den Schmerzpunkt des Entscheiders treffen, erhalten Sie ebenfalls einen Rückruf. Auch hier lassen Sie einen Teil der Botschaft weg: Guten Tag, Herr Müller. Wir haben drei Rezepte für mehr Umsatz entdeckt. Erstens: gut ausgebildete Verkäufer. Zweitens: die richtigen Werkzeuge und Methoden. Drittens … Oh, die Anrufzeit geht zu Ende. Hier ist Daniel Berger von der SELLGATE® AG. Wenn Sie die dritte Sache noch wissen möchten, dann rufen Sie mich bitte zurück unter …

Der Trick mit dem Kollegen

Falls keiner zurückruft, übergeben Sie den Lead Ihrem Vertriebskollegen. Der ruft jetzt selbst beim Sekretariat an und bezieht sich auf den bisherigen Kontakt: Hier ist Paul Keller von der SELLGATE® AG. Richten Sie Herrn Müller bitte aus, dass es sich um Daniel Berger handelt. So haben Sie einen idealen persönlichen Bezugspunkt und werden meist zum Entscheider durchgestellt. Dort sagen Sie einfach: Unser Herr Berger hat Sie angerufen. Ich komme nochmals durch wegen der Terminvereinbarung. Wann würde es Ihnen für 30 Minuten passen? Stichwort: „Strategische Partnerschaft in der Vertriebssteuerung."

Bestechung

Wenn Sie bis jetzt nicht zum Entscheider durchgelassen wurden, dann versuchen Sie es mit einem letzten Mittel: Bestechung. Schicken Sie der Sekretärin eine nette Grußkarte, zusammen mit einer kleinen Süßigkeit: Sehr geehrte Frau Maler, um Ihnen unser nächstes Gespräch zu versüßen, sende ich Ihnen diese kleine Aufmerksamkeit. Herzliche Grüße, Ihr Daniel Berger. Wie schön, auch Sekretärinnen sind nur Menschen …

Anruf nach Büroschluss

Sie schaffen es einfach nicht, am Sekretariat vorbei zu kommen? Dann hilft nur noch der Anruf nach Büroschluss. Meistens sitzt der Chef dann noch im Büro und nimmt Anrufe entgegen. Deshalb lohnt es sich, wenn Sie seine Durchwahl in Erfahrung gebracht haben. Falls nicht, verwenden Sie einfach eine fiktive Durchwahl. Dabei geraten Sie vermutlich an irgendeinen anderen Mitarbeiter, der Sie unter Umgehung des Sekretariats direkt zu Ihrer Zielperson verbinden kann.

Gespräch mit dem Entscheider

Sie haben es geschafft! Der Entscheider ist am Telefon. Behalten Sie die Führung, und folgen Sie dem aufgezeigten Gesprächsverlauf. Fragen Sie nicht, ob Ihr Ansprechpartner gerade Zeit hat oder der Anruf passt. Das klingt devot und provoziert ein Nein. Stellen Sie wie selbstverständlich Ihr Anliegen vor. Wenn der Kunde bereits zu Beginn abblockt und auf eine Besprechung verweist, stellen Sie ihm die folgende Alternativfrage: Gehen jetzt drei Minuten, oder soll ich zu einem späteren Zeitpunkt nochmals anrufen? Egal, was der Kunde antwortet, Sie sind im Vorteil. Der Kunde hat Ihnen die Tür geöffnet. Entweder durch seine Zustimmung für das momentane Gespräch oder durch einen festen Telefontermin.

Vorstellung

Sie müssen so schnell wie möglich eine gute Beziehung zu Ihrem Ansprechpartner aufbauen. Bei jeder Zustimmung festigt sich das Vertrauen. Wählen Sie für die Vorstellung also eine unbestreitbare Wahrheit, die Ihr Gesprächspartner bejahen *muss*: Guten Morgen, bin ich hier richtig bei Herrn *Peter* Müller. Ja. Rufen Sie sich das Kapitel „VERKAUFSHYPNOSE" aus dem ersten Buch dieses Kompendiums in Erinnerung: Wenn der Ansprechpartner bestätigt, dass Sie „richtig" sind, dann können Sie mit Ihrem Anrufgrund kaum mehr falschliegen. Wenn Sie den Vornamen betonen, fühlt sich der Gesprächspartner gleich persönlich angesprochen. Er ist gespannt, was jetzt kommt. Bauen Sie eine Kontaktbrücke auf: Schönen guten Morgen, Herr Müller, prima, dass ich Sie erreiche. Zuerst muss die Beziehungsebene stimmen, dann können Sie zur Sachebene kommen. Durch eine melodiöse Stimme und ein Lächeln bei dieser freundlichen Begrüßung bauen Sie Pluspunkte auf.

Jetzt muss Ihr Gesprächspartner erfahren, mit wem er spricht. Das zuletzt Gesagte bleibt am deutlichsten hängen. Hat Ihr Unternehmen einen hohen Bekanntheitsgrad, sagen Sie zuerst Ihren eigenen Namen und dann den Namen Ihres Unternehmens. So hat Ihr Ansprechpartner bereits einen ersten Anhaltspunkt, um was es gehen könnte. Falls Ihr Unternehmen unbekannt ist, machen Sie es genau umgekehrt. Sie vermeiden dadurch Rückfragen, wer das Unternehmen ist und was es genau macht. Stattdessen beziehen Sie das Gespräch auf Ihre Person. Nennen Sie Ihren eigenen Namen deutlich und langsam. Stellen Sie sich mit Vornamen vor, damit der Ansprechpartner sich auf den Nachnamen gedanklich vorbereiten kann: Hier spricht Daniel Berger von der SELLGATE® AG. „Hier spricht ... " ist besser als „Mein Name ist ... ".

Es zeugt von mehr Persönlichkeit und Selbstvertrauen. Auch das Anfügen einer Ortsbezeichnung kann Sinn machen: Hier spricht Daniel Berger von der SELLGATE® aus Köln. Entweder Sie dokumentieren eine geografische Nähe zum Kunden, oder Sie signalisieren Wichtigkeit durch ein Ferngespräch aus der Großstadt. Sie können auch den USP Ihres Unternehmens in einem Satz nochmals zusammenfassen, damit der Kunde wirklich weiß, was Ihr Unternehmen macht oder aus welcher Abteilung Sie anrufen: Hier spricht Daniel Berger von der SELLGATE® AG. Wir sind auf telefonische Terminvereinbarungen für unsere Kunden spezialisiert. Wenn Sie eine interessante Referenzliste haben, dann fügen Sie an: Wir arbeiten zusammen mit …

Vor-Qualifizierung

Jetzt holen Sie sich das zweite Ja über eine weitere unbestreitbare Wahrheit, und zwar mit der Frage nach dem Verantwortungsbereich: Herr Müller, Frau Schneider hat mir mitgeteilt, dass Sie für die Vertriebssteuerung verantwortlich sind. Ist das richtig? Ja. Der Bezug auf eine bekannte Person im eigenen Unternehmen baut zusätzliches Vertrauen auf. Und jetzt hängen Sie schnell noch eine dritte unbestreitbare Wahrheit an, wie im vorliegenden Fall: Sie haben Außendienstmitarbeiter. Ja. Sagen Sie das eher als Feststellung, nicht als Frage. Eine Frage an dieser Stelle würde unvorbereitet wirken. Es reicht auch, wenn der Kunde das Ja nur denkt. Bis jetzt haben Sie schon drei Ja's eingesammelt. Gut gemacht!

Sollten Sie bei der Qualifizierungsfrage ein Nein erhalten, dann verlieren Sie keine Zeit, und lassen Sie sich zum richtigen Ansprechpartner durchstellen. Aber: Nehmen Sie wertvolles Gepäck mit. Fragen Sie den Gesprächspartner: Mit wem sollte ich mich denn zum Thema „Strategische Vertriebssteuerung" treffen? So haben Sie beim zuständigen Entscheidungsträger gleich eine interne Empfehlung und kommen schneller zum Termin: Guten Morgen, Herr Maier. Hier spricht Daniel Berger von der SELLGATE® AG. Wir sind auf telefonische Terminvereinbarungen für unsere Kunden spezialisiert. Ich rufe bei Ihnen an, nachdem ich mich gerade sehr nett mit Herrn Peter Müller aus der Marketingabteilung unterhalten habe. Er hat vorgeschlagen, Sie anzurufen und gleich einen Termin mit Ihnen auszumachen. Ich bin nächste Woche in Frankfurt. Können wir uns am Montag für 30 Minuten zu dem Thema zusammensetzen? Bei so einem Empfehlungseinstieg können Sie am Schluss sogar das Risiko einer offenen Frage in Kauf nehmen. Wenn der Ansprechpartner trotzdem nochmals genauer wissen will, worum es geht, kommen Sie wie beim Normalprozess zum Anrufgrund.

Anrufgrund

Jetzt will der Kunde genauer wissen, worum es geht. Auch hier nutzen wir gleich die Möglichkeit, um mit einer unbestreitbaren Wahrheit ein weiteres Ja zu kassieren: Herr Müller, darf ich gleich zum Punkt kommen? Ja, bitte. Herrlich, wie das funktioniert, nicht wahr? Sie erhalten nicht nur ein Ja, sondern verhindern auch einen frühzeitigen Abbruch des Gesprächs. Sie werden weniger gestoppt, wenn Sie

Der Kunde hat Ihnen die Tür geöffnet …

„gleich zum Punkt kommen", anstatt mit langen Ausschweifungen zu beginnen. Sagen Sie bereits an dieser Stelle, dass Sie einen Termin vereinbaren wollen. Das ist ja auch Ihr hauptsächlicher Anrufgrund: Ich rufe an, um mit Ihnen einen Termin zu vereinbaren. Sie können diese Aussage verstärken, indem Sie sie begründen: Dabei zeige ich Ihnen, wie Sie durch unsere telefonischen Terminvereinbarungen für Ihre Außendienstmitarbeiter den Umsatz um bis zu 20 Prozent steigern können. Sie können auch einen doppelten Nutzen verkaufen. Denken Sie an die Erkenntnisse aus dem Kapitel „KUNDENTYPOLOGIE" aus dem ersten Buch dieses Kompendiums. Versuchen Sie, zwei Nutzenaussagen zu finden, die verschiedene Kundentypen ansprechen. So haben Sie eine höhere Chance, einen Treffer zu landen. Kombinieren Sie das Erreichen von etwas Positivem mit dem Verhindern von etwas Negativem oder berücksichtigen Sie die verschiedenen Emotionssysteme des Kunden. Verbinden Sie die beiden Nutzenaussagen mit „gleichzeitig", „außerdem" oder „darüber hinaus": Gleichzeitig können Sie Ihre Vertriebskosten reduzieren, weil die Termine routenoptimiert gelegt werden. Anschließend machen Sie entweder gleich weiter mit einem konkreten Terminvorschlag, oder Sie stellen zuerst eine Kontrollfrage: Sind Sie daran interessiert, Ihren Umsatz zu steigern und Ihre Kosten zu reduzieren? Das Wichtige an diesen Kontrollfragen ist, dass es sich um ganz allgemeine Themen handeln muss, die jeder möchte und die der gesunde Menschenverstand nicht verneinen kann. Wenn der Kunde erwartungsgemäß mit Ja antwortet, dann fahren Sie fort: Das ist großartig. Dann sollten wir uns treffen. Antwortet der Kunde mit Nein, dann haken Sie nach: Sind Sie grundsätzlich daran interessiert, Ihren Umsatz zu steigern? Ja, grundsätzlich schon. Damit Sie das prüfen können, schlage ich vor, dass wir uns für 30 Minuten zusammensetzen. Dann sehen Sie, wie wir Ihnen dabei helfen können. Wenn der Kunde bei seinem Nein bleibt, dann starten Sie einen letzten Versuch – mit einer kleinen Provokation: Ist das richtig, sind Sie der Vertriebsleiter der TELEFON GmbH? Drücken Sie mit Ihrer Aussage großes Erstaunen aus. Natürlich wollen wir unsere Umsätze steigern, aber da ruft ja jeden Tag jemand an, der das behauptet. Bei solchen Aussagen können Sie gleich wieder ansetzen, indem Sie diese verständnisvoll entgegennehmen: Mmh, verstehe. Dann möchten Sie, dass das nicht nur behauptet, sondern auch wirklich eingehalten wird. Das heißt, wenn jemand anruft, der das auch wirklich einhalten kann, dann sind Sie grundsätzlich offen, um das einmal zu prüfen, richtig? In dem Fall ... Ja. Gut, damit Sie das prüfen können, schlage ich vor, dass wir uns für 30 Minuten zusammensetzen. Ich bringe Ihnen alle Referenzen mit.

Anstatt eine einfache Nutzenaussage zu treffen, können Sie den Nutzen auch in eine offene Frage verpacken: Inwiefern würde es Ihre Arbeit erleichtern, wenn Ihr Vertrieb perfekt vorqualifizierte Termine bekommen würde, mit einer nachweislich höheren Abschlussquote? So bringen Sie den Kunden dazu, selbst nachzudenken und Ihnen eine Antwort zu geben. Auch hier ist es das Ziel, so allgemeine Fragen zu stellen, dass der Kunde diese positiv beantworten muss. Sie überzeugen, ohne zu argumentieren. Das hat eine immense Wirkung. Nach der positiven Bestätigung durch den Kunden leiten Sie gleich über zum Termin.

Auch mit einer geschlossenen Frage können Sie arbeiten, wenn Sie diese mit einem Nutzen einleiten: Wenn es eine Möglichkeit gäbe, wie Ihr Vertrieb die Abschlussquoten um 20 Prozent steigern könnte, wäre Ihnen das ein persönliches 30-Minuten-Gespräch bei Ihnen vor Ort wert? Oder: Ich möchte Ihnen einen Weg zeigen, wie Sie Ihre Verbrauchskosten innerhalb eines Jahres um 50 Prozent reduzieren können. Ist das interessant für Sie?

Eine weitere Idee ist der Start einer regionalen Vertriebsaktion mit Ihnen als Experten. Sie sind also sowieso in der Gegend und haben einen guten Grund für Ihren Anruf: Ich bin vom 4. bis 7. August als Vertriebsexperte in Stuttgart und habe dort bereits mehrere Termine mit Unternehmen vereinbart.

Wenn die bisherigen Techniken nicht gefruchtet haben, dann bringen Sie einen Wettbewerber mit ins Spiel: Wir haben gerade mit einem Testprojekt bei der Firma VERSICHERUNGS AG gestartet. Durch unsere vorqualifizierten Termine konnte der Vertrieb seine Abschlüsse um 18 Prozent steigern. Gerne erzähle ich Ihnen alles Weitere über den Erfolg bei der VERSICHERUNGS AG in einem persönlichen Gespräch. Wenn Sie eine Branchenspezialisierung anführen können, steigern Sie Ihre Terminquote enorm.

Sofern Sie mit dem Kunden nicht mehr weiterkommen, weil er aus dem Gespräch aussteigen möchte, gibt es eine letzte Karte, die Sie immer zücken können: Herr Müller, ich habe nur noch eine letzte Frage, ist das ok? Meistens stimmt der Kunde zu, und Sie haben sich wieder ein Ja ergattert. Dann fahren Sie fort: Wenn es *einen* Aspekt im Bereich „Strategische Vertriebssteuerung" gibt, den Sie gerne optimiert hätten, welcher ist das? Welchen Aspekt hätten Sie gerne optimiert? Indem Sie die Frage verdoppeln, verstärken Sie die Wirkung. Die doppelte Frage hat eine hohe Sogwirkung und zieht den Kunden mit seinen Gedanken ins Gespräch.

Schicken Sie mir Unterlagen

Wenn Sie telefonisch Termine vereinbaren, hören Sie häufig, dass Sie doch einfach Unterlagen schicken sollen. Erst nach Sichtung würde über einen Termin entschieden. Hier ist der Zeitpunkt des Kundenwunsches entscheidend. Gleich zu Beginn des Gesprächs kommt er einem freundlichen Rauswurf gleich. Viele Menschen wollen sich aber tatsächlich zuerst einmal Unterlagen ansehen, um sich einen ersten Eindruck zu verschaffen. Es spricht also nichts dagegen, dem Gesprächspartner etwas zuzusenden und einen verbindlichen Termin für einen Folgeanruf zu vereinbaren. Aber Achtung: Schicken Sie dem Kunden nicht einfach Ihre Unternehmensbroschüre mit allen Details. Was er jetzt braucht ist eine überzeugende Zusammenfassung mit den wichtigsten Vorteilen, wie Sie sie auch im Telefonat erwähnen würden. Das war's. Sie erklären dem Kunden nur, das „Was", nicht das „Wie". Ansonsten ist die Spannung vorbei.

Trotzdem sollten Sie beim Wunsch nach schriftlichen Unterlagen weitere Informationen vom Kunden einholen. Sagen Sie: Gerne sende ich Ihnen schriftliche Informationen zu, die für Sie interessant sind. Dazu habe ich noch eine Frage … Dann steigen Sie direkt in Ihre Frage ein, ohne die Antwort des Kunden abzuwarten. So kann es durchaus sein, dass Sie doch noch ins Gespräch finden. Zum Beispiel mit: Wenn Sie an … denken, was ist Ihnen dabei besonders wichtig?

Sie können den Kundenwunsch auch einfach überhören und wie folgt darauf antworten: Bei der Durchsicht von Unterlagen entstehen erfahrungsgemäß immer Fragen, die ich Ihnen gleich beantworten kann. Gerne bringe ich Ihnen alle Ihre Vorteile mit. Passt es Ihnen am Dienstagvormittag um neun Uhr?

Versuchen Sie, den Kunden festzunageln: Gerne schicke ich Ihnen unsere Unterlagen. Heißt das, Sie haben Interesse? Das muss ich ja erst sehen. Sie möchten also aufgrund der Unterlagen herausfinden, ob wir das richtige Produkt für Sie anbieten. Ist das so? Natürlich. Falls Sie aus den Unterlagen Ihre Vorteile erkennen können, würden Sie dann mit mir einen Termin vereinbaren? In diesem Fall schon. Das Schöne daran: Sie schicken dem Kunden ja nur Unterlagen, wo die Vorteile explizit draufstehen. Sonst nichts. Jeder Kunde kann somit seine Vorteile erkennen. Sie haben einen perfekten Aufhänger für das Folgegespräch und einen Termin. Der Kunde hat sich Ihnen gegenüber verpflichtet.

Oder Sie fahren beim Wunsch nach Unterlagen fort wie folgt: Unsere begeisterten Kunden erzählen mir immer wieder, dass unser Produkt mit Abstand die meisten Vorteile aufweist. Ich bin mir sicher, dass das auch bei Ihnen der Fall sein wird. Gerne sende ich Ihnen vorab die Unterlagen zu, und danach sollten wir uns treffen, damit Sie die Vorteile persönlich kennenlernen können. Die Unterlagen sende ich Ihnen bis Donnerstag. Das heißt, wir könnten uns nächste Woche treffen. Wann geht es denn bei Ihnen?

Wenn Sie Ihre Unternehmensbroschüre schicken wollen, dann senden Sie diese ohne Begleitbrief. Dieser fliegt nämlich oft in den Papierkorb, und die Broschüre wird irgendwo abgelegt. Doch an wen soll sich der Kunden wenden, wenn dann doch einmal Bedarf entsteht? Personifizieren Sie Ihre Unternehmensbroschüren. Schreiben Sie in Ihrer besten Schrift Für: Peter Müller, mit besten Grüßen von Daniel Berger vorne drauf. Das weckt den Besitzanspruch, und die Chance steigt, dass der Kunde die Broschüre auch tatsächlich liest. Wenn Sie besondere Interessen im Telefongespräch erfahren haben, dann machen Sie individuelle Anmerkungen im Prospekt. Markieren Sie interessante Stellen für den Kunden mit Leuchtstift und einem selbsthaftenden Notizzettel. So wird der Prospekt zum Leben erweckt und wirkt attraktiv. Fordern Sie mit einem Zusatzvermerk zur Handlung auf: Bitte rufen Sie mich an, wenn Sie von unseren Vorteilen profitieren möchten. Sie erreichen mich unter … Ein Prospekt, der so ergänzt wurde, weckt den Eindruck, dass Sie sich schon mit dem Kunden beschäftig haben. Der Kunde spürt, dass Sie ihm helfen wollen.

Eine weitere Möglichkeit ist es, auf maßgeschneiderte Unterlagen hinzuweisen, die Sie nur bei einem persönlichen Gespräch zusammenstellen können: Bei unseren Unterlagen handelt es sich um eine ausgeklügelte Konzeption, die auf Ihre persönliche Situation zugeschnitten wird. Mein Terminvorschlag, um das kurz durchzugehen, ist …

Oder Sie versuchen es mit Humor: Gerne. Wir haben jetzt sogar interaktive Unterlagen, denen Sie Fragen stellen können. Haben Sie so etwas schon einmal gesehen? Nein, wie soll das funktionieren? Die sind 1,75 groß und kommen mit einem charmanten Lächeln bei Ihnen vorbei.

Sie müssen sich von den anderen Anbietern unterscheiden. Manchmal geht das nur über neue und außergewöhnliche Wege. Wenn Sie einen großen Kunden gewinnen wollen, müssen Sie sich etwas Originelles einfallen lassen. Besorgen Sie sich einen Gutschein über eine Tasse Kaffee und ein Stück Kuchen in einem netten Café, das in der Nähe Ihres Kunden liegt. Schreiben Sie dem Kunden: Lieber Herr Müller, damit Sie meine Ideen in Ruhe lesen können, lade ich Sie mit beiliegendem Gutschein zu einer Tasse Kaffee und einem Stück Kuchen ein ins Café … Sie können dem Kunden auch einfach eine Tüte Popcorn mit den Unterlagen mitschicken: Machen Sie es sich so gemütlich wie im Kino. Oder versenden Sie Ihre Unternehmensbroschüre in einem schönen Papierkorb, den Sie dem Kunden mitschicken und den er bei sich aufstellen kann. Natürlich mit Ihrem Logo drauf. Schreiben Sie dazu: Lieber Herr Müller, die meisten Broschüren landen umgehend im Papierkorb. Ich habe Ihnen diesen Schritt bereits abgenommen. Hoffentlich behandeln Sie alle gleich und legen die Broschüren meiner Mitbewerber direkt dazu. Ich habe einige Ideen, die ich Ihnen in einem persönlichen Gespräch kurz vorstellen würde. Dazu freue ich mich über 30 Minuten Ihrer Zeit. Wann wollen wir uns treffen?

Zeit ist bei jedem ein Thema. Viele Termine werden nicht vereinbart, weil sich der Kunde Zeit sparen will. Wieso machen Sie keine Produktvorstellung übers Internet? Damit sparen auch Sie sich eine Menge Zeit und Geld. Die teure Anfahrt fällt weg. Vereinbaren Sie mit dem Kunden eine 20-minütige Videokonferenz. Dazu wird er viel eher bereit sein als für einen persönlichen Termin.

Verraten Sie für die Terminvereinbarung nicht zu viel. Sonst wird der Besuch überflüssig. Wenn Sie nur als Vertriebsassistenz anrufen, sind Sie davor geschützt, zu viele Informationen im Telefonat preiszugeben. Sie sind ja nur für die Terminierung zuständig. Die konkreten Auskünfte gibt der Experte vor Ort. Wenn Sie trotzdem selbst anrufen und der Kunde sagt, dass Sie vorher ausführlich am Telefon darüber sprechen sollen, dann antworten Sie: Das möchte ich sehr gern, aber ich möchte Ihnen auch etwas zeigen. Dadurch lösen Sie Neugier aus. Wenn der Kunde weiter auf telefonischer Information besteht, halten Sie dagegen: Herr Müller, ich möchte Ihre Zeit nicht länger als 30 Minuten in Anspruch nehmen. Viele Unternehmen arbeiten bereits sehr erfolgreich mit uns zusammen. Ich möchte Ihnen etwas zeigen, und nur wenn Sie es sehen, können Sie sich selbst ein Bild machen. Überlegen Sie sich für den persönlichen Gesprächstermin dann natürlich auch etwas, das Sie mitbringen können. Wenn Sie nichts haben, dann verweisen Sie einfach auf sich selbst: Hier bin ich! Wenn Sie das charmant rüberbringen, ist das Eis gebrochen.

Terminvereinbarung

Für die telefonische Terminvereinbarung soll der Kunde vier Dinge wissen: /1/ Sie bringen ihm einen Mehrwert, /2/ Ihr Besuch wird nur eine kurze Zeit in Anspruch nehmen, /3/ Sie setzen ihn keinem Druck aus, /4/ für den Kunden ist alles unverbindlich. Das erreichen Sie mit der folgenden Formulierung: Gerne würde ich das Thema „telefonische Terminvereinbarung" mit Ihnen vertiefen. Dazu sollten wir einen 30-minütigen Besprechungstermin vereinbaren. Ich zeige Ihnen, was ich habe, und Sie können mir sagen, ob es für Sie infrage kommt. Sie entscheiden.

Beim Termine Vereinbaren geht es darum, möglichst schnell einen Termin zu erhalten. Wenn Sie mit dem hier vorgestellten Anlauf nicht auf Anhieb durchkommen, sollten Sie nach jeder beantworteten Frage und nach jedem geklärten Einwand gleich eine Kontrollfrage stellen oder die Terminfrage einleiten: Damit Sie das überprüfen können, sollten wir uns für 30 Minuten zusammensetzen. Hervorragend eignet sich auch die im Kapitel „EINWANDBEHANDLUNG" vorgestellte „Bumerang-Technik". Egal, was der Kunde sagt, Sie antworten: Genau deshalb sollten wir uns kurz zusammensetzen. Es gibt kaum eine Technik, die so einfach ist. Auch die Frage nach dem Preis können Sie so auf das persönliche Gespräch verschieben: Genau das ist der größte Vorteil. Wenn Sie nicht begeistert von unserem Produkt sind, wird Ihnen nichts verrechnet. Anmerkung der Redaktion: Natürlich nur, wenn der Kunde auch nicht kauft ... Wenn der Kunde weiter darauf besteht, den Preis zu erfahren, dann fragen Sie zurück: Heißt das, dass das Produkt grundsätzlich für Sie interessant ist, wenn der Preis stimmt?

Für die Terminfrage sollten Sie keine geschlossenen Fragen verwenden. Die Gefahr für ein Nein ist ohne überzeugende Einleitung zu groß. Gut eignen sich Alternativfragen: Passt es Ihnen besser am Dienstag um neun Uhr oder am Donnerstag um 14 Uhr? Den meisten Kunden ist diese Alternativtechnik bekannt. Sie können die Alternativfrage etwas verstecken, indem Sie dem Kunden beim zweitgenannten Termin noch einen Vorteil aufzeigen: Passt es Ihnen am Dienstag um neun Uhr oder besser am Freitagnachmittag, wenn es etwas ruhiger ist? Wenn Sie einen Termin bevorzugen, können Sie diesen mit einer solchen Vorteilsaussage in den Vordergrund rücken. Sie können die Alternativfrage abschwächen, indem Sie keine präzise Zeitangabe formulieren und dem Kunden die freie Wahl unter Berücksichtigung seines Terminkalenders erlaubt: Wollen wir uns am Donnerstagmorgen treffen oder lieber gemeinsam etwas essen gehen? Abgesehen von Alternativfragen können Sie die Terminfrage auch offen stellen: Wann wollen wir uns treffen? Wann können wir uns zu diesem Thema zusammensetzen? Wann passt es Ihnen? Wenn Sie gut mit dem Kunden klargekommen sind, kommen Sie gleich mit einem konkreten Vorschlag: Mein Terminvorschlag für ein persönliches Kennenlernen ist dienstagvormittags. Wäre Ihnen gegen zehn Uhr recht?

Oft suchen die Kunden nach einem freundlichen Ausweg und versuchen, das Thema auf einen späteren Zeitpunkt zu verschieben: Vor der Messe ist das ausgeschlossen. Rufen Sie nach der Messe nochmals an. Beim nächsten Kontakt passiert natürlich wieder genau dasselbe. So kommen Sie nicht weiter. Wenn das nächste Mal wieder jemand versucht, die Angelegenheit auf einen späteren Zeitpunkt zu verlegen, dann nutzen Sie die Situation aus, um gleich eine grundsätzliche Zustimmung zu Ihrem Angebot einzuholen: Bedeutet das, dass das Thema vom Grundsatz für Sie interessant ist? Die meisten Kunden sagen aus Freundlichkeit darauf Ja. Wenn Sie ein solch grundsätzliches Interesse herausgearbeitet haben, haken Sie sofort ein: Herr Müller, Sie sagten gerade, dass das Thema für Sie interessant ist. Was halten Sie davon, wenn wir gleich heute einen Termin nach der Messe ausmachen? Wie passt es denn am … ? Wenn der Kunde immer noch nicht bereit ist, einen Termin zu vereinbaren, dann kommen Sie erneut auf sein Interesse zurück: Sie sagten, dass das Thema grundsätzlich für Sie interessant ist. Was ist das Interessante für Sie? Je länger Sie im Gespräch bleiben und je mehr Sie über den Kunden herausfinden, desto besser.

Wenn der Interessent partout keinen Termin ausmachen will, dann sagen Sie ihm: Einverstanden, Herr Müller, dann lassen Sie uns im Augenblick mal nicht über einen Termin sprechen. Das Thema „Umsatzsteigerung" begleitet Sie ja täglich. Lassen Sie uns doch einfach zu einem späteren Zeitpunkt nochmals telefonieren. Ist das in Ordnung für Sie? Wenn Sie auf einen späteren Zeitpunkt verschoben werden, dann gehen Sie fest davon aus, dass der Kunde einen Termin mit Ihnen vereinbaren will. Sonst hätte er ja nicht gesagt, dass Sie nochmals anrufen sollen, sondern Ihnen gleich abgesagt. Im Folgegespräch unterstellen Sie also, dass es nur noch um die Terminfrage geht: Herr Müller, wir haben ja vor drei Wochen schon einmal telefoniert. Ich melde mich heute wie besprochen, damit wir einen Termin vereinbaren können. Würde es Ihnen am nächsten Donnerstagnachmittag passen?

Bei der Terminvereinbarung können Sie auch mit dem Knappheitsprinzip spielen. Fragen Sie Ihren Kunden, an welchem Wochentag er sich gerne mit Ihnen treffen würde. Dann bieten Sie ihm den genannten Wochentag in drei bis vier Wochen an und sagen, dass Sie bis dahin ausgebucht sind.

Termine zu vollen Uhrzeiten sind ständig belegt. Viele Verhandlungen, Besprechungen und Gespräche werden zur vollen Stunde angesetzt. Zudem haben wir Menschen eine innere Uhr und ständig die Zeitspanne bis zur nächsten vollen Stunde im Kopf. Wenn Sie einen Termin für neun Uhr ansetzen, dann rechnet der Kunde mit einem Gespräch bis zehn Uhr. Wenn Sie einen Termin für 9.30 Uhr ansetzen, registriert

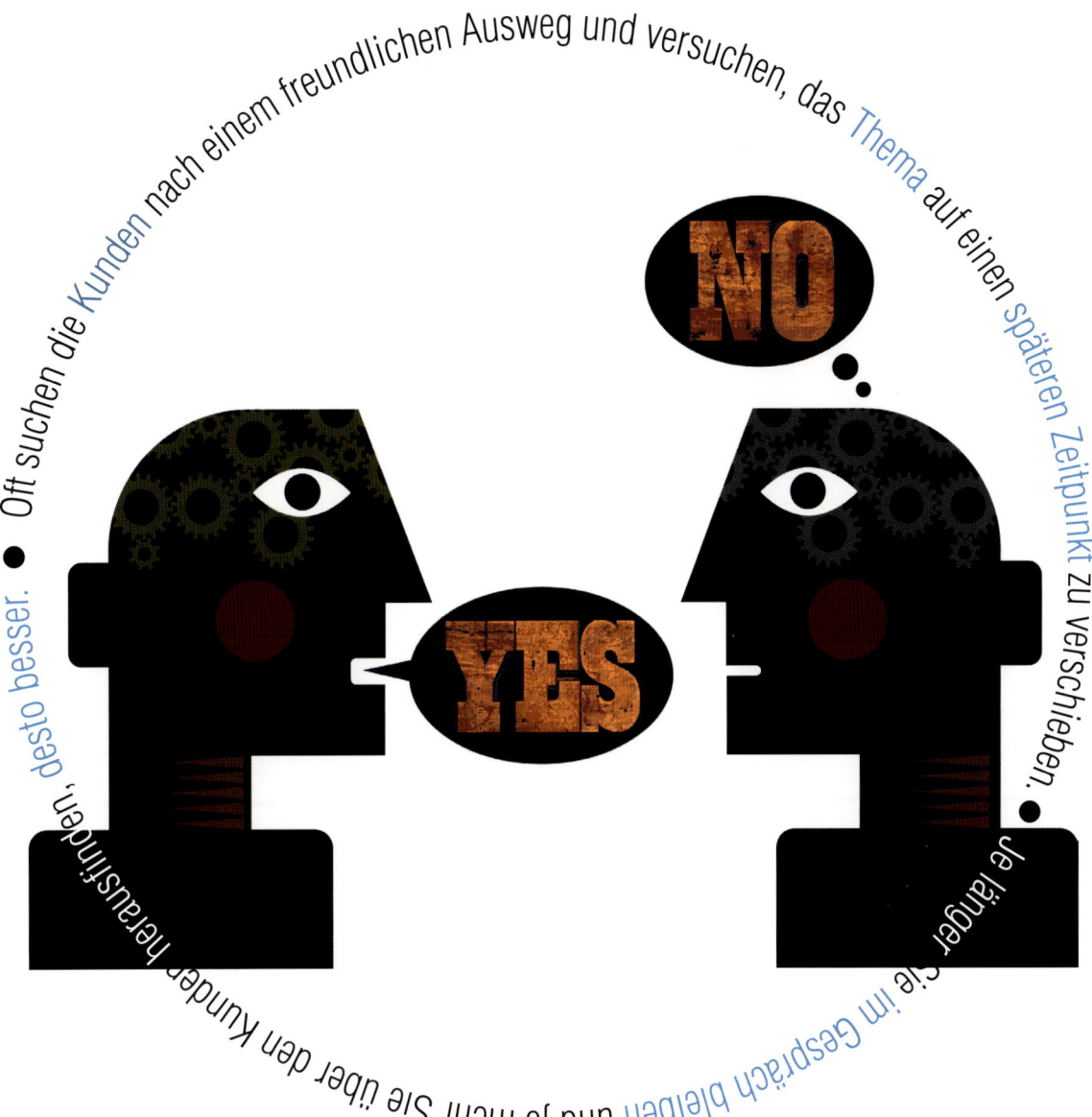

der Kunde das als halbstündiges Gespräch. Solche Termine werden leichter akzeptiert. Krumme Uhrzeiten haben einen weiteren positiven Effekt: Der Kunde hat das Gefühl, dass Sie Ihren Tag exakt planen. Das lässt auf Ihre Zuverlässigkeit schließen. Sie können auch unvergessliche Termine vereinbaren: Ich kann um 11.11 Uhr bei Ihnen sein. Sagen Sie einfach, dass Sie ein Anhänger des Zeitmanagements sind.

Wenn der Kunde keine Zeit, aber Interesse hat, dann können Sie auch versuchen, ihn auf seinen Reisen zu begleiten. Bieten Sie dem Kunden an, ihn mit dem Auto vom Flughafen abzuholen oder auf einer Bahnreise mitzufahren. Schon haben Sie Ihren Ansprechpartner eine ganze Fahrtstrecke für sich.

Sofern Sie zum aktuellen Zeitpunkt keinen Termin vereinbaren können, fragen Sie: Ab wann ist das ein Thema für Sie? Wenn Ihnen der Kunde ein Datum nennt, haben Sie eine perfekte Wiedervorlage.

Der beschriebene Ablauf sollte zu möglichst wenig Einwänden führen. Trotzdem gibt es immer mal wieder Einwände, warum der Kunde keinen Termin vereinbaren will. Im Kapitel „EINWANDBEHANDLUNG" sind die besten Techniken dafür zusammengestellt. Suchen Sie einige Gesprächsmuster, die zu Ihnen passen, und nehmen Sie diese in Ihren Gesprächsleitfaden mit auf. Ein vielfach einsetzbares Beispiel gebe ich Ihnen aber gleich hier mit auf den Weg. Wenn Sie merken, dass der Kunde zögert oder abblocken will: Herr Müller, Sie haben doch sicher auch schon mal am Telefon mit jemandem einen Termin vereinbart. Was war da der ausschlaggebende Grund? Warten Sie die Antwort des Kunden ab. Dann fragen Sie weiter: Was fehlt Ihnen denn noch, um mit mir heute einen Termin zu vereinbaren? Sagen Sie das alles in einer äußerst freundlichen Art und Weise, und lächeln Sie dabei. Oft finden Sie so trotz anfänglicher Ablehnung einen Zugang zum Kunden. Entweder Sie können dann einen Termin vereinbaren, oder Sie wissen warum nicht.

Qualifizierung

Ein wichtiger Hebel für Ihren Verkaufserfolg liegt in der Qualifizierung Ihrer Kunden. Die Abschlussquote im persönlichen Termin verbessert sich bei qualifizierten Kunden von zehn Prozent auf 50 Prozent. Entsprechend sind qualifizierte Termine auch fünfmal so viel wert. Es ist besser, wenn Sie Ihre harte Arbeit im Außendienst auf Leute verwenden, die etwas kaufen, anstatt genauso harte Arbeit auf Leute, die nichts kaufen. Für die Qualifizierung gibt es zwei Ansätze.

Entweder Sie qualifizieren Ihren Kunden, nachdem Sie den Termin vereinbart haben: Damit das vereinbarte Gespräch für uns beide erfolgreich und gewinnbringend verläuft: Darf ich Ihnen noch drei Fragen stellen? Ja, natürlich. Arbeiten Sie bereits mit einem Unternehmen in unserem Bereich zusammen? Wie viele Außendienstmitarbeiter haben Sie? Wer wird alles an der Entscheidung beteiligt sein? Wenn Sie anhand der Antworten merken, dass sich ein Termin nicht lohnt, können Sie diesen gleich wieder absagen. Auch der Kunde wird Ihnen für die eingesparte Zeit dankbar sein.

Oder Sie wählen ab Beginn des Gesprächs einen Weg von gegenseitiger Verpflichtung. Der Kunde soll von Anfang an bestätigen, dass er Ihr Produkt braucht, will und es sich leisten kann. Hier wählen Sie einen ganz stringenten Ansatz, um nur die wenigen Kunden mit hoher Kaufwahrscheinlichkeit aus der Masse herauszufiltern. Den Einstieg machen Sie genauso wie oben aufgezeigt. Sie stellen Ihren Nutzen vor bis hin zur Kontrollfrage: Sind Sie daran interessiert, Ihren Umsatz zu steigern und Ihre Kosten zu reduzieren? Dann warten Sie auf ein klares Ja oder Nein. Ein „Vielleicht" ist keine Verpflichtung. Auch ein grundsätzliches Interesse ist bedeutungslos. Bei einem Nein steigen Sie aus und konzentrieren sich auf den nächsten Kunden. Ein Ja lassen Sie sich nochmals bestätigen wie folgt: Bedeutet das, dass Sie grundsätzlich wollen, was ich Ihnen anbiete? Wenn der Kunde mehr Informationen möchte, dann sagen Sie ihm, dass Sie später ins Detail gehen werden. Aber im Moment möchten Sie für beide zuerst abklären, ob er will, was Sie ihm anbieten. Auch für die Terminvereinbarung geben Sie die Entscheidung zum Kunden: Möchten Sie einen Termin vereinbaren und feststellen, ob unsere telefonischen Terminvereinbarungen das für Ihre Umsatzsteigerung ist, was Sie suchen? Wenn der Kunde nicht möchte oder keine Zeit hat, ist er disqualifiziert. Wenn der Kunde sagt, dass er erst in drei Monaten einen Bedarf hat, dann fragen Sie ihn, ob er in drei Monaten wieder angerufen werden möchte. Spielen Sie die ganze Zeit den Ball zum Kunden zurück, und lassen Sie ihn für die Ergebnisse die Verantwortung übernehmen. Wenn der Kunde seine Entscheidungen selbst trifft, ohne überredet zu werden, dann ist die Abschlusswahrscheinlichkeit im anschließenden Verkaufsgespräch viel höher. Wenn der Kunde wissen will, wie Sie Ihre Ergebnisse erzielen, dann fragen Sie ihn, ob er Ihr Produkt unter der Annahme will, dass Sie die avisierten Ziele tatsächlich erreichen können. Wenn ein Kunde sagt, dass er Ihr Produkt grundsätzlich will, dann sagen Sie ihm, dass Sie ca. 45 Minuten unterbrechungsfreie Zeit im persönlichen Termin benötigen, um ihm alle Details vorzustellen.

Nachdem der Termin vereinbart wurde, fragen Sie den potenziellen Kunden: Was werden Sie tun, wenn Sie im Termin merken, dass ich alle Ihre Anforderungen an telefonische Terminvereinbarungen erfüllen kann? Wenn der Kunde darauf nicht eindeutig sagt, dass Sie dann einen Auftrag erhalten, dann sagen Sie ihm, dass Sie sich nur mit potenziellen Kunden verabreden, die von Ihnen kaufen werden, wenn Sie ihre Anforderungen erfüllen. Dann fragen Sie den Kunden wieder, was er jetzt tun möchte? Wenn er sich nicht verpflichten will, ist er disqualifiziert.

Bestimmen Sie anschließend den finanziellen Status: Unsere Dienstleistung wird schätzungsweise 180 Euro pro Termin kosten. Sind Sie bereit, diesen Betrag pro Termin zu investieren? Versichern Sie dem Kunden, dass es in Ordnung ist, Nein zu sagen. Der Kunde versteht durch diese Vorgehensweise, dass

Sie keine Zeit in Überzeugungsarbeit investieren werden. Fragen Sie zum Schluss: Wenn wir uns auf eine gemeinsame Zusammenarbeit einigen: Wann kann aus Ihrer Sicht ein Projektstart stattfinden? Wenn alle Punkte zu Ihrer Zufriedenheit beantwortet wurden und sich der Kunde in dem beschriebenen Maße verpflichtet hat, vereinbaren Sie den Termin.

Viele Kunden fallen natürlich durch das Raster. Deshalb muss das auch eine sehr schnelle Telefonie sein. Wenn Sie so direkt und ehrlich mit Ihren Kunden umgehen, werden Sie auch direkte und ehrliche Antworten erhalten. Das spart allen Beteiligten Zeit. Wenn der Kunde in einem solchen Prozess Nein sagt, fühlen Sie sich beim Telefonieren viel weniger zurückgewiesen. Sie haben gar nicht erst versucht, jemanden zu etwas zu überreden. Sie versuchen nur, Kunden mit einer hohen Kaufwahrscheinlichkeit zu finden. Es handelt sich nicht mehr um einen Verkaufsprozess, sondern um einen Identifizierungsprozess. Sobald Sie Angst und Stress beim Telefonieren verspüren, sind Sie vermutlich wieder ins Überreden und Überzeugen abgerutscht. Genauso, wenn Ihr Gespräch länger als fünf Minuten dauert. Natürlich können Sie niemals sicher sein, ob der Kunde tatsächlich bei Ihnen kauft oder nicht. Aber Sie rechnen mit der Wahrscheinlichkeit.

Exkurs: Telefonverkauf
Wenn Sie direkt am Telefon verkaufen, dann müssen Sie auf Schlagzahl kommen. Überprüfen Sie dafür die Qualifikation des Ansprechpartners gleich zu Beginn des Telefonats: Herr Müller, es geht um ein ganz spezielles Angebot, dass sich an Selbständige richtet. Sie können dabei bis zu 30 Prozent Einkommenssteuer sparen. Das macht aber nur Sinn, wenn Sie mehr als 12.000 Euro Einkommenssteuer pro Jahr bezahlen. Nur dann können Sie von unserer Produktneuheit profitieren. Sind Sie selbständig und bezahlen mehr als 12.000 Euro Einkommenssteuer? So verschwenden Sie keine Zeit mit unqualifizierten Kontakten. Wenn Sie noch weitere Kriterien abfragen müssen, dann fahren Sie gleich fort: Außerdem ist es erforderlich, dass Sie nicht älter als 49 Jahre sind. Ist das bei Ihnen der Fall? Das Schöne bei dieser Art der Qualifizierung: Wenn Sie recht haben, erhalten Sie gleich mehrere Ja's von Ihren Kunden. Ideale Voraussetzung für den Einstieg ins Verkaufsgespräch. Sobald Sie ein Nein erhalten, ist der Kunde disqualifiziert.

Termin sichern

Bleiben Sie nach der Terminvereinbarung mit dem Kunden noch etwas im Gespräch. Viele Verkäufer treten zu schnell den Rückzug an, weil sie Angst haben, dass der Kunde vom gerade vereinbarten Termin zurücktreten könnte. Aber das Gegenteil ist der Fall: Jede weitere Kommunikation nach der Terminabsprache trägt dazu bei, den Termin zu stabilisieren. Am Anfang haben Sie dem Gesprächspartner Ihren Namen gesagt, während des Gesprächs haben Sie Ihr Gegenüber mehrmals mit seinem Namen angesprochen. Aber weiß der Kunde *Ihren* Namen noch? So sichern Sie professionell einen Termin: Herr Müller, ich notiere mir jetzt: 24. Mai, 9.45 Uhr. Nochmals zur Erinnerung: Mein Name ist Daniel Berger von der SELLGATE® AG. Herr Müller, ich freue mich sehr auf unser persönliches Treffen. Erläutern Sie dem Kunden an dieser Stelle das weitere Prozedere: Sie erhalten jetzt direkt im Anschluss an unser Telefonat eine E-Mail von mir, in der ich die gemeinsam besprochenen Inhalte und unsere Terminvereinbarung für Sie nochmals kurz bestätige. Darin finden Sie natürlich auch meine Kontaktdaten. Falls Sie im Vorfeld unseres Treffens noch Fragen oder Wünsche haben, kommen Sie jederzeit gerne auf mich zu.

Die persönliche Anreise eignet sich für den Smalltalk am Schluss. Sagen Sie dem Kunden, von wo aus Sie anreisen werden, und fragen Sie nach den Parkmöglichkeiten. Verabschieden Sie sich mit den besten Wünschen: Herr Müller, Ich wünsche Ihnen noch eine erfolgreiche Woche. Wenn Sie etwas Persönliches von Ihrem Kunden erfahren haben, dann schreiben Sie sich das gleich auf. Ihr Gesprächspartner hat eine Schulung? Eine wichtige Besprechung? Fährt in Urlaub? Nimmt an einer Messe teil? Diese Informationen liefern Ihnen die perfekte Möglichkeit, im nächsten Kontakt zu punkten. Fragen Sie nach dem Ereignis und signalisieren Sie höchstes Interesse am Kunden.

Schriftliche Bestätigung

Sie sollten dem Kunden nach jedem Telefonat eine schriftliche Bestätigung schicken, als E-Mail oder Fax. Schreiben Sie dem Kunden auch, was er von seiner Seite für den Termin schon vorbereiten kann. Je mehr der Kunde bereits in dieser frühen Phase in die Beziehung einbringt, umso mehr steigt die Wertigkeit des Termins. Wenn zwischen dem Telefonkontakt und dem Termin ein Abstand von mehr als zwei Wochen liegt, dann schicken Sie dem Kunden kurz vor dem Termin nochmals eine nette Erinnerung. Vielleicht verbinden Sie diese gleich mit dem Hinweis auf eine Kundenreferenz, wo sich der Kunde schon einmal vorab informieren kann. Nochmals anrufen ist eine weniger gute Lösung, weil jedes Telefonat wieder Risiken birgt und der Kunde den Termin nochmals infrage stellen kann. Faxen Sie dem Kunden vor dem Termin eine Agenda. Das fällt viel mehr auf als eine Mail. Und wirkt beim Kunden absolut professionell. Meistens bringt er das Fax zum Besprechungstermin mit. Der Kunde ist besser vorbereitet und erhält selbst das Gefühl, dass der Termin über eine gewisse Priorität verfügt.

Rufen Sie sich in Erinnerung

Wenn Sie mit dem Kunden eine langfristige Wiedervorlage vereinbart haben, sollten Sie sich zwischenzeitlich bei ihm melden. Doch was gibt es für einen Aufhänger, wenn der Kunde erst in sechs Monaten wieder angerufen werden will? Hier ist er: Herr Müller, ich melde mich bei Ihnen, weil ich gestern über Sie nachgedacht habe. Das kommt gut an und liefert Ihnen einen Grund für die verfrühte Kontaktaufnahme. Fast alle Menschen reagieren positiv, wenn jemand an sie denkt. Führen Sie einen positiven Grund an, wie zum Beispiel: Ich habe an unserem internationalen Verkäufertreffen erfahren, dass... Und da habe ich gedacht, das könnte Sie interessieren. So können Sie Wartezeiten über Wochen verkürzen.

Der persönliche Termin

Gespräch ist gegenseitige distanzierte Berührung.

(Marie Freifrau von Ebner-Eschenbach)

Sich vorzubereiten hat seinen Preis. Es nicht zu tun auch. (Josef Seifert)

Nur im persönlichen Gespräch können Sie das Gesamtpotenzial Ihrer Person einbringen. Nur wenn Sie dem Kunden gegenübersitzen, können Sie ihm etwas zeigen und es ihn anfassen lassen. So können Sie den Kunden am wirkungsvollsten überzeugen. Der persönliche Verkauf ist umso bedeutsamer, je erklärungsbedürftiger, hochpreisiger und unbekannter ein Produkt ist.

Vorbereitung auf den Kundenkontakt

Sammeln Sie alle wichtigen Informationen zu Ihrem Gesprächspartner. Ob und wie viel, das hängt von Ihrem Akquisitionsprozess ab. Wenn Sie am Telefon Versicherungen verkaufen, können Sie sich nicht auf jeden einzelnen Kunden vorbereiten. Wenn Sie Lösungen an Unternehmen verkaufen, dann sehr wohl. Verwenden Sie für die Vorbereitung so viel Zeit wie nötig, aber so wenig wie möglich. Denn Sie wollen ja einen effizienten Verkaufsprozess. Als Informationsquellen eignen sich:

Fremde sind Freunde, die man noch nicht kennt. (Nikolaus Enkelmann)

- Gesprächspartner googeln
- Internetseite des Unternehmens
- Branchenpublikationen
- Branchenstudien
- Fachzeitschriften

Sie können auch bei der Verkaufs- oder Marketingabteilung des Unternehmens anrufen, um sich von dort Produktunterlagen zusenden zu lassen. Auf der Kundenwebseite finden Sie meistens eine Rubrik „Wir über uns", „News" und „Pressemitteilungen". Studieren Sie die Inhalte, denn Sie sind wichtig für Ihr Gespräch. Auch über die „News"-Funktion von *Google* können Sie unter Umständen spannende Informationen zum Unternehmen finden. Neben den allgemeinen Produkt- und Unternehmensinfos ist folgendes hilfreich:

- Umsatz
- Gewinn
- Anzahl Mitarbeiter
- Niederlassungen
- Marktanteil
- Größter Kunde
- Stärkster Konkurrent
- Produktbeschwerden im Internet
- Neue Gesetze in der Branche

Besuchen Sie die Internetseite einiger Wettbewerber des Unternehmens und finden Sie heraus, ob es unterschiedliche Vermarktungsansätze der Produkte gibt. Die erste Führungsebene ist oft nicht in sozialen Business-Netzwerken vertreten. Aber die zweite und dritte. Finden Sie im Internet ein Foto Ihres Ansprechpartners, dann können Sie ihn mit Namen ansprechen, bevor Sie sich vorgestellt haben. Das macht Eindruck, gerade wenn der Ansprechpartner mit mehreren Teilnehmern aufkreuzt. Wenn Sie Informationen über Hobbys und private Interessen finden, dann sind diese auch immer wertvoll als Anknüpfungspunkt im Kundengespräch.

Rechtzeitig zum Kundentermin

Planen Sie genügend Zeit für Ihre Anfahrt ein, damit Sie pünktlich und ohne Stress beim Kunden landen. Sollten Sie sich trotzdem einmal verspäten, müssen Sie sich sofort beim Kunden melden, auch wenn es nur fünf Minuten sind. Das wirkt höflich und respektvoll. Sie geben dem Kunden die Chance, noch etwas anderes in dieser Zeit zu erledigen. Erfolgt dieser Anruf nicht, haben Sie im anschließenden Gespräch schlechte Karten. Sie wollen etwas vom Kunden, also müssen Sie sich auch an die Regeln halten. Der vereinbarte Termin ist die erste gemeinsame Regel. Wenn Sie sich nicht daran halten, schätzt Sie der Kunde als unzuverlässig ein. Das ist definitiv keine gute Ausgangsbasis. Wenn Sie zu spät kommen, dann seien Sie ehrlich. Sind Sie zu spät losgefahren, dann sagen Sie es dem Kunden. Wenn Sie in einer solchen für Sie unangenehmen Situation ehrlich sind, schafft das Vertrauen. Eine andere weit verbreitete Unsitte ist es, zu früh zu kommen. Auch das kann sich negativ auf den Gesprächsverlauf auswirken. Sie versuchen, dem Kunden Ihren Fahrplan aufs Auge zu drücken.

Wenn beim Zielunternehmen Kundenparkplätze ausgewiesen sind, parken Sie Ihr Auto bitte woanders - Sie sind schließlich kein Kunde -, es sei denn, der Interessent hat Ihnen das vorher erlaubt. Steigen Sie sofort aus dem Auto, wenn Sie auf das Gelände gefahren sind, und betreten Sie mit vorbereiteten Unterlagen das Gebäude. Achten Sie darauf, dass Ihr Auto aufgeräumt und in einem vorzeigbaren Zustand ist. Nichts ist peinlicher, als wenn Sie der Kunde nach einem erfolgreichen Termin noch zum Auto begleitet und sich leere Fastfood-Verpackungen auf dem Beifahrersitz stapeln.

Beim Kunden

Geben Sie dem Empfang Ihre Visitenkarte, damit die Dame Ihren Besuch telefonisch ankündigen kann. Nutzen Sie die Gelegenheit für einen Smalltalk mit Empfang und Sekretariat. Beides können später wichtige Verbündete sein, wenn es darum geht zum Kunden durchzudringen oder einen weiteren Termin zu vereinbaren. Eine kleine Aufmerksamkeit für die Sekretärin verstärkt den positiven Eindruck. So schaffen Sie eine hervorragende Erinnerung.

Nutzen Sie die Wartezeit beim Kunden. Bereiten Sie sich nochmals innerlich auf den Gesprächsablauf vor. Betrachten Sie die Räumlichkeiten, schauen Sie sich Prospekte und Vitrinen an. Wie wirken die Mitarbeiter? Hier finden Sie bestimmt weitere Gesprächsaufhänger.

Etikette
Im ersten Augenblick geht es darum, sich selbst als Person zu verkaufen. Das ist der Verkauf vor dem Verkauf. Beim ersten Anblick sortieren wir unser Gegenüber in Sekundenschnelle ein: positiv, negativ oder neutral. Unschwer zu folgern, dass neutral und negativ keine guten Voraussetzungen für den weiteren Gesprächsverlauf sind. Als erstes fällt beim Gegenüber auf:

- Passende Kleidung
- Ruhiger Gang
- Lächeln
- Gerade Haltung
- Angepasster Händedruck
- Begeisterte erste Worte

Fallen Sie durch ausgeprägte Höflichkeit und gutes Benehmen auf. Solche Menschen haben mehr Erfolg, und das strahlen Sie durch eine selbstverständliche Etikette aus.

Warten Sie stehend auf den Kunden, bevor Sie einen Platz einnehmen. Gerade wenn Sie in ein Besprechungszimmer geführt werden, wissen Sie nicht, wo der Kunde am liebsten sitzt. Verspielen Sie nicht gleich Pluspunkte, indem Sie sich auf den Lieblingsplatz Ihres Kunden setzen. Wenn Sie mit der rechten Hand schreiben, achten Sie darauf, dass der Kunde eher links von Ihnen sitzt. So kann er mitverfolgen, was Sie auf Ihrem Block notieren. Das gibt ihm Sicherheit und Vertrauen. Wenn Sie mit der Schreibhand die Sicht behindern, entsteht hingegen ein ungutes Gefühl. Für Linkshänder gilt das Ganze umgekehrt.

Die Begrüßung mit der Hand folgt bestimmten Regeln: Sie grüßt ihn, alt grüßt jung, Ranghöhere grüßen Rangniedere. Natürlich können Sie den Handschlag nicht verweigern, wenn ein Mitarbeiter des Chefs Ihnen zuerst die Hand reicht. Signalisieren Sie jedoch dem Chef, dass Sie die Etikette-Regeln beherrschen. Wenn Sie nicht sicher sind, ob Ihr Gegenüber Sie mit einem Handschlag begrüßen möchte, dann halten Sie Ihre eigene Hand auf Hüfthöhe und warten Sie ab. Wenn es nicht zum Handschlag kommt, dann können Sie Ihre Hand unauffällig wieder sinken lassen. Gerade in arabischen Ländern dürfen Sie niemals von sich aus eine Frau mit einem Handschlag begrüßen. Lächeln Sie, und nicken Sie freundlich mit dem Kopf.

Wenn mehrere Personen am Termin teilnehmen, dann gibt es auch für die Vorstellung eine Regel: Er wird ihr vorgestellt, jung wird alt vorgestellt, Rangniedere werden Ranghöheren vorgestellt, Einzelner wird der Gruppe vorgestellt.

Sollte eine unbekannte Person den Raum betreten, dann stehen Sie auf. Das zeugt von Anstand und Höflichkeit. Das gilt insbesondere für Damen, ältere und ranghöhere Personen. Natürlich springen Sie nicht jedesmal auf, wenn die Sekretärin den Raum betritt.

Nehmen Sie Kundengesten immer an. Lehnen Sie niemals aus falsch verstandener Höflichkeit ein Getränk oder ein anderes Angebot ab. Gerade in südlichen Ländern, vor allem aber auch im Mittleren Osten und Asien wird das Ablehnen des Begrüßungsgetränks als Beleidigung aufgefasst. Zum Abschluss brauchen Sie die Hilfe des Kunden. Gewöhnen Sie ihn besser gleich daran. Wer sich helfen lässt, dem wird geholfen.

Zelebrieren Sie die Übergabe der Visitenkarte. Geben Sie dem Kunden Ihre Visitenkarte in die Hand, und legen Sie diese nicht einfach so auf den Tisch. Wenn Sie die Visitenkarte des Kunden erhalten, dann dürfen Sie diese ebenfalls nicht einfach zur Seite legen. Prägen Sie sich nochmals genau den Namen und die Position im Unternehmen ein. Das gibt Ihnen einen zusätzlichen Rückschluss, ob Sie mit der richtigen Person zusammensitzen. Platzieren Sie die Visitenkarte dann gut sichtbar vor sich auf dem Tisch. Wenn Sie mit mehreren Personen am Tisch sitzen, dann legen Sie die Visitenkarten in der Reihenfolge Ihrer Gesprächspartner vor sich hin. Somit behalten Sie stets den Überblick, mit wem Sie es gerade zu tun haben. Ihre eigene Visitenkarte sollten Sie immer griffbereit halten. Ein tadelloser Zustand ist eine Selbstverständlichkeit. Wenn Sie Ihre Visitenkarte überreichen, wird der Kunde seine ebenfalls meist zücken. Wenn er das nicht tut, bitten Sie ihn einfach darum: Hätten Sie vielleicht auch ein Kärtchen für mich?

Wenn Sie Prospektunterlagen vom Kunden erhalten, dann legen Sie diese nicht gleich unbeachtet weg. Nehmen Sie sich Zeit, und blättern Sie sie kurz durch. Sagen Sie anerkennende Worte.

Wenn Sie es mit einer Gruppe von Teilnehmern zu tun haben, dann werden diese keine abschließende Entscheidung treffen, ohne sich vorher abgesprochen zu haben. Bieten Sie in solchen Situationen immer von sich aus an, kurz den Raum zu verlassen, damit die Herrschaften sich beraten können.

Perfekte Geschäftsausstattung

Sorgen Sie für eine perfekte Geschäftsausstattung. Alles, was Sie Ihrem Kunden übergeben, zementiert Ihr Image als Verkäufer. Sorgen Sie für einwandfreie Präsentationsunterlagen und Informationsbroschüren. Neben hochwertigen Bildern und überzeugenden Texten berücksichtigen Sie bitte auch die Erkenntnisse aus dem Kapitel „KUNDENTYPOLOGIE" im ersten Buch dieses Kompendiums. Unterschiedliche Kundentypen wollen unterschiedlich angesprochen werden. Lassen Sie sich die besten Visitenkarten machen, die Sie bekommen können. Idealerweise verleitet bereits Ihre Visitenkarte zu einem Einstiegsgespräch und erzeugt einen Wow-Effekt.

Begrüßungsphase

Begrüßen Sie den Kunden mit einem Lächeln und begeisterter Stimme: Es freut mich, Sie kennenzulernen, Herr Müller. Schauen Sie dem Gesprächspartner dabei in die Augen. Bedanken Sie sich nicht für den Termin. Der Kunde hat Ihnen nichts geschenkt. Das würde Ihre Verhandlungsposition schwächen. Sie profitieren ja schließlich beide von dem Gespräch. Vermeiden Sie Fragen nach dem Wohlbefinden oder nach dem Geschäftsverlauf. Wenn Sie darauf eine negative Antwort erhalten, ist das weitere Gespräch vorbelastet. Ein idealer Einstieg sind Lob und anerkennende Worte, insbesondere über den freundlichen Empfang oder Ihren ersten Eindruck vom Unternehmen. Aber nur, wenn es auch ernst gemeint ist! Für die erste Annäherungsphase eignen sich alle Gesprächsaufhänger, die Sie im Kapitel „SMALLTALK" im ersten Buch dieses Kompendiums kennengelernt haben. Fragen, die Sie immer stellen können sind: Wie lange arbeiten Sie schon für das Unternehmen? Wo haben Sie vorher gearbeitet? Die meisten Menschen reden gerne über sich. Wenn Sie den Kunden schon kennen, dann ist jetzt der geeignete Zeitpunkt, um persönliche und private Dinge zu besprechen, die Sie beim letzten Mal in Erfahrung gebracht haben. Fragen Sie den Kunden: Wie viel Zeit wollen wir uns nehmen? Damit erkennen Sie, welche Priorität Ihr Gespräch genießt. Nichts ist aus Sicht des Kunden schlimmer, als einen Verkäufer im Büro sitzen zu haben, der nicht mehr aufhört zu sprechen, während man andere, dringendere Dinge zu erledigen hat. Wenn die Zeitfrage geklärt ist, gehen Sie zum geschäftlichen Teil über.

Den Kunden öffnen

Öffnen Sie zuerst den Kunden, dann erst beginnt das Verkaufsgespräch. Schenken Sie dem Kunden Wasser ein, und überreichen Sie im ein Glas. So nimmt er etwas von Ihnen, und Sie stehen sich positiv gegenüber. Geben Sie dem Kunden auch während des Verkaufsgesprächs immer wieder etwas in die Hand, um ihn zu öffnen und zu aktivieren. Das kann ein Prospekt, ein Zeitungsartikel oder Demonstrationsobjekt sein. Sonst besteht die Gefahr, dass sich der Körper zu sehr entspannt. Wenn Sie in diesem Zustand um eine Unterschrift bitten, muss der Kunde seinen entspannten Körper erst einmal aufwecken. Selbst wenn der Kopf schon unterschriftsreif ist, muss die Hand am Ende des Arms doch eine kleine Barriere der Wiederbelebung überwinden. Geben Sie dem Kunden den Prospekt immer verkehrt herum, sodass der Kunde ihn drehen und wenden muss. Das erhöht die sinnliche Erfahrung. Wenn sich der Prospekt gut anfühlt, kommt die richtige Stimmung auf.

Nutzen Sie das Prinzip der Reziprozität. Übergeben Sie dem Kunden zu Beginn des Gesprächs einen Schreibblock und einen schönen Kugelschreiber, natürlich mit dezentem Logo drauf. Sie können dem Kunden auf der ersten Seite des Blocks auch gleich das Thema aufschreiben. Gestalten Sie die Übergabe nicht gönnerhaft, sondern als Zweckmittel: Ich habe Ihnen hier gleich einen Schreibblock und Kugelschreiber mitgebracht, damit Sie sich alles Wichtige aufschreiben können. Schöner Nebeneffekt: Mit dem Schreibgerät in der Hand gibt der Kunde häufig sehr eindeutige Körpersprachesignale. Nimmt der Kunde den Kugelschreiber in die Hand, zeugt das von positiver Aktivität. Legt er den Kugelschreiber weg, geht er auf Distanz. Nimmt er ihn in beide Hände, geht er in sich und denkt nach. Wenn der Kunde den Kugelschreiber zum Degenfechten verwendet, wird es für Sie kritisch.

Einstieg ins Verkaufsgespräch

Wenn Sie einen positiven ersten Eindruck gemacht haben, dann müssen Sie nur noch gut die Kurve vom Smalltalk zum Fachgespräch kriegen. Das können Sie weich einleiten, indem Sie Fragen zu aktuellen Geschehnissen stellen oder neue Entwicklungen in der Branche ansprechen. Stellen Sie dann sich und Ihre Aufgabe in Ihrem Unternehmen vor. Wenn es zu Ihrer Gesprächsplanung passt, zeigen Sie die Agenda auf und klären das Ziel Ihres Gesprächs. Üben Sie diese Übergänge und überlegen Sie sich passende Formulierungen. Ihr Gesprächspartner ist jetzt in einer positiven Erwartungshaltung, die Sie für sich nutzen sollten. Ihr Gegenüber ist aufmerksam und konzentriert. Machen Sie keinen Bruch, indem Sie an dieser Stelle schon die Verkaufsunterlagen aus Ihrer Mappe herauskramen. Sonst verlieren Sie Ihren Kunden. Das Material kann bis zu einer Demonstration oder bis zum Schluss warten. Führen Sie das Gespräch durch gute und vorbereitete Fragen. Gut vorbereitet sieht es aus, wenn Sie griffbereit einige ausgedruckte Internetseiten des Zielunternehmens auf den Tisch legen. Damit zeigen Sie wirkliches Interesse.

Auch hier gilt: Anders sein als alle anderen! Bringen Sie dem Kunden zum Beispiel ein Geschenk mit, das zu Ihrem Produkt passt. Als Vertriebstrainer können Sie zum Beispiel einen Kuchen mitbringen, der in acht Stücke geschnitten ist. Sagen Sie anschaulich: Bei unserem Vertriebstraining ist es wie bei diesem Kuchen. Man isst den Kuchen ja nicht im Ganzen, sondern teilt ihn in verdaubare Stücke. Bei uns gibt es deshalb ebenfalls acht Module, um das Gelernte gut verdauen zu können. Eine solche Analogie sitzt und prägt sich beim Kunden ein. Oder nehmen Sie ein geheimnisvolles Schaustück mit ins Gespräch. Stellen Sie es zu Beginn verdeckt auf den Tisch. Sagen Sie zum Beispiel: Unter diesem Karton steckt das Geheimnis, wie Sie Ihren Umsatz um 20 Prozent steigern können. Später werde ich Ihnen verraten, was es ist. Das erzeugt Spannung und Neugier auf den weiteren Gesprächsverlauf.

Bedarfs- und Motivanalyse

4

> Sie können alles verwirklichen, was Sie sich im Leben wünschen, wenn Sie genügend Menschen bei der Verwirklichung ihrer Wünsche helfen.

(Zig Ziglar)

Nachdem Sie mit dem Kunden warmgeworden sind, besteht nun die große Herausforderung darin, einen Bedarf beim Kunden festzustellen oder diesen zu wecken. Während der Bedarfsanalyse sollen die Vorstellungen, Wünsche, Forderungen und Probleme des Kunden aufgedeckt werden. Gleichzeitig stellen Sie durch Ihre vertieften Fragen fest, um was für einen Kundentyp es sich handelt.

Durch eine genaue Bedarfs- und Motivanalyse sparen Sie viel Zeit. Sie stellen sicher, dass Sie bei der Produktvorstellung und der Nutzenargumentation nicht danebenliegen und genau die Bedürfnisse Ihrer Kunden treffen. Einwände werden so auf ein Minimum reduziert.

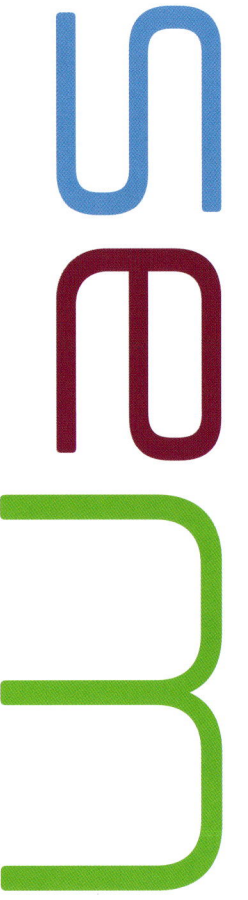

Bedarf konkretisieren

Der Bedarf entsteht aus einem Bedürfnis des Kunden heraus. Ein Bedürfnis ist ein empfundener Mangelzustand, verbunden mit dem Wunsch, diesen zu beseitigen. Jeder Kunde hat bestehende Bedürfnisse, aber auch solche, die er noch nicht kennt. Somit müssen Sie in der Bedarfsanalyse nicht nur die offen und direkt geäußerten Wünsche ermitteln, sondern auch die unbewussten.

Ein Bedarf ist mit der Bereitschaft verbunden, finanzielle Mittel zur Bedürfnisbefriedigung einzusetzen. Ein Kunde wird seinen Bedarf mit dem Produkt decken, das sein Bedürfnis am besten befriedigen kann. Deshalb ist es für Sie von großer Bedeutung, die Bedürfnisse Ihrer Kunden herauszufinden.

Es geht nicht darum, dass Sie als Verkäufer ein bestimmtes Bedürfnis beim Kunden vermuten. Der Kunde muss seinen eigenen Bedarf konkret beschreiben. Erst wenn Sie dem Kunden helfen, sich eines konkreten Bedarfs bewusst zu werden, haben Sie erfolgreich die Basis für einen späteren Verkauf geschaffen. Ein Profi-Verkäufer zeichnet sich dadurch aus, dass er einem Kunden etwas verkauft, ohne dass ein Bedarf vorhanden war. Einen konkreten Bedarf schaffen Sie ganz einfach mit den folgenden Fragen. Sie können die Fragen auswendiglernen oder auch ganz einfach als Checkliste vor sich auf den Tisch legen. Checklisten helfen, Fehler zu vermeiden. So geht nichts vergessen. Eine Checkliste ist also niemals ein Zeichen von Schwäche. Im Gegenteil, sie zeugt von hoher Kompetenz und Sorgfalt. Die Sorgfalt, die Sie bei der Bedarfs- und Motivanalyse investieren, wird vom Kunden auf das zu erwartende Ergebnis projiziert. Je sorgfältiger Sie in der Erhebungsphase agieren, desto eher geht der Kunde davon aus, dass Ihr Angebot seinen Erwartungen gerecht wird. Das hat einen hohen Einfluss auf Ihre Abschlussquoten.

Erkundungsfragen

Im Einzelhandel beginnt mit der Erkundungsfrage das Verkaufsgespräch. Sie ist die Grundlage für Ihren Verkaufserfolg. Leider tappen hier viele Verkäufer in die Falle und fragen Ihre Kunden: „Darf ich Ihnen behilflich sein?" Die Antwort darauf kennen Sie: „Nein danke, ich sehe mich nur um." Viele Verkäufer stellen diese Frage fünfzigmal am Tag und bekommen fünfzigmal die gleiche Antwort. Trotzdem hören Sie nicht auf, diese Frage zu stellen. An dem Tag, an dem Sie sich entschließen, diese geschlossene „Nein"-Frage nicht mehr zu stellen, kommt der Erfolg. Besser ist: Was darf ich Ihnen Gutes tun? Was führt Sie zu uns? Was darf ich Ihnen Schickes zeigen? Für welchen Anlass suchen Sie denn etwas? Was möchten Sie sich denn Schönes gönnen? Womit möchten Sie sich eine Freude bereiten? So geben Sie dem Kunden sofort die Gelegenheit sein Anliegen vorzutragen. Wenn der Kunde sich suchend umschaut oder Sie fragend ansieht, dann fragen Sie: Was suchen Sie denn? Wenn Ihr Kunde einen Artikel bereits in Händen hält und eingehend betrachtet, dann fragen Sie: Was darf ich Ihnen denn hierzu erzählen? Ganz geschickt verpacken Sie die Erkundungsfrage im Einzelhandel so: Ich wünsche Ihnen einen schönen guten Morgen. Wenn Sie irgendwelche Fragen haben, wenden Sie sich bitte gleich an mich. Währenddessen sehen Sie sich bitte nach Herzenslust um. Die Frage ist damit in eine Aussage verpackt. Trotzdem entlockt Sie dem Kunden in vielen Fällen eine umfassendere Antwort als im Eingangsbeispiel. Wenn der Kunde schon eine Weile vor dem Regal gestanden hat und ein Teil näher betrachtet, dann können Sie wie folgt beginnen: Da haben Sie sich ja schon etwas Schönes ausgesucht. Ich finde, das passt sehr gut zu Ihnen. So bestätigen Sie die erste Auswahl des Kunden und machen ihm gleich ein Kompliment.

Versuchen Sie, für Ihre Branche eine offene Erkundungsfrage zu finden, die den Kunden gedanklich abholt. In der Mobilfunkbranche fragen Sie zum Beispiel: Welchen Tarif darf ich Ihnen denn näherbringen? Wenn Sie Telefonverträge mit einer Laufzeit von 24 Monaten und ein kostenloses Mobiltelefon dazu anbieten, dann fragen Sie Ihren Kunden: Womit möchten Sie denn in Zukunft telefonieren? So versetzen Sie den Kunden in die Zukunft, und er sieht sich schon mit seinem neuen Gerät. Als Autoverkäufer fragen Sie: Welches Modell begeistert Sie denn am meisten? Damit bekommen Sie gleich die ersten wichtigen Informationen. Im Reisebüro fragen Sie: Wo soll denn die Reise hingehen? Oder Sie gehen direkt auf mögliche Gründe für die Reise ein. Vielleicht hat Ihnen der Kunde ja schon durch sein Verhalten einen Hinweis gegeben. Bei einem gestressten Kunden fragen Sie freundlich: Wo möchten Sie sich denn erholen? Wenn der Kunde rasant mit dem Fahrrad vorfährt ist vermutlich besser: Was möchten Sie denn Neues entdecken? Wenn Sie einmal danebenliegen, ist das halb so schlimm. Der Kunde wird Ihnen auf jeden Fall erklären, nach was er genau sucht. Im Baumarkt gehen Sie wie folgt auf den Kunden zu: Was möchten Sie denn Schönes bauen? Was wollen Sie denn reparieren? Was renovieren Sie denn gerade? Mit diesen offenen Fragen kann der Kunde sofort etwas anfangen und Sie sind im Gespräch. Im Elektroladen sagen Sie Möchten Sie auch so eine tolle Bildqualität zu Hause haben?, wenn jemand vor einem neuen Gerät stehenbleibt. Sofern der Kunde nur schauen will, dann sagt er Ihnen das schon. Ein wirklicher Interessent wird auf Ihre Frage eingehen und noch mehr wissen wollen. Zum Schluss noch ein Beispiel aus dem Restaurant. Jeder kennt die Floskeln „Was darf ich Ihnen bringen?" oder „Haben Sie schon gewählt?". Grundsätzlich ist gegen diese Fragen auch nichts einzuwenden. Probieren Sie es doch einmal mit: Was darf ich Ihnen Leckeres bringen? Das schafft deutlich mehr Vorfreude, und dem Gast läuft bei der Vorstellung seiner Lieblingsspeise sicher schon das Wasser im Mund zusammen. Oder: Was darf ich Ihnen heute Schönes kochen lassen? Jetzt liegt die Konzentration endlich mal auf dem Kochprozess, nicht auf fertigen Speisen, die einfach nur noch serviert werden. Zudem fühlt sich der Kunde im wahrsten Sinne wie ein König, für den seine Angestellten etwas vorbereiten. Ein Lächeln sollte bei allen Erkundungsfragen selbstverständlich sein.

Orientierungsfragen

Im Lösungsverkauf und bei Unternehmenskunden beginnen Sie mit Orientierungsfragen. Diese geben Ihnen einen Überblick über die momentane Situation des Kunden: Wer sind Ihre derzeitigen Lieferanten? Wie können Sie heute feststellen, dass …? Wie machen Sie … heute? Wie stellen Sie sicher, dass …? Wie viele Mitarbeiter arbeiten bei Ihnen im Vertrieb? Wissen Sie, wie schnell …? Durch diese und ähnliche Fragen erhalten Sie Informationen über die Ausgangslage. Sie können einschätzen, ob überhaupt ein konkreter Bedarf besteht oder ob es Sinn macht, einen Bedarf zu wecken.

Besondere Kompetenz zeigen Sie, wenn Sie bei diesen Fragen eine Verbindung zu persönlichen Beobachtungen herstellen. Das zeigt dem Kunden wahres Interesse: Ich habe auf Ihrer Homepage gelesen, dass Sie für den amerikanischen Markt vor Ort produzieren. Wie nehmen Ihre Kunden das auf? Sie können auch eine Verbindung zu einer Situation Dritter herstellen: Aus Kostengründen gehen viele Unternehmen Ihrer Größe dazu über, den Vertrieb auszulagern. Wie ist das bei Ihnen organisiert? Dadurch können Sie Erfahrungen und Kenntnisse zur Situation des Kunden demonstrieren.

Erfahrungsfragen

Bei komplexeren Produkten müssen Sie zu Beginn des Gesprächs viele Informationen von Ihrem Kunden erhalten, um den Einsatz Ihres Produkts beurteilen zu können. Erfahrungsfragen sind Fragen nach möglichen Erlebnissen mit der Art von Produkten, die Sie verkaufen: Welche Erfahrungen haben Sie denn bisher mit der Auslagerung von Vertriebsdienstleistungen gemacht? Diese Erkenntnisse aus der Vergangenheit helfen Ihnen, die Gegenwart und mögliche Zukunft besser zu verstehen und einzuschätzen.

Problemfragen

In der nächsten Phase müssen Probleme aufgespürt und ein Problembewusstsein beim Kunden erzeugt werden. Gezielte Fragen sollen den Kunden dazu motivieren, offen über seine Probleme zu sprechen. Stellen Sie Fragen nach möglichen Problemen, aber unterstellen Sie keine Probleme: Bereitet es Ihnen Probleme, wenn …? Ist es schon einmal vorgekommen, dass …? Sehen Sie es als problematisch an, wenn …? Welche Schwierigkeiten sehen Sie beim Einsatz von …? Wie beurteilen Sie …? Wie zufrieden sind Sie mit Ihren derzeitigen Lieferanten? Andere Kunden hatten Probleme mit … Ist das bei Ihnen auch schon einmal vorgekommen? Solange der Kunde das Problem nicht sieht, existiert es für ihn nicht.

Chancenfragen

Wenn Sie feststellen, dass der Kunde zurückhaltend auf Problemfragen reagiert und nur schleppend Informationen über seine Probleme herausrückt, dann können Sie die Fragen auch umformulieren.

Machen Sie nicht die Probleme, sondern die möglichen Verbesserungen zum Mittelpunkt: Welche Verbesserungsmöglichkeiten sehen Sie bei …?

Ursachenfragen
Mithilfe von Ursachenfragen können Sie gemeinsam mit dem Kunden herausfinden, woher ein Problem kommt oder was der Grund für das Verbesserungspotenzial ist: Welche Faktoren sind für … verantwortlich? Worauf führen Sie … zurück? Oftmals müssen Sie tief schürfen, bis Sie zu den Wurzeln eines Themas vordringen. Hinterfragen Sie jede Antwort, bis Sie wirklich die Ursache herausgefunden haben.

Auswirkungsfragen
Mit Auswirkungsfragen machen Sie dem Kunden seine Schwierigkeiten so richtig bewusst. Ziel ist es, ein Problem so zu verdeutlichen, dass der Kunde es ernst und wichtig genug nimmt, um daran zu arbeiten beziehungsweise Ihr Produkt zu kaufen. Oft ist sich der Kunde der Auswirkungen seiner Probleme nicht bewusst oder er verdrängt diesen Punkt. Wenn der Kunde erkennt, wie viel ihn sein Problem jeden Tag kostet, dann haben Sie einen wichtigen Schritt in Richtung Verkaufsabschluss geschafft. Mögliche Auswirkungsfragen sind: Befürchten Sie nicht, dass …? Bindet das nicht enorme Kapazitäten? Was könnte passieren, wenn Sie das Problem nicht lösen? Was sind die Vorteile, wenn Sie das Problem gelöst haben? Welche Auswirkungen hat es, wenn es zu Verzögerungen kommt? Welche Mehrkosten entstehen Ihnen dadurch? Wie wirkt sich das Problem auf die Mitarbeiterproduktivität aus? So wird der Kunde mehr und mehr daran interessiert sein, eine Lösung zu finden.

Lösungsfragen
Lösungsfragen verdeutlichen dem Kunden den Wert einer Lösung. Der Verkäufer hat bei dem Kunden die besten Chancen, der das größtmögliche Interesse an einer optimalen Lösung zeigt. Die Formulierung durch den Kunden selbst ist besser dafür geeignet, dass die Lösung von ihm akzeptiert wird. Wenn Sie es sagen, wird Ihre Aussage infrage gestellt. Durch Lösungsfragen hat der Kunde das Gefühl, die Lösung für sein Problem selbst gefunden zu haben und eine gute Entscheidung zu treffen, wenn er sich zum Kauf entschließt. Fragen Sie also: Was wäre in Ihren Augen der Vorteil für Sie und Ihre Familie durch den Abschluss einer solchen Versicherung? Was würde das für Sie bedeuten? Wäre es interessant für Sie, wenn …? Welche anderen Aspekte sehen Sie, die für eine Lösung sprechen? Welchen Wert hätte das für Sie und Ihre Mitarbeiter? Wie würden Ihre Kunden über diese Verbesserung denken? Wie Ihr Chef? Es gibt natürlich auch die Möglichkeit, dem Kunden direkt eine Lösung vorzuschlagen: Ist es da nicht viel effizienter, wenn Sie …? Wenn Sie den Kunden dabei unterstützen können, die Lösung selbst zu entdecken, haben Sie das stärkste Instrument gefunden, um den Kunden zu überzeugen.

Motive herausfinden

Wir tun nicht, was wir wollen, sondern wir wollen, was wir tun. Der freie Wille ist eine Illusion. (Gerhard Roth)

Ein Motiv erklärt, warum jemand ein bestimmtes Bedürfnis befriedigt haben möchte. Das Kaufmotiv ist das zentrale Element im Verkaufsprozess. Darum kauft der Kunde Ihr Produkt. Unter einem Kaufmotiv versteht man den Beweggrund, der jemanden dazu veranlasst, eine bestimmte Kaufentscheidung zu treffen.

Wenn Sie einen konkreten Bedarf beim Kunden geschaffen haben, verwenden Sie Motivfragen, um die hinter den Informationen liegenden Bedürfnisse zu ergründen. Stellen Sie Motivfragen, wenn der Kunde gesagt hat, was für ihn an Ihrem Produkt wichtig ist. So erfahren Sie seinen wirklichen Beweggrund: Damit Sie genau die Informationen bekommen, die für Sie wichtig sind: Worauf legen Sie bei … besonderen Wert? Was sind Ihrer Meinung nach die wichtigsten Kriterien bei …? Was schätzen Sie an einem guten Lieferanten besonders? Was verlangen Sie von einem Verkäufer, mit dem Sie langfristig zusammenarbeiten wollen? Warum ist Ihnen dieser Punkt persönlich so wichtig? Warum möchten Sie so eine hohe Rendite bei Ihrer Anlage haben? Was erwarten Sie von einer erfolgreichen Zusammenarbeit? Welchen Nutzen muss Ihnen … bringen? Welche Wünsche und Prioritäten sollten wir berücksichtigen? Wie kommt es, dass Sie diesen Punkt so hervorheben? Worin sehen Sie den größten Nutzen bei …? Durch diese Fragen lernen Sie mehr über die Motive des Kunden kennen. Fragen Sie so lange, bis sich ein deutliches Motivationsmuster herauskristallisiert: Was wäre denn sonst noch in diesem Zusammenhang von großer Bedeutung für Sie? Diese und ähnliche Fragen decken Ihnen als Verkäufer nicht nur die ursächlichen Kaufmotive Ihrer Kunden auf, sie sorgen auch für ein gutes Kaufklima. Denn beim Kunden werden dadurch jene Vorstellungen aktiviert, die seine positive Kaufentscheidung auslösen werden. Wenn der Kunde Sie fragt, wieso Sie ihm so viele Fragen stellen, dann begründen Sie das wie folgt: Damit Sie von den passenden Produktvorteilen profitieren können. Ich kann Sie nur gut beraten, wenn ich Sie und Ihre Ausgangssituation genau verstehe. Stellen Sie auch nicht alle Fragen am Stück, wie in einem Verhör. Gehen Sie immer mal wieder auf einzelne Kundenantworten ein. Falls ein Kunde überhaupt nicht aus sich herauskommt, können Sie die Motive auch aufgrund Ihrer Einschätzung erraten. Verwenden Sie dabei Formulierungen, wie: Vielen meiner zufriedenen Kunden war sehr wichtig, dass … Ist Ihnen das ebenfalls wichtig? Wenn Sie auf eine solche Frage ein Nein bekommen, dann fragen Sie einfach: Mhm, worauf kommt es Ihnen stattdessen an? Sie sollten aber nur im äußersten Notfall selbst nach Motiven Ihrer Kunden suchen, weil Sie damit den Gesprächspartner beeinflussen. Es ist nicht garantiert, dass Sie damit genau die Motive finden, die den Kunden tatsächlich bewegen.

Hinterfragen Sie jede Kundenantwort im nächsten Schritt noch tiefer: Weshalb ist das so wichtig für Sie? Wenn der Kunde mit allgemeinen Begriffen wie „vertrauensvolle Zusammenarbeit" oder „gutes

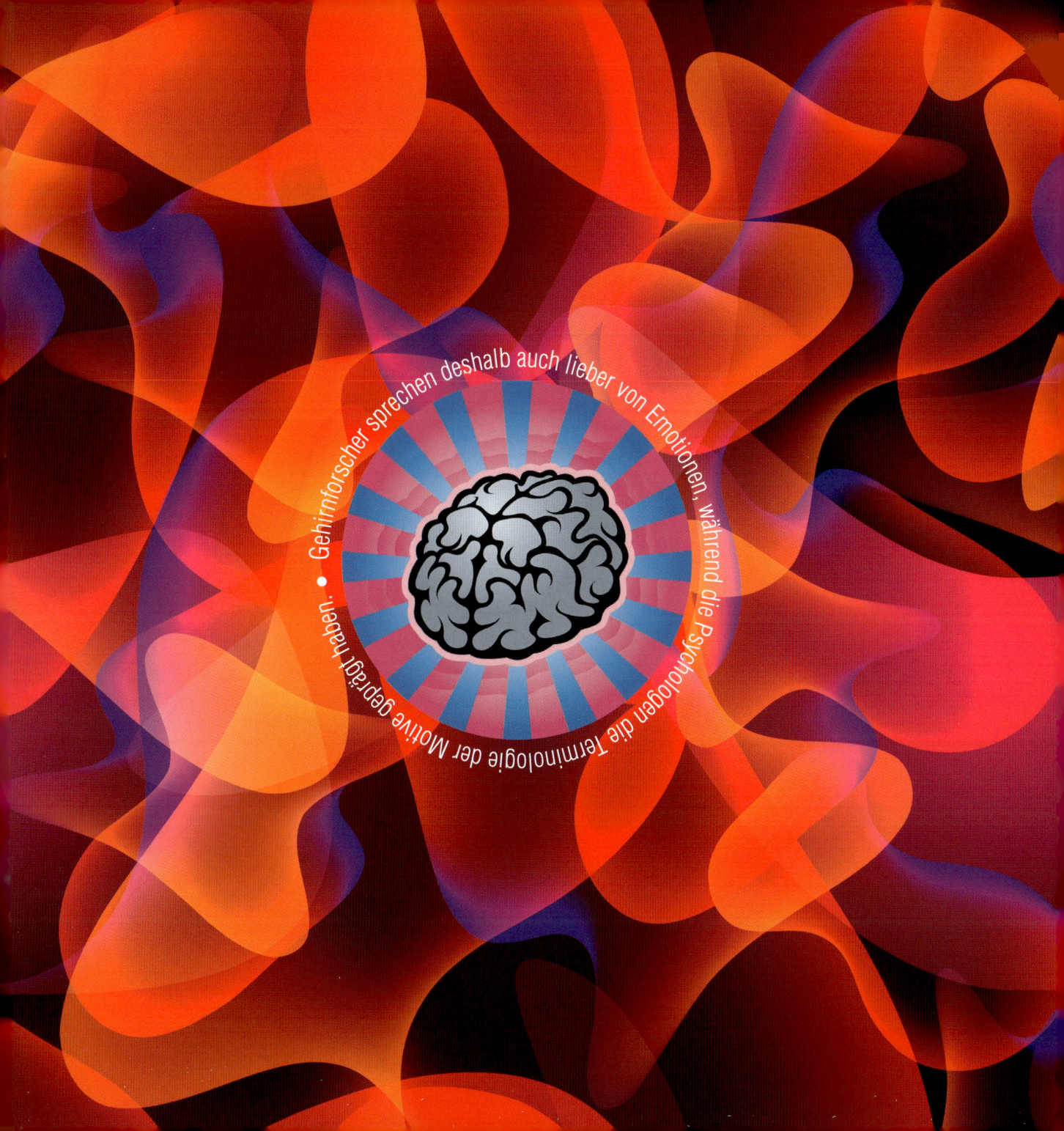

Gehirnforscher sprechen deshalb auch lieber von Emotionen, während die Psychologen die Terminologie der Motive geprägt haben.

Preis-Leistungsverhältnis" antwortet, dann haken Sie nach, und lassen Sie sich genau erklären, was der Kunde darunter versteht. Entschlüsseln Sie alle unspezifischen Substantive, Adjektive und Verben.

Wiederholen Sie die Aussagen des Kunden wortwörtlich und schreiben Sie sich diese auf: Mhm, also habe ich Sie richtig verstanden, dass …? Ihnen ist also wichtig, dass …? Der Kunde hat das Gefühl, dass Sie ihm wirklich zugehört haben. Wenn Menschen das Gefühl haben, dass sie verstanden werden, fühlen sie sich besonders hingezogen.

Zählen Sie sämtliche Punkte zum Schluss noch einmal vollständig auf: Herr Müller, ich habe mir jetzt eine Reihe wichtiger Dinge notiert. Damit ich Sie optimal beraten kann, liegt mir sehr viel daran, diese Punkte nochmals gemeinsam mit Ihnen durchzugehen. Und Sie geben mir zu jedem Punkt ein kurzes Ja. Ist das so in Ordnung für Sie? So entstehen noch einmal alle Wünsche und Bedürfnisse vor seinem geistigen Auge. Zu jedem Bedürfnis holen Sie sich ein Ja ein. Das baut weiter Vertrauen auf und kann bereits als Kaufsignal gewertet werden.

Der Kunde strebt nicht nur nach der eigenen Bedürfnisbefriedigung. Er braucht auch die Anerkennung seiner Bedürfnisse durch den Verkäufer. Erst die Bestätigung eines Kundenwunsches wertet diesen auf und legitimiert ihn öffentlich. Sagen Sie dem Kunden, wie recht er hat und wie wichtig es ist, sich um die Erfüllung seiner Wünsche zu kümmern.

Motive und Emotionen

Schon der griechische Philosoph Epikur hat festgestellt, dass das menschliche Verhalten und seine Beweggründe im Streben nach Lust und in der Vermeidung von Schmerzen liegen. Das heißt übersetzt, dass wir Menschen in zwei Momenten am liebsten kaufen: wenn es uns gut geht und wenn es uns schlecht geht. Im neutralen Zustand ist es schwer, eine Kaufentscheidung herbeizuführen. Je nachdem, ob jemand zur Lustbefriedigung oder zur Schmerzvermeidung neigt, ist er „hinzu"- oder „hinweg"-motiviert. Hinzu-motivierte Menschen hören sich so an: Ich möchte … erreichen. Wir brauchen mehr … Wir brauchen bessere … Wir brauchen schnellere … Da der Leidensdruck nicht die Hauptmotivation ist, müssen Sie mit Chancenfragen einen Sog zum gewünschten Ziel aufbauen. Sie stellen die Wünsche des Kunden in den Mittelpunkt und verknüpfen diese mit Ihrem Produkt. Schmerz-gesteuerte Menschen wollen etwas vermeiden, was möglicherweise eintreten könnte und Nachteile für sie bedeutet. Bei hinweg-orientierten Menschen hören Sie: Ich brauche das, um … zu reduzieren. Wir müssen … verhindern. Wir müssen ... in Ordnung bringen. Deshalb müssen Sie bei solchen Menschen immer auf ihre Probleme und die mögliche Problemvermeidung eingehen.

Im Laufe der Jahre wurde eine Vielzahl unterschiedlicher Motive beschrieben. Viele beobachtete Verhaltensweisen wurden einfach mit einem Motiv belegt und damit auch begründet. Man sah, dass es sich die Menschen gerne bequem machten, also gab es ein Bequemlichkeitsmotiv. Man sah, dass die Menschen gerne einkauften, also gab es ein Einkaufsmotiv. So sind weit über Tausend verschiedene Motive beschrieben worden. Die Erkenntnisse aus dem Abschnitt „NEUROMARKETING" im ersten Buch dieses Kompendiums lassen aber erkennen, dass alle Motive mit den drei limbischen Instruktionen erklärt werden können. Alles was wir tun geschieht also aus einem Dominanz-, Stimulanz- oder Balance-Motiv, oder aus einer Mischung daraus. Wir kaufen kein Auto, sondern wir kaufen Status und Ansehen. Wir buchen keinen Urlaub, sondern Abenteuer und Spannung. Wir kaufen keine Fondsanteile, sondern Sicherheit fürs Alter. Um bei den Beispielen weiter oben zu bleiben: Bequemlichkeit ist dem Balance-System zuzuordnen, und Einkaufen kann alle Emotionssysteme ansprechen. Gehirnforscher sprechen deshalb auch lieber von Emotionen, während die Psychologen die Terminologie der Motive geprägt haben. Die beiden Begriffe nähern sich allerdings an. Die Gehirnforscher haben erkannt, dass Emotionen auf Zielen basieren, die erreicht werden wollen. Die Psychologen haben erkannt, dass Motive mit Gefühlen verbunden sind. Schon Vilfredo Pareto erkannte zu Beginn des 19. Jahrhunderts in seiner Veröffentlichung zur Allgemeinen Soziologie: „Man muss die Menschen durch Manipulieren ihrer Instinkte und Gemütsbewegungen beherrschen, statt durch Änderung ihres Gedankengangs. Von diesem Faktum haben die Politiker stets Gebrauch gemacht, wenn sie ihre Anhänger durch Appellieren an die Gefühle überreden, statt Vernunftgründe anzuführen, die noch niemals ein Ohr gefunden haben oder zumindest niemals sich als wirksam erwiesen haben, die Massen in Bewegung zu bringen." Produkte aktivieren die Motiv- und Emotionssysteme im Gehirn des Kunden, meist ohne dass ihm das bewusst ist. Vielmehr sucht das Bewusstsein im Nachhinein nach dem Sinn eines Kaufs. Es erfindet eine Begründung, die zwar rational erklärt wird, aber auf Emotionen beruht. Menschliches Verhalten kann niemals direkt beeinflusst werden, da es immer auf Motiven basiert, die es hervorrufen. Verhalten lässt sich nur indirekt ändern, indem Sie auf die Motive und Emotionen einwirken.

Dominanz-Motive

Menschen, die stark vom Dominanz-System beeinflusst werden, streben nach Erfolg und messbaren Resultaten. Konkrete Gewinne, Kostensenkung, Zeiteinsparung, Stärke, Schnelligkeit, Effizienz und Leistungssteigerung sind Ihr Ziel. Sie arbeiten gerne mit dem Marktführer zusammen und bauen ihren eigenen Wettbewerbsvorsprung aus. Sprechen Sie diese Motive bei solchen Kunden an. Geben Sie Ihren Dominanz-Kunden das Gefühl von Sieg und Überlegenheit.

Salve lucrum. Sei gegrüßt, der Du Gewinn bringst. (Hausinschrift in Pompeji)

Stimulanz-Motive
Stimulanz-motivierte Menschen suchen nach dem Neuen, Außergewöhnlichen und Besonderen. Alles muss Spannung bieten sowie Spaß und Freude bereiten. Solche Menschen benötigen viele Alternativen, an Details sind sie wenig interessiert.

Balance-Bewahrer-Motive
Balance-Bewahrer-Kunden brauchen Sicherheit, Zuverlässigkeit und feste Strukturen. Sie fürchten sich vor Veränderungen. Risiko- und Schmerzvermeidung sind wichtige Aufgaben Ihres Emotionssystems. Solche Menschen arbeiten am liebsten mit Traditionsunternehmen zusammen. Zahlen, Daten, Fakten und Beweise sind für Sie essenziell.

Balance-Unterstützer-Motive
Balance-Unterstützer-Kunden streben nach Menschlichkeit und guten Beziehungen. Gefühle sind ihnen wichtig. Sie lieben Kontinuität und Bewährtes. Deshalb arbeiten solche Menschen gerne mit Familienunternehmen zusammen, die Wert auf persönlichen Kontakt legen. Zuverlässigkeit, Dauerhaftigkeit und Stabilität sind für Sie die treibende Kraft. An technischen Details sind sie nicht interessiert.

Verpflichtung einholen

Testen Sie zum Schluss der Bedarfs- und Motivanalyse die Kaufbereitschaft, bevor Sie mit dem Verkaufsprozess fortfahren: Vorausgesetzt, wir können Ihre wichtigsten Punkte zu Ihrer vollsten Zufriedenheit mit unserem Produkt erfüllen, kommen wir dann zusammen? Gehen Sie mit dem Kunden seine Bedingungen der Zufriedenheit detailliert durch. Legen Sie objektive Kriterien fest, was erfüllt sein muss, damit der Kunde unterschreiben wird: An was für Kriterien wollen wir das festmachen? Es macht keinen Sinn, Ihr Angebot zu präsentieren, wenn der Kunde dann doch nicht kaufen will. Darüber hinaus signalisiert diese Frage dem Kunden, dass Sie seine Wünsche voll und ganz mit Ihrem Produkt zu erfüllen gedenken. Es ist ein psychologisches Phänomen, dass derjenige, der einen anderen Menschen gedanklich durch dessen Wünsche führt, gleichzeitig als derjenige betrachtet wird, der die Lösung dafür zu haben scheint. Das Gefühl, dass Sie seine Sehnsüchte Wirklichkeit werden lassen, hilft dem Kunden, sich für Ihr Angebot zu entscheiden. Er bekommt von Ihnen das, was für ihn wichtig ist.

Wenn Sie zuerst für den Kunden eine Lösung ausarbeiten und für die Produktpräsentation einen Folgetermin vereinbaren müssen, tragen Sie dem Kunden zu Beginn seine Bedingungen der Zufriedenheit nochmals vor. Lassen Sie sich jede einzelne Bedingung bestätigen. Fragen Sie den Kunden, ob sich seit dem letzten Treffen etwas geändert hat. Wenn sich der Kunde so verpflichtet, ist der Kaufabschluss nur noch eine logische Konsequenz. Falls nicht, können Sie sofort in die Klärung einsteigen. Wenn der Kunde sagt, dass er das Angebot nur ernsthaft in Erwägung zieht, ist das keine Verpflichtung. Antworten Sie darauf: Wenn Sie das Produkt nicht kaufen möchten, selbst wenn wir alle Ihre Bedingungen der Zufriedenheit erfüllen, dann können Sie mir das gerne sagen. Es ist absolut in Ordnung Nein zu sagen, wenn Sie das wollen. Dadurch bauen Sie einen starken emotionalen Druck auf den Kunden auf. Entweder lässt er sich auf die Verpflichtung ein oder Sie brechen freundlich ab. Auch der Kunde fühlt sich gut dabei. Er hat selbst eine Entscheidung getroffen. Er wurde nicht von Ihnen in eine Richtung gedrängt. So vermeiden Sie stornierte Aufträge.

Memorandum of Understanding

Nicht immer können Sie nach der Bedarfs- und Motivanalyse gleich zur Produktvorstellung übergehen. In vielen Fällen gibt es nun eine Unterbrechung, und Sie müssen eine konkrete Lösung für den Kunden ausarbeiten. Deshalb ist es wichtig, die Inhalte aus der Motiv- und Bedarfsanalyse in einem „Memorandum of Understanding" (MOU) festzuhalten. Führen Sie die wichtigsten Gesprächsinhalte nochmals auf und senden Sie diese kurz nach dem Termin an den Kunden. Wie ist die Ausgangslage beim Kunden? Welche Probleme gilt es zu lösen, und welche Chancen gibt es? Welche Ursachen und Auswirkungen haben die Themen? Welche Vorteile hat eine Lösung? Was sind die dahintersteckenden Motive? Allein das Wissen, dass Sie nach jedem Termin ein solches Besprechungsprotokoll schreiben, veranlasst Sie dazu, während des Gesprächs mehr und bessere Fragen zu stellen. Senden Sie das MOU niemals ohne die ausdrückliche Einwilligung Ihres Gesprächspartners an Dritte weiter. Denn es ist die Bestätigung des Inhalts eines vertraulichen Gesprächs. Für den Interessenten ist das MOU eine bequeme Zusammenfassung der gemeinsamen Gedanken. Sie wird ihm dabei helfen, mit anderen Entscheidungsbeteiligten zu sprechen. Durch ein gutes MOU können Sie sich ganz erheblich von Ihren Wettbewerbern differenzieren. Fassen Sie sich kurz und formulieren Sie im Duktus Ihres Kunden.

Es ist wichtig, die Inhalte aus der Motiv- und Bedarfsanalyse in einem „Memorandum of Understanding" (MOU) festzuhalten.

5

Fesselnde Präsentationen

Ein guter Vortrag hat einen interessanten Anfang, einen gelungenen Schluss. Und Anfang und Schluss liegen möglichst dicht beieinander. (Mark Twain)

In der Bedarfs- und Motivanalyse haben Sie herausgefunden, was Ihre Kunden wirklich bewegt. Nun geht es darum, eine maßgeschneiderte Lösung auf die festgestellten Bedürfnisse und Motive zu präsentieren. Fesseln Sie Ihr Publikum mit Ihren Ausführungen. Ihre Zuhörer müssen bei der Angebotspräsentation förmlich an Ihren Lippen kleben.

Wenn Sie andere überzeugen wollen, dann stehen Sie auf, anstatt über den Tisch hinweg zu sprechen. Im Stehen wirken Sie laut Studienergebnissen um 43 Prozent überzeugender als im Sitzen. Wenn Sie sich erheben und eine Präsentation halten, wird Ihr Kunde 26 Prozent mehr für Ihr Produkt bezahlen. Außerdem nimmt Sie Ihr Publikum als professioneller, glaubwürdiger und interessanter wahr. Gründe genug für Sie, um aufzustehen? Egal ob großes Publikum oder stehend für eine Person – die Vorteile liegen auf der Hand. Die Macht dieser Botschaft an den Kunden ist überwältigend.

Streichen Sie in Ihrer Präsentation jeden Satz, der nicht interessant, unterhaltend und spannend wirkt. Jede Information muss zum Verständnis der Sache beitragen, Ihre Argumentation stützen, den Nutzen für die Zuhörer deutlichmachen oder Ihre Leistungen erkennbar werden lassen. Stellen Sie nur das Wesentliche in den Mittelpunkt. Argumentieren Sie emotional mit den wichtigsten plakativen Botschaften. Ich habe mich beim Schreiben dieses Kompendiums auf das Gleiche konzentriert. Gehen Sie Ihre bisherige Einleitung durch. Sobald Sie das erste Mal etwas Spannendes finden, markieren Sie diesen Satz. Alles davor streichen Sie weg. Streichungen schaffen Platz für Wegweiser. Diese zeigen den Zuhörern, wo Sie gerade sind, wie es weitergeht und wohin.

Vorbereitung auf das Publikum

Denken Sie an Ihr Publikum. Was denkt es, was fühlt es, was kann es verstehen und sich merken? Wonach sucht es, welche Probleme hat es, und was können Sie zur Lösung dieser Probleme beitragen? Was sorgt zum Zeitpunkt Ihrer Präsentation für eine gute Stimmung bei den Zuhörern? Was macht Ihnen Angst? Welche Emotionen löst Ihre Botschaft aus? Wie können Sie das Publikum glücklichmachen? Sorgen Sie vor der Präsentation für einen perfekten Ablauf, schreiben Sie ein Drehbuch und führen Sie eine Generalprobe auf. Eine gute Präsentation muss mit der Zeit wachsen. Beleuchten Sie das Thema von allen Seiten über mehrere Tage hinweg. Sprechen Sie zur Übung die Präsentation auf ein Diktiergerät auf. Hören Sie sich an, was Sie noch verbessern können. Stellen Sie sich vor, dass Sie bereits jetzt vor Publikum sprechen. Dann kommt es Ihnen beim richtigen Auftritt wie selbstverständlich vor. Schreiben Sie sich für die Präsentation ein Doppel-Manuskript. Dabei arbeiten Sie die Präsentation Wort für Wort aus und lassen auf der rechten Seite des Blattes einen breiten Rand, auf dem Sie Stichworte notieren. Die Präsentation halten Sie auf der Grundlage der Stichworte. Zur Sicherheit haben Sie aber auch den ausformulierten Text vor sich, auf den Sie jederzeit zurückgreifen können. Gut eignet sich auch eine Mindmap als Gedächtnisstütze. Das hat den Vorteil, dass Sie mit nur einem Blatt auskommen und das ganze Thema stets auf einen Blick vor sich haben. Lesen Sie nicht ab und lernen Sie den Text nicht komplett auswendig. Nur der Anfang und Schlusssatz müssen perfekt sitzen. Sonst konzentrieren Sie sich während der ganzen Präsentation auf den auswendiggelernten Text, anstatt mit Begeisterung und Präsenz Ihre Kunden zu überzeugen.

Kernbotschaft formulieren

Nur eine Botschaft schafft den Weg ins Gehirn. Sie müssen sich selbst, Ihr Unternehmen und Ihr Produkt mit einer Botschaft verknüpfen. Diese eine Botschaft muss der Kunde mitnehmen und sich auch später noch daran erinnern. Ihre Kernbotschaft muss dafür kurz, konkret, einfach und merkfähig sein sowie stark und wehrhaft gegenüber den Botschaften der Konkurrenz. Sie muss sich auf das wichtigste Kaufmotiv beziehen. Beginnen Sie Ihre Präsentation mit Ihrer Kernbotschaft. So kennt das Publikum gleich zu Beginn den Grund, warum es Ihnen zuhören soll. Wiederholen Sie Ihre Kernbotschaft während der Präsentation und schließen Sie mit Ihrer Kernbotschaft ab.

Alles sagen zu wollen ist das Geheimnis der Langeweile. (Voltaire)

Der Kernbotschaft folgen drei Argumente. Und zwar die besten, die Sie finden können. Wählen Sie Argumente, die das Publikum betreffen und die Sie belegen können. Malen Sie diese anschaulich und emotional aus. Drei Argumente kann sich der Kunde merken. Mehr nicht.

Umgang mit Lampenfieber

Normalerweise fühlt man sich umso sicherer, je mehr Erfahrung man gesammelt hat. Beim Lampenfieber ist das selten so. Selbst gestandene Manager, Redner und Schauspieler verspüren vor ihren Auftritten ein wenig Lampenfieber. Akzeptieren Sie das. Vielleicht hilft es Ihnen, dass es anderen genauso geht. Das Wichtigste ist regelmäßige Übung. Sobald Sie auf eine Reihe von Erfolgserlebnissen zurückblicken können, wird sich das Lampenfieber auf die wenigen Minuten vor dem großen Auftritt beschränken.

Nutzen Sie vor der Präsentation die Aufwärm- und Beruhigungsübungen aus dem Kapitel „STIMMTRAINING" im ersten Buch dieses Kompendiums. Versuchen Sie es mit den üblichen Tricks gegen Lampenfieber: Bauchatmung, 60-Sekunden-Lächeln, progressive Muskelentspannung oder mentales Training. Handeln und bewegen Sie sich so, als ob Sie sich mutig fühlten. Wer mutig handelt und eine mutige Körpersprache an den Tag legt, fühlt sich auch so. Suchen Sie eine Technik, die Ihnen hilft. Auch einen Apfel zu essen hilft: Er enthält den angstlösenden Wirkstoff Pektin. Ruhen Sie sich vor großen Auftritten gut aus, und nehmen Sie vorher nur eine leichte Mahlzeit zu sich – wenn überhaupt. Das Blut soll im Kopf sein, und nicht im Bauch.

Gehen Sie den Ursachen für Ihre Nervosität auf den Grund. Betrachten Sie frühere Präsentationen aus sicherer Distanz, nicht jene, die kurz bevor steht. Denn das macht Sie sonst nur noch nervöser. Welche Befürchtungen hatten Sie damals im Vorfeld nervös gemacht? Notieren Sie sich die Gründe. Ängste verlieren Ihre Wirkung, sobald sie aus dem Kopf und auf dem Papier sind. Die meisten Befürchtungen traten vermutlich gar nicht ein. Nehmen Sie diese beruhigenden Gedanken mit in die nächste Präsentation. Die restlichen Befürchtungen schaffen Sie mit guter Vorbereitung und Kompetenz aus der Welt. Wenn Sie der Angst eine Kompetenz oder Maßnahme entgegensetzen, dann verschwindet sie. Wenn nicht, packen Sie noch eine obendrauf. Erinnern Sie sich an die getroffenen Gegenmaßnahmen, das beruhigt spätestens nach der fünften. Setzen Sie sich konstruktiv mit Ihren Gefühlen auseinander. Sie überwinden frühere Traumata, indem Sie sich an jede inzwischen erworbene Kompetenz erinnern. Oder indem Sie die notwendige Kompetenz erwerben.

Malen Sie sich kurz vor der Präsentation in positiven Gedanken genau aus, wie sie ablaufen wird. Stellen Sie sich vor, wie Sie mit starken Schritten auf die Bühne gehen und dabei lächeln. Gehen Sie mit geradem, aufrechtem Gang. Achten Sie auf dem Weg zur Bühne ganz bewusst auf einen tiefen Atem. Stellen Sie sich vor, wie Sie lächelnd in die Runde blicken, einen Augenblick abwarten und dann mit einer tiefen Stimme starten. Suggerieren Sie sich, dass Sie langsam und zusammenhängend sprechen und Ihre Zuhörer begeistern. Achten Sie darauf, welche positiven Gefühle diese Vorstellung auslöst.

Ob und wann eine Angstreaktion auftaucht, hängt vor allem vom Erfahrungsschatz ab. Um Ängste und Hemmungen zu verlieren muss das Gehirn positive Erfahrungen sammeln, um sich der nicht gegebenen Gefahr bewusst zu werden. Das findet aber im Unterbewusstsein statt. Das reine Wissen, dass eine Situation ungefährlich ist, reicht nicht aus, um das Auslösen einer Angstreaktion zu verhindern. Nur Erfahrungen können dies ersetzen und Erfahrungen wiederum können Sie nur durch regelmäßige Übung sammeln. Wie Sie bereits im Kapitel „ENTWICKLUNG DER EIGENEN RESSOURCEN" im ersten Buch dieses Kompendiums gelernt haben, müssen Sie also regelmäßig probieren das zu tun, was Sie am meisten fürchten. Angst aktiviert sich vor allem auch dann, wenn in potenziell kritischen Situationen keine genaue Handlungsabfolge im Gehirn gespeichert ist. Deshalb ist es sehr wichtig, den Ablauf einer potenziell angstauslösenden Situation im Detail gelernt zu haben.

Sagen Sie sich die folgenden Glaubenssätze vor jedem Auftritt auf:

- Ich freue mich, dass ich hier bin.
- Ich freue mich, dass Sie hier sind.
- Ich bin ganz für Sie da.
- Ich fühle mich gut vorbereitet.

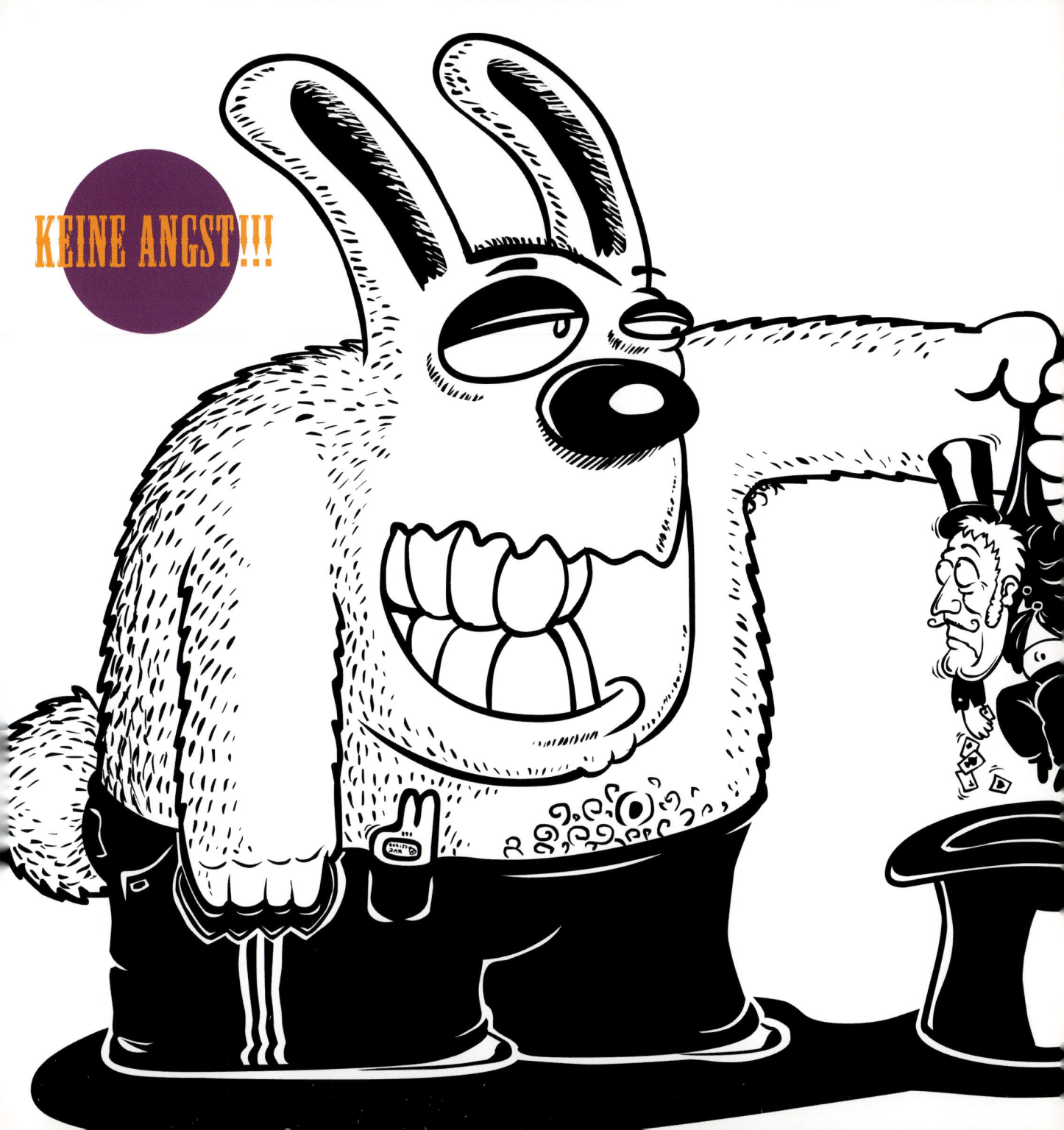

So stimmen Sie sich positiv und freundlich und versetzen sich in den richtigen Zustand. Wenn Sie Männer im Publikum sehen, die skeptisch, reserviert, gelangweilt oder ablehnend schauen, so ist das häufig eine geschlechterspezifische Haltung, die sich mit höherem Status verfestigt. Lassen Sie sich davon nicht irritieren.

Wenn Ihnen während der Präsentation mitten im Satz ein Wort nicht einfällt oder Sie ins Stocken geraten, brechen Sie den Satz ab. Sagen Sie: Lassen Sie mich besser formulieren … oder Lassen Sie es mich anders ausdrücken … und beginnen Sie den Satz von vorn.

Präsenz

Einige Redner zeigen mehr Bühnenpräsenz als andere. Noch bevor Sie zu sprechen beginnen, wird es im Publikum still. Sie ziehen alle Blicke auf sich. Woran liegt's? Die gute Nachricht vorneweg: Es ist möglich, die eigene Präsenz zu optimieren. Jede Präsentation beginnt nonverbal. Diese nonverbale Eröffnung sollten Sie bewusst gestalten. Gehen Sie souverän zu Ihrem Auftrittsort, am besten zu einem Platz, den Sie sich selbst ausgesucht haben und wo Sie alle Zuhörer gleichermaßen sehen. Stellen Sie sich richtig hin, indem Sie das Gewicht gleichmäßig verteilen und beide Füße gleichermaßen belasten. Stellen Sie die Füße etwa schulterbreit auseinander und vermeiden Sie es, die Knie durchzudrücken. Achten Sie auf einen geraden Stand. Ihrer Präsenz schadet es, wenn Sie schief dastehen. Viele Redner haben jetzt schon mit dem Sprechen begonnen. Sie aber warten, weil die nonverbale Eröffnung noch nicht abgeschlossen ist. Knüpfen Sie bewusst einige Blickkontakte. Schauen Sie drei bis vier Leuten in die Augen, aber nicht zu hastig. Bevor Sie zu sprechen beginnen, schweigen Sie mindestens für drei Sekunden. Drei Sekunden sind eine lange Zeit … Dadurch steigern Sie die Spannung enorm. Ihre ersten Worte bekommen ein großes Gewicht. Positiver Nebeneffekt: Die Wartezeit können Sie als kurze Mentalübung nutzen. Zentrieren Sie sich und spüren Sie sich selbst als energetischen Mittelpunkt. Sammeln Sie die ganze Energie der anwesenden Teilnehmer auf. Das verschafft Ihnen Charisma. Unmittelbar vor dem ersten Satz lassen Sie etwas Luft ab. Platzieren Sie die Unterarme oberhalb der Gürtellinie. Dort ist der ideale Ausgangspunkt für unterstützende Gestik. Und dann beginnen Sie Ihre Präsentation mit größter Überzeugung und Begeisterung. Die Zuhörer fühlen sich von einem energiegeladenen Redner magisch angezogen. Nehmen Sie auch während des Sprechens immer wieder Blickkontakt zu einzelnen Personen auf. Drehen Sie Ihren Kopf nicht wie in einem Tennismatch hin und her, wenn Sie zum Publikum sprechen. Suchen Sie sich für jede kurze Sequenz jemanden aus. So hat jeder das Gefühl, persönlich angesprochen zu sein. Verteilen Sie Ihre Blickkontakte so, dass kein Schema erkennbar ist. Der Blickkontakt ist Ihre Brücke zum Publikum. Vermeiden Sie funktionslose Bewegungen. Laufen Sie nicht hin und her, ohne dass dies für Ihre Präsentation wichtig ist. Besonders gefährlich sind gleichförmig wiederkehrende Bewegungen. Solche Aktivitäten ziehen die Aufmerksamkeit der Zuhörer an und leiten sie vom Redeinhalt weg. Sie wirken umso präsenter, je mehr von Ihnen zu sehen ist.

Mitreißende Eröffnung

Was gibt es Langweiligeres als administrative Ankündigungen zu Beginn einer Präsentation? Nichts. Also verzichten Sie darauf. Auch Übersichten zur Eröffnung einer Präsentation töten jede Spannung. Nach einer mitreißenden Eröffnung können Sie gerne eine kurze Übersicht geben. Aber nicht zu Beginn. Nach der Übersicht können Sie dem Publikum auch mitteilen, ob und wann Sie Handouts austeilen, damit sich die Zuhörer mit Ihren Notizen darauf einstellen können. Während der Präsentation können Sie ankündigende Überschriften verwenden. Beispiel: Größter Vorteil für Sie: Kosteneinsparung um 20 Prozent. Dann gehen Sie im Detail auf den Punkt ein. Das sorgt für klare, hirngerechte Strukturen.

Eine überzeugende Rede geht von Herz zu Herz, nicht von Verstand zu Verstand. (William J. Bryan)

Stellen Sie sich vor einem größeren Publikum nicht selbst vor, wenn Sie ein anderer einführen kann. Damit das perfekt passiert, empfiehlt es sich, dem Verantwortlichen eine Wunsch-Vorstellung aufzuschreiben. Oder gehen Sie einfach wie selbstverständlich davon aus, dass man Sie kennt. Starten Sie auch nicht mit einer Begrüßungszeremonie. Wenn Sie die Zuhörer offiziell begrüßen möchten, dann nach einer Eröffnung, die Ihr Publikum in den Bann gezogen hat.

Geschichten

Menschen interessieren sich für Menschen. Sie können Ihre Präsentation mit einer kurzen, persönlich erlebten Geschichte beginnen. Die Zuhörer lieben Geschichten, und Ihnen fällt es leicht zu erzählen.

Oder Sie nehmen das aktuelle Datum der Präsentation und geben es bei Google ein, zum Beispiel den 24. Mai. Unter den ersten Ergebnissen kommt ein Wikipedia-Artikel zu diesem Datum. Dort erfahren Sie, was am Tag Ihrer Präsentation historisch schon alles passiert ist. Suchen Sie sich etwas aus, das zu Ihrer Präsentation passt. Zum Beispiel: Am 24. Mai 1844 sendete Samuel Morse das erste Telegramm von Washington nach Baltimore. Der Anfang einer unglaublichen Entwicklung der zwischenmenschlichen Telekommunikation. Setzen Sie dann das Thema in Bezug zu Ihrer heutigen Präsentation. Auch heute …

Lernen Sie dabei von den Krimi-Autoren. Keiner verrät zu Beginn den Mörder. Bei Krimis taucht man ab dem ersten Satz in die Geschichte ein. Verweisen Sie kurz vor dem Höhepunkt auf den Schluss Ihres Vortrags. Erst am Schluss erzählen Sie, wie die Geschichte endet. So halten Sie den Spannungsbogen über die gesamte Präsentation.

News

Finden Sie einen Zeitungsartikel oder eine Ankündigung, die etwas mit Ihrem Thema zu tun hat. Nutzen Sie die Nachricht als Aufhänger für Ihre Präsentation: Am 7. Juli kämpft Klitschko gegen Tony Thompson. Auch Sie stehen vor einem wichtigen Kampf gegen den Wettbewerb. Ideale Aufhänger für solche News sind auch Studienresultate, Witziges und Skurriles. Auch Wissenschaftliche Untersuchungen sind immer etwas Interessantes für Ihr Publikum. Allerdings sollten Sie nach Möglichkeit nicht gleich das Ergebnis verraten, sondern anschaulich und spannend den *Verlauf* des Experiments beschreiben.

Wann immer Sie Zeitung, Internet oder Magazine lesen, fragen Sie sich, ob Sie den Artikel für eine zukünftige Präsentation verwenden können. Heben Sie solche Artikel in einer Sammlung auf. Suchen Sie sich News, die spannend und für die Zuhörer auch wirklich neu sind. Laut Studienergebnissen steigert sich die Aufmerksamkeit um 20 Prozent, wenn die Inhalte völlig neu sind. Wir Menschen vermuten hinter so einer Neuigkeit eine Belohnung oder Chance und schalten deshalb unsere Antennen auf Empfang.

Fragen ins Publikum

Beginnen Sie Ihre Präsentation mit einer Frage ins Publikum. Fragen erzeugen Neugier und bringen Ihnen sofort Aufmerksamkeit. Binden Sie das Publikum aktiv in die Antwortsuche ein. Das Publikum ist von sich aus erst einmal eine träge Masse. Mit „Hand hoch"-Fragen brechen Sie diesen Zustand auf: Wer von Ihnen hat schon einmal …? Hand hoch! Dabei heben Sie selbst Ihre Hand nach oben. Wenn Sie das energisch genug machen, geht das Publikum mit. Sie können auch mit einer rhetorischen Wirkfrage beginnen: Wollen wir nicht alle wissen, was die Rezepte für erfolgreiches Verkaufen sind? Dabei handelt es sich nicht um eine Frage im eigentlichen Sinne. Eine solche Aussage steht einer Behauptung nahe, mit der Sie die Aufmerksamkeit der Zuhörer gewinnen.

Anonymes Reden

Sprechen Sie anonym über ein Objekt oder eine Person: Es gab einmal einen Mann. Dieser Mann hat … und als er … gemacht hat, ist … passiert. Trotzdem hat er geschafft, was viele nicht für möglich gehalten haben. Dieser Mann hat … Erst zum Schluss geben Sie die Auflösung, wer oder was damit gemeint ist: Dieser Mann … ist der Erfinder dieses Produkts. Dieser Mann … bin ich. Das ist Spannung pur.

Wirkung und Ursache

Drehen Sie das Kausalitätsprinzip um. Spannung entsteht, indem Sie zuerst die Wirkung beschreiben und dann zur Ursache übergehen. Die Zuhörer fragen sich automatisch: „Wie kommt es dazu?" Journalisten von Boulevardzeitungen nutzen dieses Prinzip in Perfektion. Eine plakative Schlagzeile stellt die jetzige Situation dar. Im Artikel erfahren Sie, wie es dazu gekommen ist.

Einen Gegenstand zeigen
Halten Sie irgendeinen Gegenstand hoch, und Sie erhalten volle Aufmerksamkeit. Alle Menschen sind von Grund auf neugierig und reagieren darauf.

Nutzen für die Zuhörer
Stellen Sie den Nutzen für die Zuhörer vor. Was bieten Sie Neues? Die Leute wollen wissen, warum sie Ihnen zuhören sollen. Jeder interessiert sich am meisten für sich selbst. Wenn das Publikum das Gefühl hat, dass es sich lohnt, Ihnen zuzuhören, steigt die Aufmerksamkeit.

Zum Meinungsführer werden

Gleich zu Beginn Ihrer Präsentation müssen Sie sicherstellen, dass Sie als Meinungsführer wahrgenommen werden. Dahinter steckt Psychologie. Menschen wollen geführt werden. Das überzeugt. Grundsatz: Zuerst der Redner, dann das Anliegen. Wenn Sie als Person nicht richtig ankommen, dann hat Ihr Anliegen nur noch wenig Chancen. Die Zuhörer kaufen Ihnen alles ab, wenn Sie als Meinungsführer akzeptiert sind.

Success Story
Wie soll das Publikum wissen, dass Sie erfolgreich sind? Erzählen Sie eine persönliche Geschichte, die Sie mit Bravour bestanden haben. Das Publikum soll wissen, wo Sie sich schon einmal bewiesen haben. Beschreiben Sie eindringlich die Schwierigkeiten, die Sie als Ausgangslage vorgefunden haben. Sprechen Sie möglichst konkret, bildhaft und im Detail. Wenn keiner die Schwierigkeiten spürt, dann wirkt auch die Leistung nicht. Nutzen Sie Formulierungen wie: … und ich dachte, das schaffst Du nie … Das verstärkt beim Zuhörer den Eindruck von echten Schwierigkeiten, und die Leistung wirkt umso großartiger. Anschließend beschreiben Sie die Maßnahmen, die Sie ergriffen haben. Dann folgt das Ergebnis.

Lebensregeln
Die Menschen sehnen sich nach Lebensregeln. Aber nicht nach etablierten Sprüchen irgendwelcher berühmter Persönlichkeiten. Sie interessieren sich für *Ihre* Lebensregeln. Verkündigen Sie deshalb Ihre eigenen Weisheiten. Das wirkt authentisch.

Aktivierung der Zuhörer
Meinungsführer aktivieren Ihr Publikum. Das sorgt für Aufmerksamkeit und hat einen weiteren positiven Nebeneffekt: Das Publikum ist involviert. Es fühlt sich so, als habe es am Ergebnis mitgearbeitet. Das erhöht die Chance für die finale Zustimmung.

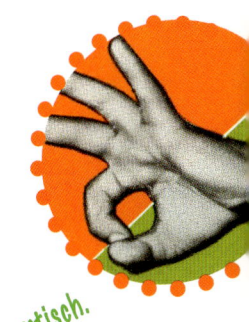

…uch Ihr Publikum Ihr Anliegen toll. Verkündigen Sie Ihre eigenen Weisheiten. Das wirkt authentisch.

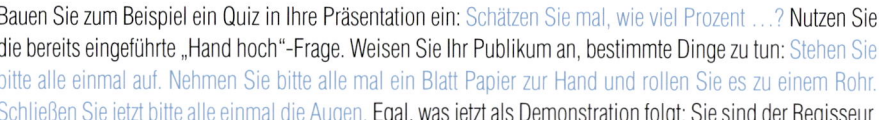

Bauen Sie zum Beispiel ein Quiz in Ihre Präsentation ein: Schätzen Sie mal, wie viel Prozent …? Nutzen Sie die bereits eingeführte „Hand hoch"-Frage. Weisen Sie Ihr Publikum an, bestimmte Dinge zu tun: Stehen Sie bitte alle einmal auf. Nehmen Sie bitte alle mal ein Blatt Papier zur Hand und rollen Sie es zu einem Rohr. Schließen Sie jetzt bitte alle einmal die Augen. Egal, was jetzt als Demonstration folgt: Sie sind der Regisseur.

Wenn Sie abstimmen lassen, dann beachten Sie, dass diejenigen, die gegen Ihr Anliegen sind, aktiv werden müssen. Das Publikum ist träge. Es gibt immer einige, die zögern und noch überlegen wollen oder warten, welche Auswahl als Zweites kommt. Vielen ist es auch einfach egal. Die können Sie alle für sich einsammeln: Wer gegen mein Anliegen ist, hebt bitte jetzt die Hand. Als psychologische Barriere fügen Sie einfach gleich dazu: Gibt's welche?

Holen Sie sich Bestätigung vom Publikum. Bauen Sie immer wieder ein Stimmt's? oder Sehen Sie den Nutzen? in Ihre Präsentation ein. Sind die Zuhörer von den Vorteilen überzeugt, werden sie Ihnen zustimmen. Unterstützen Sie diese Fragen mit einem Nicken.

Polarisierung

Meinungsführer haben – wie der Name schon sagt – eine Meinung. Fangen Sie nicht an, etwas „differenziert" zu betrachten. Ausnahme: Gegenargumente, die dominierend sind, müssen Sie während Ihrer Präsentation erwähnen und entkräften. Das nimmt dem Zuhörer die Chance, das Gegenargument selbst auf den Tisch zu bringen. Das Gegenargument ist schon durch Sie belegt. Ansonsten fühlt sich plötzlich die Mehrheit durch den neuen „Meinungsführer" vertreten.

Verkündigen Sie Ihre Meinung und fordern Sie Ihr Publikum zum Handeln auf. Vermitteln Sie glasklare Botschaften. Auch wenn nicht alle damit einverstanden sind. Das ist immer noch besser, als alle gleichgültig zu lassen. Meinungsführer sagen anderen, was Sie tun sollen. Menschen glauben Ihnen, wenn Sie Ihnen zutrauen, den richtigen Weg zu kennen. Wenn Sie diesen Status erreicht haben, müssen Sie gewisse Aussagen gar nicht mehr begründen.

Rhetorische Wirkfragen

Die rhetorische Wirkfrage muss wie ein Pfeil im Herzen stecken. Sie muss betroffen machen. (Matthias Pöhm)

Rhetorische Wirkfragen lösen beim Zuhörer eine starke Wirkung aus: Machen Sie niemals Fehler? Auf eine solche Frage erwarten Sie keine Antwort, sondern es geht um die verstärkende Wirkung Ihrer Aussage. In den Köpfen der Zuhörer läuft automatisch ab: Natürlich, doch. Bei rhetorischen Wirkfragen ist die unausgesprochene Antwort entweder ein klares Ja oder ein klares Nein. Bilden Sie rhetorische Wirkfragen, indem Sie eine selbstverständliche Aussage mit „alle", „jeder", „niemand" oder „keiner" beginnen. Diesen Satz stellen Sie dann einfach infrage. Machen Sie nach der rhetorischen Wirkfrage

- Verkündigen Sie Ihre Meinung
- Fordern Sie Ihr Publikum zum Handeln auf
- Vermitteln Sie glasklare Botschaften

Die rhetorische Wirkfrage muss wie ein Pfeil im Herzen stecken. Sie muss betroffen machen.

unbedingt eine längere Pause, damit sich die Wirkung entfalten kann … und geben Sie die Antwort nicht gleich selbst. Psychologisch gesehen bringen Sie Ihr Publikum unbewusst dazu, Ihnen zuzustimmen. Wer Ihnen mehrmals wehrlos zugestimmt hat, akzeptiert Sie als Meinungsführer.

Große Gesten

Als Meinungsführer verwenden Sie große, ausladende Gesten. Wie das genau funktioniert, lesen Sie bitte im Kapitel „ENTSCHLÜSSELUNG DER KÖRPERSPRACHE" im ersten Buch dieses Kompendiums. Als Verstärkung gewisser Aussagen oder Worte machen Sie ein lautes Geräusch. Klopfen oder schlagen Sie mit der Hand auf den Tisch oder das Flipchart. Schnippen Sie mit den Fingern, um Ihre Ausführungen zu betonen. Ihr Publikum wacht auf, und Sie haben höchste Aufmerksamkeit.

Spannung erzeugen

Kennen Sie den Unterschied zwischen Ihrem Verkaufsprozess und dem Kaufprozess des Kunden? Mit den Einleitungen „Kennen Sie …?" und „Wussten Sie …?" erzeugen Sie Spannung und Aufmerksamkeit beim Kunden. Übrigens – die Antwort auf diese Frage erhalten Sie in einem der nächsten Kapitel. Ein weiteres rhetorisches Stilmittel ist es, die Worte „immer" oder „regelmäßig" durch die folgende Formulierung zu ersetzen: Sie sparen 5.000 Euro. Woche für Woche, Monat für Monat, Jahr für Jahr. Diese Verstärkung bleibt im Kopf.

Pausen

Die Pause, mit der Sie eine große Aufmerksamkeit erlangen, heißt … Spannungspause. Dazu gleich ein Beispiel: Wissen Sie, was unser Produkt zusätzlich noch kann? … Geld sparen. Die Pause, die Ihr Schlüsselwort länger nachklingen lässt, ist die Wirkungspause … Danach schweigen Sie einige Sekunden und schauen das Publikum wortlos an. Spätestens dann bemerkt es, dass die Aussage gerade besonders wichtig war. Gewaltige Spannung erzeugen Sie auch, indem Sie mittels Schweigen auf einen Zeitraum aufmerksam machen: Ich zeige Ihnen jetzt etwas … Und dann schweigen Sie Ihr Publikum an. Schauen Sie stumm in die Runde. Die Spannung steigt. Nach beispielsweise 40 Sekunden fahren Sie fort: Genauso lange dauert es im Moment Ihr Betriebssystem hochzufahren. Mit unserem neuartigen Speicher schaffen Sie das in zwei Sekunden.

Ankündigungen

Ich verrate Ihnen jetzt ein Geheimnis … Mit solchen Ankündigungen machen Sie Ihre Zuhörer neugierig und richten die Aufmerksamkeit unmittelbar auf die nachfolgende Information. Nach dieser Ankündigung schauen Sie sich konspirativ um und reden leise weiter. Wenn Sie so Ihre Produktvorteile präsentieren, kleben Ihnen Ihre Kunden an den Lippen. Weitere Beispiele: Ich kann es selbst kaum fassen ... Ich zeige Ihnen jetzt etwas, das alle Ihre Probleme auf einen Schlag löst ... Normalerweise rede ich nicht darüber ... Sie werden es nicht für möglich halten ... Auch eine Frage können Sie so einleiten, um die Aufmerksamkeit direkt darauf zu richten: Ich habe jetzt einmal eine Frage an Sie ... Sie können auch mehrere Ankündigungen aneinanderreihen, um die Spannung zu steigern: Wir haben lange rumüberlegt, wie wir das Problem am besten lösen. Dann sind wir drauf gekommen, was wir machen können. Jetzt kommt's. Passen Sie auf ...

Anaphora

Eine Anaphora bezeichnet die fortlaufende Wiederholung eines Themas. Nutzen Sie an unterschiedlichen Stellen immer das gleiche Satzfragment. Dadurch verdeutlichen Sie die Wichtigkeit einer Aussage. Die wohl berühmteste Anaphora stammt von Martin Luther King. Mit I have a dream ... bewegte er die Massen und wies auf den für die afroamerikanische Bevölkerung unerreichbaren „Amerikanischen Traum" hin. Ein aktuelleres Beispiel kommt von US-Präsident Barack Obama. Mit Yes, we can ... gab er seine Antwort darauf, ob man Gerechtigkeit, Wohlstand und Weltfrieden erreichen kann. Damit schaffte er den Einzug ins Weiße Haus. Barack Obama soll angeblich von der englischen Version des Liedes von Bob der Baumeister inspiriert worden sein. Das als kleine Anmerkung am Rande für diejenigen unter uns, die Kinder haben. Bemerkenswert, wie solche einfachen Muster ganze Massen bewegen ... Ich hoffe, der Erfinder von Bob der Baumeister hat als „Präsidentenmacher" wenigstens eine anständige Belohnung erhalten. Durch eine Anaphora geht Ihre Botschaft tiefer in die Köpfe der Zuhörer, weil sie ständig wiederholt wird. Spannung entsteht, sobald Ihre Zuhörer das Muster erkannt haben. Sie fragen sich, wann das Stilmittel zum nächsten Mal verwendet wird ... und freuen sich, wenn Sie richtig geraten haben. Das Gehirn schüttet bei solchen Botschaften Belohnungsstoffe aus, weil der Empfänger die Information schon kennt und sie deshalb leichter verarbeiten kann.

Bildersprache

Mit einer kurzen, prägnanten Sprache, die in Bildern spricht, lösen Sie beim Publikum einen Zuhörzwang aus. Lesen Sie einmal: „Letzte Woche hat mir Herr Müller als Dank für den lukrativen Fondsgewinn einen netten Brief geschrieben." Dieser Satz lässt sich prima lesen. Nun sprechen Sie einmal die folgenden Sätze: Letzte Woche. Ich gehe zum Briefkasten. Ich schaue hinein: ein Brief. Gespannt öffne ich den Brief. Lese ihn. Ich lächle: von Herrn Müller. Er bedankt sich für den ausbezahlten Fondsgewinn. Der vorangegangene Satz wurde in kurze Einzelsätze aufgeteilt. Jeder Satz löst für sich ein Bild aus. Ein guter Satz in der Bildersprache ist kaum länger als acht Worte. Jeden längeren Satz können Sie in kürzere Sätze aufteilen. Jedes „und" ersetzen Sie durch einen Punkt.

In der Bildersprache sprechen Sie immer in der Gegenwart. Wenn die Geschichte in der Zukunft (oder der Vergangenheit) passiert (ist), machen Sie einfach einen kurzen Einleitungssatz über den Zeitpunkt. Dann fahren Sie in der Gegenwartsform fort: Es ist 2020. Ich sitze so wie heute vor Ihnen und frage Sie: Wohin darf ich die 120.000 Euro überweisen? Ihr Geld hat sich mehr als verdoppelt. Und dann habe ich noch eine Frage an Sie: Darf ich neugierig sein und fragen, was Sie mit dem Geld jetzt tun? Oder ein Beispiel in der Vergangenheit: Vor sechs Monaten. Ich stehe vor der Entscheidung: Mache ich das Projekt oder nicht ... Dadurch steigern Sie die Wichtigkeit Ihrer Botschaft. Unser Gehirn ist so programmiert, dass es der Gegenwart eine größere Bedeutung zumisst als vergangenen oder zukünftigen Ereignissen.

Ziel ist nicht, während der Präsentation nur noch in der Bildersprache zu sprechen. Aber bauen Sie ein oder zwei solcher Passagen zur Spannungssteigerung ein.

Vergleiche

Auch durch Vergleiche erzeugen Sie Bilder im Kopf des Kunden. Sie knüpfen durch Vergleiche an bereits Bekanntes an. So können Sie auch neue Inhalte einfach und verständlich vermitteln. Als Versicherungsverkäufer können Sie einen Vergleich zum Beispiel wie folgt einbauen: Herr Müller, wissen Sie, welche Gegenstände über die Hausratversicherung abgedeckt sind? Stellen wir uns doch einfach einmal Ihr Haus vor. Das drehen wir nun auf den Kopf und schütteln es. Alles, was jetzt herunterfällt, deckt Ihre Hausratversicherung ab.

Metaphern

Durch Metaphern überzeugen Sie das Unterbewusstsein mit Wortbildern. In der Wirtschaft werden die unterschiedlichsten bildhaften Vergleiche verwendet. Da wird von Rettungspaketen, Schutzschirmen und Finanzspritzen gesprochen. Das können Sie auch! Wenn Sie Ihrem Publikum einen schwierigen Zusammenhang erklären wollen, suchen Sie nach einem einfachen Bild. Rücken Sie den Sachzusammenhang in eine bekannte und vertraute Welt.

Produktdemonstration

Nichts überzeugt so sehr wie eine live miterlebte Produktdemonstration. Was für Produkte gilt, können Sie aber auch auf Dienstleistungen und andere Inhalte ausweiten. Lässt sich das, was Sie vermitteln, als Objekt zeigen? Besorgen Sie sich so ein Objekt, präsentieren Sie es, und lassen Sie es das Publikum anfassen oder selbst ausprobieren.

Flipchart verwenden

Wenn Sie ein Flipchart verwenden, dann entsteht etwas vor den Augen der Zuhörer. Nicht das fertige Ergebnis zählt, sondern die Entstehung. Das löst Teilnahme und Emotionen aus. Ganz im Gegenteil zu

PowerPoint. Dieses können Sie benutzen, um Ihre Präsentation auf Papier auszudrucken und bei Ihrem Vortrag als Stichwortzettel vor sich auf den Tisch zu legen. Das sieht das Publikum nicht und die Spannung bleibt erhalten. Oder Sie händigen die PowerPoint-Unterlage nach der Präsentation an die Zuhörer aus. Wenn Sie trotzdem PowerPoint verwenden wollen, dann nur um ein einziges Bild oder Foto zu zeigen. Zeigen Sie das Bild nur dann, wenn Sie darüber sprechen wollen, und schalten Sie den Beamer aus, wenn Sie damit fertig sind. Benutzen Sie möglichst plakative Bilder oder Fotos mit nur einem einzigen Motiv, auf das man sich konzentrieren kann.

VERTRIEBSAUS...

... LAGERUNG !

Stellen Sie das Flipchart nicht in den Mittelpunkt des Raums. Dieser energetische Punkt gehört Ihnen. Das Flipchart steht leicht versetzt im Hintergrund.

Bei der Verwendung eines Flipcharts gibt es einige Techniken, die große Wirkung und Spannung erzeugen. Streichen Sie zum Beispiel Dinge, die Sie nicht tolerieren wollen, auf dem Flipchart demonstrativ und mit großer Geste durch.

Wenn Sie etwas besonders betonen wollen, dann beginnen Sie mit Ihrer Aussage – zum Beispiel: Wir senken Ihre Kosten um 20 Prozent, und zwar durch ... – und bevor Sie zum Schlüsselwort kommen, drehen Sie sich zum Flipchart und schreiben langsam: „V E R T R I E B S A U S" Erst kurz vor dem Moment, wo sich der Wortsinn ergibt, drehen Sie sich wieder zum Publikum zurück und beginnen zu sprechen: ... Vertriebsauslagerung an einen spezialisierten Dienstleister. Dann schreiben Sie das Wort auf dem Flipchart zügig zu Ende. Die Zuschauer folgen Ihnen voller Neugier. Sie fragen sich, welches Wort gleich erscheint. Genauso machen Sie es bei Zahlen: Sie fangen genau dann an zu sprechen, wenn die Zuhörer gerade noch nicht wissen, welche Zahl Sie ausschreiben werden. Jedesmal, wenn Sie etwas auf das Flipchart schreiben, entsteht Spannung. Wenn Sie zehnmal etwas aufschreiben, entsteht zehnmal Spannung. Und Spannung ist eines der wichtigsten Elemente einer fesselnden Präsentation. Wenn Sie Spannung erzeugen, ist auch Ihr Anliegen spannend. Beides hängt zusammen. Die Eigenschaften gewisser Dinge übertragen sich auf andere.

Schöne Zeichnungen auf dem Flipchart erzeugen Wohlwollen. Wenn die Zeichnung am Flipchart schön ist, ist auch Ihr Anliegen schön. Zeichnen Sie auf dem Flipchart immer in einer Dimension mehr, als Sie es normalerweise tun würden. Aus einfachen Pfeilen, werden so zweidimensionale Bänder. Die dreieckigen Pfeilspitzen können Sie ausmalen. Aus viereckigen Flächen, machen Sie dreidimensionale Kästchen. Aus Strichmännchen werden Männchen, die Sie aus Ovalen zusammenfügen. Anstelle eines Kreisdiagramms zeichnen Sie eine dreidimensionale Torte. Zeichnen Sie die Torte invers, indem Sie die gesamte Fläche straffieren – außer das Kuchenstück, um das es geht. Das Kuchenstück selbst lassen Sie weiß. Sprechen Sie auch immer von „Kuchen": Mitarbeiterkuchen, Umsatzkuchen, Marktkuchen. Nur so wirkt die Metapher im Kopf der Zuhörer. Mit einer Dimension mehr haben Sie auch immer eine Dimension mehr an Wirkung.

Wenn Sie Ergebnisse miteinander vergleichen, dann können Sie dies mit Balkendiagrammen tun. Immer wenn Sie einen besonders langen Balken zeichnen – im Vergleich mit einem kurzen oder im Vergleich zum erwarteten Resultat –, dann zeichnen Sie den ersten Längsstrich des Balkens quälend langsam. Dadurch entsteht eine gewaltige Spannung. Erst am Balkenende sprechen Sie die Zahl aus. Dann zeichnen Sie den Balken zügig zu Ende.

Auch bei der Nutzung des Flipcharts können Sie mit Ankündigungen arbeiten: Ich zeige Ihnen jetzt etwas … und dabei blättern Sie um, auf ein neues weißes Blatt. Schauen Sie schweigend Ihr Publikum an …. und beobachten Sie die Spannung. Oder rücken Sie schweigend das Flipchart einen Meter nach vorne in Richtung Publikum.

Nutzenargumentation

Kunden brauchen keinen Bohrer, sondern ein Loch. (Zig Ziglar)

Jetzt, wo Sie wissen, wie Sie Ihr Publikum mit Ihrer Präsentation fesseln, kommen wir zur eigentlichen Nutzenargumentation bezüglich Ihres Produkts. Bei der Nutzenargumentation ist es wichtig, möglichst eindrucksvoll zu demonstrieren, wie der konkrete Bedarf durch Ihr Produkt befriedigt werden kann. Alleinstellungsmerkmale sind für sich betrachtet noch nicht geeignet, einen Kunden zum Abschluss zu bewegen. Es sind lediglich Argumente, die ein Produkt im Vergleich zum Konkurrenzprodukt besser dastehen lassen. Diese Alleinstellungsmerkmale haben mit den Kundenwünschen noch nichts zu tun. Ein Produktnutzen ist das, was Ihr Kunde von den Produktstärken hat. Zum Beispiel: Gewinn, Kostenreduzierung oder Sicherheit. Ein Produktnutzen berührt also die Motive des Kunden. Wie kann Ihr Produkt dazu beitragen, den erwünschten Idealzustand zu erreichen? Entscheidend ist nicht, welchen Nutzen Ihr Produkt grundsätzlich bietet, sondern welchen Nutzen der Kunde wahrnimmt. Das heißt, dass Sie oftmals gar nicht besser sein müssen als Ihr Mitbewerber. Sie müssen Ihren Produktnutzen nur besser kommunizieren. Gehen Sie jede Bedingung der Zufriedenheit gemeinsam mit dem Kunden durch und zeigen Sie, wie Ihr Produkt genau diese Bedürfnisse befriedigt.

Verwenden Sie bei der Nutzenargumentation einen begründenden Sprachstil durch: weil …, damit …, denn …, deshalb …, was … Dominanz-motivierte Menschen überzeugen Sie mit: Das amortisiert, bietet, bringt, erhöht, erleichtert, gewinnt, gibt, hebt, maximiert, senkt, spart, stärkt, steigert, verbessert,

Damit erreichen Sie … Bei stimulanz-motivierten Menschen begründen Sie Ihren Nutzen mit: Das bezaubert, entdeckt, erfreut, erfüllt, erstaunt, fasziniert, inspiriert, motiviert, regt an, verschönert … Balance-Unterstützer-Kunden überzeugen Sie so: Das beteiligt, entlastet, entspannt, erleichtert, hilft, sichert, verbindet, vereinfacht, vermittelt … Bei Balance-Bewahrer-Kunden begründen Sie durch: Das bewahrt, erhält, garantiert, kontrolliert, minimiert, prüft, reduziert, regelt, schützt, sichert, spart, verhindert, vermindert, verringert …

Verwenden Sie bei der Produktbeschreibung Adjektive, die das jeweilige Emotionssystem des Kunden berühren. Bei dominanten Kunden beschreiben Sie die Eigenschaften mit: absolut, erfolgreich, erstklassig, führend, konkurrenzfähig, kraftvoll, mächtig, optimal, schnell, stark, wirtschaftlich, überlegen. Bei stimulanz-motivierten Kunden punkten Sie mit den folgenden Worten: aufregend, außergewöhnlich, einmalig, enthusiastisch, fantastisch, fortschrittlich, glücklich, innovativ, inspirierend, kreativ, modern, neu, positiv, spannend, unermesslich, zukunftsweisend. Den Balance-Bewahrer-Kunden überzeugen Sie mit: Full-Service, rundum sorglos und Alles aus einer Hand. Verwenden Sie Adjektive, wie: bewiesen, dauerhaft, detailliert, erprobt, getestet, kompetent, logisch, ordentlich, perfekt, sicher, solide, sparsam, tüchtig, verbreitet, zuverlässig. Die Balance-Unterstützer-Kunden lassen sich von den folgenden Adjektiven überzeugen: angenehm, behutsam, bequem, einfach, einfühlsam, freundlich, gemeinsam, herzlich, menschlich, miteinander, natürlich, offenherzig, partnerschaftlich, persönlich, problemlos, vertrauensvoll.

Happy End

Fassen Sie zum Schluss Ihrer Präsentation Ihre Hauptgedanken nochmals zusammen. Wiederholen Sie ein letztes Mal Ihre Kernbotschaft. Die Zuhörer erinnern sich am besten an den letzten Teil Ihrer Präsentation. Es gelten die folgenden Regeln für eine leichte Merkbarkeit: Der letzte Satz muss kurz sein. Er muss sich als Schlusssatz erkennbar zeigen. Er soll kommunikativ sein. Diese drei Merkmale vereint eine Empfehlung: Ich empfehle Ihnen …, oder eine Handlungsaufforderung: Lassen Sie uns deshalb im nächsten Schritt die Zeitschiene für die Umsetzung des Projekts ausarbeiten. Oder eine persönliche Aussage, wie Sie zum Thema stehen: Ich finde …, Ich wünsche mir … Viele Präsentatoren bedanken sich am Schluss Ihres Vortrags. Das muss aber nicht sein. Die Zuhörer sind Ihnen nämlich dankbar, wenn Sie einen guten Auftritt erlebt haben. Das ist es, was zählt. Nach dem letzten Satz legen Sie eine Wirkungspause ein und schauen das Publikum freundlich an.

6 Umgang mit Kontern

Gute Verkäufer widersprechen bei schlechten Lösungen, schwache Verkäufer bei falschen Meinungen.

(Hans Christian Altmann)

Als guter Verkäufer müssen Sie ein Kommunikationsprofi sein und auch schwierige Gesprächssituationen meistern. Präsentationen laufen nicht immer so, wie Sie sich das vorstellen, auch wenn Sie noch so gut vorbereitet sind. Vor allem, wenn Ihnen mehrere Personen zuhören und Sie beobachten, müssen Sie mit Kontern richtig umgehen können.

Argumentieren unter Stress

Wenn Sie die im ERSTEN BUCH DIESES KOMPENDIUMS beschriebenen Charaktereigenschaften eines Profi-Verkäufers mitbringen, dann sind Sie auch für heikle Gesprächssituationen gewappnet. Inwieweit Sie Stress in solchen Situationen erleben, hängt maßgeblich von Ihren Gedanken und Interpretationen ab. Wenn Sie sich unterlegen fühlen, Ihnen keine geeignete Reaktion in den Sinn kommt oder Sie Äußerungen des Kunden zu persönlich nehmen, dann steigt Ihr Stresspegel.

Bringen Sie also eine hinreichende Portion Gelassenheit und Selbstbewusstsein mit in Ihre Präsentation. Wenn Sie gelassen sind, dann tragen Sie Ihre Argumente sicher, konzentriert und zielgerichtet vor. Mit kritischen Fragen und Einwänden können Sie souverän und wertschätzend umgehen. Gelassenheit zeigt sich nicht nur in der Art und Weise, wie Sie sich im Gespräch behaupten, sondern drückt sich vor allem auch in Ihrer Körpersprache aus. Nur ein Mensch, der Selbstvertrauen hat, kann das Vertrauen der anderen erwerben. Wenn Sie argumentieren, dann muss Ihr Gesprächspartner spüren, dass Sie sich mit dem Thema identifizieren und dass Sie von Ihren Ideen und Lösungsvorschlägen überzeugt sind.

Kämpfen Sie nicht gegen innere Anspannung und Lampenfieber. Körperliche Reaktionen wie Herzklopfen und feuchte Hände sind normal und signalisieren Ihnen, dass Ihr gesamter Körper konzentriert in der Situation ist und die notwendigen Energiereserven bereitstellt. Registrieren Sie diese Signale als etwas Positives und freuen Sie sich darüber. Bei Verbalattacken können Sie den erlebten Stress dadurch abbauen, dass Sie den Angriff als Trainingschance sehen.

Bedenken Sie, dass Ihre Gesprächspartner ebenfalls nur Menschen sind, die ihre eigenen Schwächen haben. Wenn Ihnen einmal der Faden reißt oder andere Schwierigkeiten auftreten, dann ist Humor die beste Überlebensstrategie.

Und jeder Fechtmeister weiß: Ein guter Konter kann nur durch Übung erfolgen. Diese Erkenntnis gilt auch für Stresssituationen. Überlegen Sie sich mögliche Reaktionen Ihrer Gesprächspartner und legen Sie sich Ihre Antworten und Reaktionsmuster vorher zurecht.

Schlagfertigkeit

Bei Präsentationen vor Gruppen müssen Sie eine gewisse Schlagfertigkeit mitbringen, weil Ihre Aussagen oft vor allen Zuhörern hinterfragt werden. Allerdings sollten Sie keine harten Schlagfertigkeitstechniken

Wir lieben Menschen, die frei heraus sagen, was sie meinen, vorausgesetzt, sie sagen das, was wir meinen!
(Marc Twain)

einsetzen. Das belastet die Beziehung zum Kunden und bringt Sie dem Abschluss nicht näher. Wichtig ist es, das gewohnte Muster Ihres Gegenübers zu durchbrechen. Angriffe sind immer mit Emotionen verbunden. Sobald Ihr Gesprächspartner über Ihre Antwort nachdenken muss, geht er von seinen Emotionen weg und hin zur sachlichen Logik. Setzen Sie deshalb die folgenden weichen Schlagfertigkeitstechniken ein, um das Gespräch in andere Bahnen zu lenken oder neue Möglichkeiten zu eröffnen.

Unerwartete Zustimmung

Indem Sie einem Vorwurf unerwartet zustimmen, lassen Sie den Angreifer ins Leere laufen: Sie wollen doch nur etwas verkaufen. Absolut. Das ist für mich Beruf und Berufung. Sie rechtfertigen sich nicht, Sie reden sich nicht heraus und geben keine weitere Erklärung mehr ab, wo es nichts mehr zu erklären gibt. Sie stehen zu sich, wie Sie sind und was Sie tun. Das zeugt von hohem Selbstbewusstsein. Perfekt ist es, wenn Sie bei der Zustimmung gleich noch auf einen positiven anderen Aspekt lenken können: Ihre Firma kocht ja auch nur mit Wasser. Ja, da haben Sie recht. Allerdings ist bei uns die Platte etwas heißer.

Gegenfrage

In vielen Situationen hilft Ihnen eine einfache Gegenfrage. Sie wirkt stets schlagfertig und verschafft Ihnen eine Atempause: Sie setzt Ihr Gegenüber unter einen gewissen Druck, Farbe zu bekennen. Sie können die Gegenfrage auch bei einer Aussage anwenden. Dadurch erfahren Sie zusätzliche Informationen, mit denen Sie weiterarbeiten können. Es gibt mehrere Möglichkeiten, wie Sie gute Gegenfragen formulieren können. Die positivste Form ist die Gegenfrage nach einer Lösung. Sie bitten den anderen, selbst die Lösung für seine Frage zu liefern: Was kostet das? Wie viel sind Sie denn bereit zu investieren? So machen Sie aus einer unangenehmen Frage immer etwas Positives, über das der Gesprächspartner nachdenken muss: Was qualifiziert Sie denn für diesen Auftrag? Wie müsste Ihrer Meinung nach eine ausreichende Qualifikation aussehen? Sie können aber auch nach dem verzerrten Gegenteil fragen: Die Umsetzung dauert uns viel zu lange. Wäre Ihnen lieber, dass wir einen Schnellschuss liefern? Dadurch stellen Sie dem Vorwurf eine extreme Alternative gegenüber. Der Gesprächspartner hat nur die Möglichkeit, entweder die Alternative gutzuheißen oder den Vorwurf zurückzuziehen. Mit einer Gegenfrage können Sie auch nach einer Definition fragen: Das dauert uns zu lange! Wie definieren Sie „zu lange"? Nehmen Sie irgendein Wort aus dem Vorwurf heraus und lassen Sie es durch Ihren Gesprächspartner definieren. Wie Sie im Kapitel „MANIPULATIONSTECHNIKEN" im ersten Buch dieses Kompendiums gelernt haben, wird er das im Normalfall umgehend tun. Zum Schluss können Sie sich durch eine Gegenfrage den Sachverhalt auch noch konkretisieren lassen: Was konkret verstehen Sie darunter? Was genau meinen Sie damit? Können Sie dazu noch ein Beispiel bringen? Dadurch ist der Spielball vorerst wieder beim Gegenüber, der jetzt seinen Sachverhalt verdeutlichen muss. Wenn der Gesprächspartner versucht, Sie mit einer Gegenfrage in die Ecke zu treiben, dann gibt es folgende Reaktion: Das sage ich Ihnen gerne, nachdem Sie meine Frage beantwortet haben.

Müssen Sie denn jede Frage mit einer Gegenfrage beantworten? Ach, tue ich das?

Positiv-Frage

Sie können jede negative Aussage mit einer Positiv-Frage kontern: Das geht so nicht. Was können wir tun, damit es doch geht? So führen Sie den Dialog wieder zurück zur Kreativität und akzeptieren keine scheinbaren Grenzen: Den Konkurrenten können Sie nicht mehr einholen. Welche Möglichkeiten gibt es, dass wir den Vorsprung doch noch einholen? Durch solche Fragen entsteht Innovation. Alle großen Erfolge der Menschheit basieren auf diesem Gedankengut.

Lösung in der Zukunft

Wir Menschen sind mit einer Antwort zufrieden, wenn uns eine Lösung für die Zukunft in Aussicht gestellt wird. Ihr Gegenüber spricht von einem Problem, Sie bieten eine Lösung. Dabei richten Sie den Blick immer nach vorne. Eine Lösung liegt immer in der Zukunft, und dort sind Sie unangreifbar. Keiner kann Ihnen widersprechen, weil es ja noch keine Wirklichkeit ist. Fragen Sie sich, was Sie tun können, um dem Problem des Gesprächspartners abzuhelfen. Das geben Sie dann als Erwiderung: Sie haben Ihre Ziele verfehlt. Das haben wir auch erkannt. Deshalb haben wir sofort gegengesteuert. Innerhalb der nächsten 14 Tage werden Sie sehen, dass ... Ob Ihre Prognose zutrifft, kann zum jetzigen Zeitpunkt nicht überprüft werden.

Umformulieren

Sie können Angriffe sachlich umformulieren, indem Sie die Aussage in Ihren eigenen, netteren Worten wiederholen: Dieser Vorschlag ist doch ein Blödsinn. Sie möchten damit sagen, dass Sie eine andere Vorstellung haben, wie das Problem zu lösen ist. Mit einer solch sachlichen Antwort bleiben Sie für die Außenstehenden der Gewinner. Ihre Antwort können Sie auch einleiten mit: Sie finden ... , Sie meinen ... , Sie wollen sagen ... Die Wirkung wird gesteigert, indem Sie an das Ende Ihrer Feststellung eine Frage anhängen. In diesem Fall: Welche? Solche Feststellungsfragen beziehen sich direkt auf die vorherige Aussage. Der Gesprächspartner konzentriert sich dabei meist auf die Frage selbst, wodurch er die vorherige Aussage akzeptiert.

Den Nutzen aus dem Vorwurf ziehen

Nehmen Sie ein Schlüsselwort aus der unfairen Redewendung auf, und suchen Sie darin einen Nutzen: Sie stehen doch auf Wolken. Wenn Sie mit „auf Wolken stehen" Leichtigkeit und Kreativität verbinden, dann stimme ich Ihnen zu 100 Prozent zu. Ziel bei dieser Technik ist es, dass Sie in einem guten Licht erscheinen. Sie fragen sich, was sich aus dem Vorwurf für ein Nutzen ergeben kann. In diesem Sinne funktioniert auch die *„Gerade deshalb"-Technik*, die wir später als *„Bumerang"-Technik* in der Einwandbehandlung noch kennenlernen werden. Dabei wird die Aussage des Gegenübers einfach in einen Nutzen umgedreht: Sie haben keine Erfahrung in unserer Branche. Gerade deshalb können wir die Situation ohne Betriebsblindheit analysieren. Sie verwenden das Argument des Gegenübers dabei als Unterstützung für Ihre eigene Position. Sie können auch das genaue Gegenteil des Vorwurfs heraussuchen und dieses verneinen: Wenn Sie mit „auf Wolken stehen" sagen wollen, dass ich nicht unten im Nebel stochere, dann gebe ich Ihnen recht. Diese Vorgehensweise unterstützt auch die Formulierung „Da habe ich wenigstens ... " oder „Das ist besser als ... ": Sie haben ja gar keine Erfahrung in solchen Projekten. Das ist besser als mit Betriebsblindheit in das Projekt einzusteigen. Dabei suchen Sie den Vorteil im Vorwurf und stellen diesen einer schlechteren Alternative gegenüber, die aus dem Gegenteil resultieren würde. Auf den eigentlichen Vorwurf gehen Sie gar nicht weiter ein. Je drastischer Sie den Vergleich ziehen, desto mehr Wirkung entfacht die Systematik.

Auf positive Aspekte lenken

Gerade bei Neuerungen gibt es immer wieder Personen, die prinzipiell Nein sagen und herumnörgeln. Sie heben Nachteile hervor und stellen negative Behauptungen auf. Die Gefahr besteht darin, dass die negative Seite Ihrer Produktumsetzung überproportional diskutiert wird. Lenken Sie die Aufmerksamkeit so schnell wie möglich auf positive Aspekte Ihres Produkts, indem Sie entweder eine Rückfrage stellen, um den Kritiker selbst positive Aspekte finden zu lassen, oder indem Sie selbst auf die positiven Aspekte Ihres Produkts hinweisen: Das Konzept ist wenig durchdacht. Wo sehen Sie denn positive Aspekte unseres Vorschlags? Was müssten wir noch ergänzen, damit Sie das Konzept als tragfähig bezeichnen würden?

Unterschiede feststellen

Heben Sie den Unterschied zwischen den Aussagen des Gesprächspartners und Ihren eigenen Erfahrungen hervor. Dadurch wird der Kunde veranlasst, nochmals in eine andere Richtung zu denken und zu vergleichen. Der gemeinsame Austausch verstärkt die Beziehung: Mir fällt auf, dass Sie in Ihrer Darstellung einen anderen Fokus setzen. Ich habe bei vielen meiner Projekte die Erfahrung gemacht, dass ...

Kontern mit Bildern

Sie verstärken ein Sachargument, wenn Sie dazu einen bildhaften Vergleich geben. Bildhafte Vergleiche haben eine herausragende Außenwirkung. Sie kontern nicht nur, sondern Ihre Zuhörer akzeptieren Ihr Argument aufgrund des Vergleichs auf einer unterbewussten Ebene. Sie erhöhen die Wirksamkeit, wenn Sie den bildhaften Vergleich in Form einer Frage formulieren und in den Dialog mit dem Publikum treten. Die Antwort muss jetzt der Angreifer oder eine andere Person geben. Dadurch wird das gegnerische Argument entkräftet. Ihre Überzeugungskraft nimmt neue Dimensionen an: Das ist nichts Neues, was Sie uns da verkaufen wollen. Wer von Ihnen raucht? Hand hoch! Sprechen Sie jetzt jemanden an, der die Hand hoch genommen hat: Haben Sie schon einmal gehört, dass Rauchen ungesund ist? Die Antwort wird sicher ein Ja sein. Dann fragen Sie: Warum lassen Sie es dann nicht sein? Dabei schauen Sie aber

schon nicht mehr die betreffende Person an. Diese soll sich ja nicht rechtfertigen müssen. Im Gegenteil, Sie ziehen gleich selbst für alle die Schlussfolgerung: Sehen Sie, und genauso ist es im vorliegenden Fall. Sie wissen es, setzen es aber nicht konsequent um. Dazu brauchen Sie uns. Diese Schlussfolgerung macht den bildhaften Vergleich noch zwingender. Mit so einem Frage-Antwort-Dialog werden Sie vom Publikum mit großer Bewunderung betrachtet. Bildhafte Vergleiche können Sie nur selten spontan aus dem Ärmel schütteln. Sie sollten sich bildhafte Vergleiche für die wichtigsten Konter überlegen und auswendiglernen. Je mehr bildhafte Vergleiche Sie kennen, desto besser sind Sie für verschiedenartigste Konter gewappnet. Natürlich gibt es auch für diese Technik ein Gegenmittel, falls Ihr Gegenüber dazu greift. Sie müssen den Vergleich als abwegig abtun: Aus der Tatsache, dass … können Sie doch keinen Beweis für … ableiten.

Der Relativismus lässt grüßen
Die Kernthese des relativistischen Gedankenguts lautet, dass die Gültigkeit von Aussagen kontextabhängig ist. Alles hängt also vom jeweiligen Standpunkt ab. Alles ist relativ. Mit relativistischen Argumenten können Sie jede Kritik Ihres Gegenübers abwehren. Wenn Sie ganz konsequent eine relativistische Auffassung vertreten, können Sie nur schwer zu einer kritischen Auseinandersetzung bewegt werden. Jeder lebt nun einmal in seiner Welt und hat seine persönlichen Ansichten. Sie akzeptieren das, Ihr Gesprächspartner auch?

Kontrollierter Konter
Beim kontrollierten Konter drehen Sie den Spieß um, indem Sie den Vorwurf zurückgeben. Wenn Sie den Konter kontrolliert vortragen, ist er eine Alternative zur sachlichen Gegenfrage: Wenn Sie unser Unternehmen besser kennen würden, wüssten Sie genau, dass das nicht hinhaut! Wenn Sie *unser* Unternehmen besser kennen würden, wüssten Sie genau, dass das hinhauen wird, weil wir Ähnliches schon oft erfolgreich realisiert haben. Sagen Sie das mit einem Lächeln und fahren Sie fort mit Ihrem Text.

Unterstellungen zurechtrücken
Gefährlich ist es, wenn Ihr Gegenüber eine Behauptung aufstellt und sofort eine Frage anschließt. In einer Stresssituation neigt man dazu, nur auf die Frage zu achten und die vorgehende Unterstellung nicht zurechtzurücken: Bisher haben Sie Ihre Ziele verfehlt. Wie beurteilen Sie denn die Zukunftsperspektiven der Zusammenarbeit? Zum ersten Punkt: Wir haben genau das erreicht, was wir vertraglich vereinbart haben, Herr Müller. Die Zukunftsperspektiven sehen wir folgendermaßen … Den Vorwurf geben Sie mit dem Gegenteil als Aussage zurück. Die negativen Worte aus der ursprünglichen Unterstellung dürfen Sie bei Ihrer Formulierung nicht wiederholen. Bei der Feststellung „Nein, wir haben unsere Ziele nicht verfehlt" streicht das Unterbewusstsein das Wörtchen „nicht". Der Gesprächspartner hört wieder „Ziele verfehlt",

was die negative Botschaft zusätzlich verankert. Ersetzen Sie den Vorwurf also durch eine positive Richtigstellung. Besonders wirksam ist diese Technik, wenn Sie den Namen des Gesprächspartners an Ihre Aussage hängen.

„Warum?" nie mit „Weil …" beantworten

Beantworten Sie „Warum? Weshalb? Wieso?" Ihres Gegenübers niemals mit „Weil …". Das klingt sofort nach einer Rechtfertigung. Das „Weil" können Sie einfach ersatzlos streichen. Gehen Sie direkt zu Ihrer Aussage über, ohne diese mit „Weil" einzuleiten und sich dadurch zu verteidigen.

Paradoxe Intervention

Wenn Ihr Kunde nicht zugänglich ist und partout keine Entscheidung treffen möchte, dann können Sie auch paradox reagieren. Sie provozieren mit einer solchen widersprüchlichen Aussage zuerst Irritation, Rückfragen und dann oft ein Aha-Erlebnis beim Gegenüber. Beispiel: Wie kann ich Sie dabei unterstützen, keine Entscheidung zu treffen? Setzen Sie dieses Muster wohldosiert und mit einem Augenzwinkern ein.

Umgang mit unfairen Taktiken

Je nach Gegenüber werden von Ihren Kunden auch unfaire Gesprächstaktiken angewendet. Das betrifft Einzelgespräche, mehr aber noch Präsentationen vor mehreren Personen, weil sich dort einzelne Mitglieder des Kundenunternehmens beweisen müssen. Als Verkäufer müssen Sie mit solchen Praktiken souverän umgehen können.

Der intensive Blickkontakt

Lassen Sie sich nicht auf einen Machtkampf via Blickkontakt ein. Falls Sie ein Gesprächspartner in unangenehmer Weise mit dem Blick fixiert, ist es ratsam, seine Aufmerksamkeit in eine andere Richtung zu lenken. Reichen Sie ihm eine Unterlage, oder bringen Sie ihn durch eine Frage zum Sprechen.

Persönliche Angriffe

Wenn Sie persönlich angegriffen werden, dann gehen Sie nicht zur Gegenattacke über. Ansonsten schaukeln sich nur die Emotionen hoch. Das bringt Sie im Verkaufsgespräch nicht weiter. Gehen Sie einen Schritt zur Seite und lenken Sie den Angriff auf den objektiven Sachverhalt. Nutzen Sie Brückensätze, die nicht den Inhalt, sondern den Prozess betreffen. Wenn Ihnen der Kunde zum Beispiel erwidert: Das ist Blödsinn. Sie wollen doch nur alle Ihre Module verkaufen. Dann antworten Sie: Ihr Einwand zeigt mir, dass Sie das Konzept mit Skepsis sehen. Wo konkret liegen Ihre Bedenken?

Killerphrasen

Killerphrasen sind Aussagen, die gute Argumente ersticken sollen. Ihr Partner versteckt sich hinter einer nichtssagenden Behauptung. Diese wird häufig mit großer Überzeugung vorgetragen. Killerphrasen werden eingesetzt, wenn Ihr Gesprächspartner keine überzeugenden Argumente hat oder wenn er testen möchte, inwieweit er Sie verunsichern kann. Killerphrasen beschäftigen sich nicht konstruktiv mit dem Inhalt, sondern sollen durch Pauschalierung emotional treffen. Es geht nicht um eine wirkliche Auseinandersetzung, nicht um echtes Überzeugen. Der Gesprächspartner soll ausgebremst und mundtot gemacht werden. Beispiel: Das haben wir alles schon versucht. Das bringt nichts. Lassen Sie sich durch Killerphrasen nicht beeindrucken. Da die Killerphrasen auf die emotionale Ebene zielen, ist es wenig Erfolg versprechend, mit Argumenten logisch dagegenzuhalten. Der Gesprächspartner ist dazu oft nicht aufnahmebereit. Deshalb macht es wenig Sinn, ernsthaft zu argumentieren. Sie beginnen zu reden, darzulegen, womöglich sich zu rechtfertigen oder gar zu entschuldigen. Dabei geraten Sie in eine unterlegene Position. Es gibt keinen Grund sich zu verteidigen. Wenn Sie sehr ausführlich reagieren, wirken Sie getroffen.

Sie können Störungen durch Killerphrasen nicht wirksam behandeln, solange Sie nicht wissen, was der Sprecher wirklich will. Also finden Sie es heraus. Das Positive an Killerphrasen ist, dass Sie sehr stereotyp, und damit vorhersehbar sind. Sie erkennen eine Killerphrase, wenn sie pauschal, inhaltslos, abwehrend und abwertend ist. Das bedeutet, dass Sie sich auf diese Phrasen einstellen und vorbereiten können. Zwingen Sie den Sprecher, Stellung zu beziehen, und stellen Sie spezifische Fragen. Beispiel: Das funktioniert bei uns doch nicht! Aus welchem Grund nicht? Weil wir das schon vor drei Jahren einmal probiert haben. Vielen Dank für den Hinweis. Ich gehe gleich auf die Erfahrungen der Vergangenheit ein. Oder: Das haben wir noch nie so gemacht! Heißt das, dass Sie es von vorneherein erst gar nicht probieren möchten? Äh, nein, aber es hat doch gute Gründe, warum wir es nie so probiert haben. Können Sie mir einen nennen? Wenn Sie jetzt einen Grund genannt erhalten, dann können Sie darauf eingehen. Ansonsten können Sie die Aussage des Kunden auch verständnisvoll annehmen und selbst den Fokus auf die fehlenden Beweismittel und Fakten Ihres Gegenübers lenken: Ich verstehe Ihre Bedenken, wenn Sie mit diesem Thema schon schlechte Erfahrungen gemacht haben. Diese lassen sich nicht automatisch auf alle Anbieter übertragen. Wir garantieren Ihnen zum Beispiel, dass … Was halten Sie davon, wenn wir es einmal versuchsweise einsetzen? Ihre bewährte Variante haben wir ja immer noch in der Hinterhand. Bei Killerphrasen funktionieren auch immer Positiv-Fragen, die Sie weiter oben kennengelernt haben: Das funktioniert bei uns nicht! Was müssten wir denn berücksichtigen, dass es bei Ihnen funktioniert?

Reihung von Vorwürfen

Bei dieser Taktik bringt der Gesprächspartner eine Reihe von Vorwürfen nacheinander an: Das Image Ihres Unternehmens ist schlecht. Sie schreiben rote Zahlen. Ihre Garantien sind wertlos, wenn es Sie in

Zukunft nicht mehr gibt. Lassen Sie sich nicht verunsichern, wenn die Behauptungen mit viel Emotion vorgetragen werden. Ein dialektischer Kardinalfehler besteht darin, sich einen einzelnen Aspekt herauszugreifen und diesen zu widerlegen. Aus der Sicht des Kunden – noch schlimmer: des Publikums bei größerer Zuhörerschaft – blieben die übrigen Vorwürfe dann unwidersprochen. Daher ist es ratsam, in einem Satz alles zu bewerten, was Ihr Gegenüber gesagt hat: Sie zeichnen da ein völlig falsches Bild. Da möchte ich zuerst gerne klarstellen, dass ... Dann knüpfen Sie zwei bis drei Argumente an, die das Image Ihres Unternehmens und Ihre Position stärken.

Unterbrechungen und Störungen

Jeder Teilnehmer hat das Recht, auch mal etwas zum Nebenmann zu sagen. Werfen Sie also Störern keine strafenden Blicke zu. Das bringt nichts und lenkt Sie nur ab. Ein guter Präsentator muss auch gegen eine Tuschelkulisse ankommen. Schauen Sie genau hin: Stören die Störer nur Sie oder auch die anderen Teilnehmer? Falls Sie an der Körpersprache der anderen Teilnehmer ablesen können, dass auch diese sich gestört fühlen, müssen Sie intervenieren, da sonst das Ziel Ihrer Präsentation gefährdet ist. Reden Sie ganz normal weiter, schauen Sie die Störer nicht an, aber bewegen Sie sich zum Sitzplatz der Störer. Körperliche Präsenz lässt diese meist verstummen. Sie fühlen sich ertappt. Reicht das nicht aus, wenden Sie nun den Blick auf die Störer, während Sie ganz normal weiterreden. Reicht das immer noch nicht aus, greifen Sie verbal ein. Bleiben Sie freundlich, aber bestimmt, und nehmen Sie das Beste für den Störer an: Kann ich Ihnen bei der Klärung einer Frage helfen? Entweder winken die Störer ab und sind jetzt leise, oder Sie können tatsächlich eine Frage klären. In beiden Fällen haben Sie die Störung erfolgreich beseitigt.

Wenn Sie diffuse Störungen wahrnehmen, gehen Sie auf die Meta-Ebene: Ich habe den Eindruck, dass ... Ist mein Eindruck richtig? Woran liegt es denn? Wenn Ihr Gegenüber Ihre Aussagen immer wieder unterbricht und die Regeln eines Dialogs auf gleicher Augenhöhe missachtet, dann müssen Sie dies auf der Prozessebene klären. Wenn Sie dieses Verhalten durchgehen lassen, laufen Sie Gefahr, in eine Unterlegenheitsposition zu geraten. Verteidigen Sie also freundlich und bestimmt Ihr Wort: Bitte geben Sie mir Gelegenheit, den Gedankengang zu Ende zu bringen. Natürlich soll Ihr Kunde im Verkaufsgespräch seine Fragen jederzeit stellen dürfen. Hier geht es um störendes Verhalten des Gegenübers, was Ihnen insbesondere bei der Produktpräsentation vor größeren Gruppen passieren kann.

Verunsichern und anzweifeln

Der Test der Sicherheit ist ein altes Ritual der Dialektik. Es wird Ihnen immer wieder passieren, dass Kunden Ihren Standpunkt anzweifeln. Lassen Sie sich nicht verunsichern und bleiben Sie gelassen.

Der Kunde kann Ihnen zum Beispiel mangelnde Fachkompetenz oder Erfahrung vorwerfen. Lassen Sie sich auf keine Kompetenzdiskussion ein, sondern konzentrieren Sie sich auf die Sachargumente: Sie haben in unserem Bereich doch gar keine Erfahrung! Sie fragen nach der Umsetzbarkeit auch für Ihre Branche. Ich kann Ihnen versichern, dass wir uns intensiv damit beschäftigt haben. Wie viele andere Branchen stehen auch Sie vor der Herausforderung, dass … und genau da können wir … Sie können diese pauschale Abwertung auch mit einer Gegenfrage beantworten: Welche Erfahrungen benötige ich Ihrer Meinung nach? So gewinnen Sie Zeit zum Nachdenken. Vielleicht sagt Ihr Gegenüber ja etwas, an das Sie mir Ihrem Erfahrungsschatz anknüpfen können.

Beim Angriff auf die persönliche Glaubwürdigkeit bezweifelt Ihr Gegenüber, dass Sie sich mit Ihrem Lösungsvorschlag selbst identifizieren: Das glauben Sie doch selbst nicht, was Sie da sagen! Bestätigen Sie in solchen Fällen Ihre Überzeugung und untermauern Sie sie mit Argumenten: Ich bin voll und ganz der Überzeugung, dass dieser Weg auch die Ergebnisse Ihrer Vertriebsorganisation um mindestens 20 Prozent steigern wird. Und dies aufgrund von drei Argumenten: /1/ … /2/ … /3/ …

Um Ihre Selbstüberzeugung zu prüfen, kann der Kunde auch hypothetische Fragen stellen: Was machen wir mit Ihrem Lösungsvorschlag, wenn sich das Kundenverhalten gravierend verändert? Bei solchen Fragen ist große Vorsicht geboten. Wenn Sie unbedacht antworten, akzeptieren Sie indirekt die falschen Vorgaben. Prüfen Sie also den Wenn-Satz oder die eingeführte Hypothese anhand von Praktikabilität, Realitätsbezug, Wahrheitsgehalt und Wahrscheinlichkeit. Zeigen Sie gegebenenfalls, dass die stillschweigenden Voraussetzungen unrealistisch oder unwahrscheinlich sind: Dieses Szenario halte ich für sehr unwahrscheinlich. Wir gehen in unserem Konzept davon aus, dass sich das Kundenverhalten in den nächsten Jahren nur geringfügig ändert. Unsere Gründe hierfür sind …

Es gibt eine Reihe weiterer unterstellender Fragen, die den Charakter von Fangfragen haben können: Sie sind doch sicher auch der Meinung, dass … ? Ihnen ist doch sicherlich auch bekannt, dass … ? Bei dieser Art von Fragen müssen Sie dagegenhalten. Geben Sie eine Antwort, die Ihrer Meinung und Ihren Interessen entspricht: Nein, da bin ich anderer Meinung. Wenn Sie sich die Alternativen vor Augen führen, dann …

Ihr Gegenüber kann Sie auch verunsichern, indem er Ihnen ganz spezielle Fragen stellt, die Sie nicht beantworten können, wie zum Beispiel nach Zahlen, Definitionen oder Statistiken. Aus Ihrer ungenügenden oder falschen Antwort leitet er dann Inkompetenz ab. Auch hier sollten Sie die Energie des Fragestellers auf die Sache lenken: Gerne kläre ich diese Details für Sie ab. In der momentanen Phase geht es vor allem darum, die Prozessinnovation im Vergleich zur bisherigen Vorgehensweise zu analysieren.

Die Strohmanntaktik

Bei der Strohmanntaktik wird dem Gesprächspartner ein fiktiver Standpunkt unterstellt, oder sein Standpunkt wird verzerrt oder übertrieben. Der fiktive oder verzerrte Standpunkt kann dann leicht bekämpft werden. Wenn Sie die Äußerung Ihres Gegenübers nicht schnell genug richtigstellen, kann es sein, dass man Ihnen stillschweigend eine unvorteilhafte Meinung unterschiebt. Eine Meinung kann zum Beispiel leicht dadurch verallgemeinert werden, dass man qualifizierende Ausdrücke wie „einige", „ein paar" oder „manchmal" weglässt, um den Eindruck zu erwecken, dass sich der Standpunkt auf alle und immer bezieht.

Ablenkung und Perfektionsfalle

Wenn der Kunde Ihren Argumenten nichts mehr entgegenzusetzen hat, trotzdem aber noch nicht zustimmen möchte, dann kann er plötzlich das Thema wechseln, neue Argumente hervorholen, Gegenbeispiele konstruieren, Worst-Case-Szenarien drastisch darstellen oder plötzlich schlechte Erfahrungen von anderen Unternehmen ins Spiel bringen. Zudem hat er die Möglichkeit, die Gesprächsergebnisse bewusst fehlerhaft zu interpretieren und zu seinen Gunsten zusammenzufassen. Er kann den Zeitplan kritisieren, die knappe Vorbereitungszeit für das komplizierte Thema bemängeln oder ergänzende Gespräche mit Fachleuten und anderen Schlüsselpersonen im Unternehmen fordern.

Die Perfektionsfalle ist eine klassische Blockadestrategie. Dabei wird ein Vorschlag abgelehnt, weil er nicht perfekt ist, obwohl kein besserer Lösungsvorschlag in Sicht ist. In vielen Situationen stehen uns aber keine perfekten Lösungen zur Verfügung. Wir müssen vielmehr aus den uns gegebenen Möglichkeiten auswählen. Wer perfekte Lösungen fordert, die alle Unwägbarkeiten ausschließen, verkennt die Realität. Sie können den Fehlschluss ansprechen, oder Sie stellen eine geschickte Frage: Welche bessere Alternative sehen Sie zu der vorgeschlagenen Lösung? Wenn sich der Gesprächspartner darauf einlässt, haben Sie eventuell nochmals einen Ansatzpunkt, an dem Sie einhaken können. Sie machen dadurch auch nochmals klar, dass es nicht darum geht, eine absolut perfekte Lösung zu suchen, sondern die beste der möglichen Alternativen zu wählen.

Fassen Sie den Stand der Verhandlungen aus Ihrer Sicht zusammen. Fragen Sie Ihren Kunden ganz konkret, welche Punkte aus seiner Sicht noch offen sind: Welche Voraussetzungen müssen aus Ihrer Sicht erfüllt sein, damit Sie zu einer positiven Entscheidung kommen? Schreiben Sie die Punkte auf und lassen Sie sich diese bestätigen. Holen Sie sich auch eine Zustimmung zur weiteren Vorgehensweise: Wenn wir diese Punkte zu Ihrer Zufriedenheit geklärt haben, kommen wir dann ins Geschäft?

... plötzlicher Themawechsel, neue Argumente und Gegenbeispiele – Worst-Case-Szenarien werden drastisch dargestellt oder schlechte Erfahrungen von anderen Unternehmen ins Spiel gebracht.

7 Einwandbehandlung

Kein Kunde erhebt Einwände gegen ein Produkt, das ihn unberührt lässt.

(Heinz. M. Goldmann)

Leider akzeptieren die Kunden unsere Vorschläge selten auf Anhieb. Es gibt Einwände und Bedenken. Das darf Sie aber nicht aus dem Konzept bringen. Ein Einwand ist ein Beweis dafür, dass sich der Kunde mit dem Produkt beschäftigt. Wer sich beschäftigt, signalisiert Kaufinteresse. Die meisten Einwände kommen auf, wenn Sie dem Kunden einen Produktvorteil präsentieren, der nicht auf seinen Bedarf passt. Wenn Sie einen Einwand ausräumen wollen, dann müssen Sie ihn verstehen. Klären Sie Ursachen, Zusammenhänge und Auswirkungen. Lassen Sie auch mal einen Einwand gelten. Versuchen Sie nicht gleich, sofort alle Einwände zu „behandeln". Für einen Kaufabschluss muss der Kunde Ihnen nicht in allen Punkten zustimmen. Lenken Sie den Kunden einfach wieder auf die positiven Aspekte des Angebots. Lassen Sie den Kunden in Ruhe aussprechen und fallen Sie ihm nicht gleich ins Wort.

Körpersprachliche Hinweise

Beobachten Sie, wohin der Kunde bei seiner Einwandformulierung schaut. Weicht er Ihrem Blick aus oder schaut er Ihnen fest in die Augen? Versucht er einfach, aus der Verkaufssituation herauszukommen, oder meint er den Einwand ernst? Spricht er leise, schnell und hastig oder deutlich und klar? Achten Sie

auch auf Ihre eigene Körpersprache. Es darf keine Unsicherheitsgesten geben. Kein schlagartiges Zurücklehnen, kein unruhiges Verändern der Sitzposition, kein Senken des Kopfes oder vor Schock geweitete Augen. Signalisieren Sie dem Kunden durch Ihren Blickkontakt, dass Sie seine Argumente ernst nehmen. Hören Sie aufmerksam zu und schreiben Sie sich seine Bedenken auf. Sprechen Sie mit ruhiger oder begeisterter Stimme im gleichen Tempo wie zuvor. Sie müssen in der Lage sein, in derselben Sprechweise zu antworten, in der Sie dem Kunden soeben noch seine Vorteile erläutert haben. Mit einer sicheren Körpersprache können Sie den Einwand bereits erheblich entkräften. Wenn Sie einen Einwand erfolgreich behandelt haben, dann leiten Sie mit Ihrer Körpersprache über zum nächsten Schritt. Machen Sie eine entsprechende Geste, tun Sie einen Schritt, oder wenden Sie den Blick in eine andere Richtung. Leiten Sie den nächsten Schritt mit einer Übrigens-Frage ein.

Einwände von Vorwänden unterscheiden

Vorwände sind pauschale Aussagen gegen Ihren Vorschlag. Sie beziehen sich nicht auf die Sache und lassen sich schwer begründen. Vorwände signalisieren, dass der Kunde nicht will. Ein Einwand hingegen zeigt, dass der Kunde nicht kann oder nicht darf und dass die Ursache in seinem Unvermögen oder seiner Unsicherheit liegt. Auf einen Einwand können Sie eingehen und ihn gemeinsam mit dem Kunden klären. Mit einem Vorwand umzugehen, ist bei Weitem schwieriger. Sie wissen nicht, welche Ursache ein Vorwand hat. Vorwände beruhen oft auf mangelndem Vertrauen in den Verkäufer. Gerade bei der telefonischen Terminvereinbarung oder im Telefonverkauf haben Sie es oft mit Vorwänden zu tun. Sie hatten ja nur kurz Gelegenheit, eine Beziehung zum Kunden aufzubauen. Der Kunde hat zu dem Zeitpunkt seinen Bedarf nicht erkannt und nimmt den Verkäufer nicht wichtig. Ihr Ziel im Umgang mit Vorwänden muss darin liegen, den Vorwand entweder zu entkräften oder den dahinterliegenden Einwand zu entdecken. Dazu eignen sich schwebende Fragen, die Sie an den Kunden zurückgeben. Der Kunde sagt zum Beispiel pauschal: Ich habe kein Geld. Das kann er entweder sagen, um Sie einfach loszuwerden, oder er hat tatsächlich kein Geld. Im ersten Fall ist es ein Vorwand, im zweiten Fall ist es ein Einwand. Fragen Sie: Angenommen, Herr Müller, Sie hätten genügend Geld, dann … Ziehen Sie Ihre Stimme wie bei einer Frage nach oben und blicken Sie den Kunden schweigend an. Lassen Sie die Frage unvollständig in der Luft hängen. Oft vervollständigt der Kunde den Satz mit einer Erklärung: Auch dann würde ich Ihr Produkt nicht kaufen. Darauf Sie: Dann muss es einen weiteren Grund geben. Und der ist … Und wieder heben Sie die Stimme und blicken den Kunden an. Der Kunde weiter: Na ja, der ist, dass ich … Mit diesem Gesprächsmuster haben Sie den Einwand aus dem ursprünglichen Vorwand herausgeschält. Mit Einwänden können Sie arbeiten. Wenn es Ihnen nicht gelingt, den Vorwand zu hinterfragen oder zu umgehen, dann wenden Sie sich besser einem neuen Kunden zu.

Die besten Einwandbehandlungstechniken

In diesem Kapitel zeige ich Ihnen die besten Einwandbehandlungstechniken. Lesen Sie nochmals das Kapitel über „VERKAUFSHYPNOSE" im ersten Buch dieses Kompendiums, sofern Sie dieses miterworben haben. Dort finden Sie ebenfalls einige Sprachmuster, die Sie in der Einwandbehandlung anwenden können. Versetzen Sie den Kunden zum Beispiel nach einem Einwand in die Zukunft, wo er das Produkt mit all seinen Vorteilen genießt. Was spielen da ein paar Euro höhere Anschaffungskosten für eine Rolle? Oder setzen Sie auf die Macht von Geschichten. Legen Sie sich zu jedem Einwand eine Geschichte zurecht. Was es sonst noch alles für Einwandbehandlungstechniken gibt, erfahren Sie jetzt.

Es findet immer ein Verkauf statt. Entweder verkaufen Sie dem Kunden Ihr Produkt. Oder der Kunde verkauft Ihnen sein „Nein". (David Ogilvy)

Einwand vorwegnehmen
Wenn Sie bei Ihren Kundengesprächen immer wieder auf die gleichen Einwände stoßen, dann sprechen Sie diese in Zukunft an, bevor der Kunde das von sich aus tut: Einige Kunden überlegen sich …, Natürlich könnten Sie gleich fragen, ob … und da kann ich Sie beruhigen. Das schafft Vertrauen und hinterlässt beim Kunden ein positives Gefühl. Zudem können Sie sich aussuchen, wie Sie den Einwand formulieren. Sie können den Einwand gleich an der Wurzel entschärfen und mit einer positiven Argumentation versehen.

Zustimmung
Zeigen Sie Verständnis für den Einwand des Kunden. So spürt der Kunde, dass Sie nicht gleich zum Gegenangriff blasen. Wenn Sie nach Ihrer Zustimmung weitere Fragen stellen, werden Sie in den meisten Fällen auch weitere Antworten des Kunden erhalten. Beispiel: Wir haben schon einen Lieferanten. Ah verstehe. Gerade im sensiblen Bereich der Kundenbetreuung ist es ja extrem wichtig, einen absolut zuverlässigen Partner zu haben. Die Zustimmungstechnik können Sie immer als Erstreaktion auf einen Kundeneinwand einsetzen. Danach muss es aber gleich weitergehen mit einem der folgenden Muster.

Erklärung geben
Oft sucht der Kunde bei einem Einwand einfach noch nach weiteren Informationen. Aus diesem Grund verlangt er eine Erklärung. Beispiel: Die Firma VERSICHERUNGS AG erhält einen Großkundenrabatt! Ja, das ist richtig. Das Wort „Rabatt" ist an dieser Stelle aber nicht ganz zutreffend. Wir geben keinen Rabatt, sondern wir leiten eine Ersparnis an den Kunden weiter. Bei der gleichen Abnahmemenge erhalten Sie selbstverständlich die gleichen Konditionen.

Beweise zeigen
Sammeln Sie objektive Beweise für die häufigsten Kundeneinwände. Das können Statistiken, Zeitungsberichte, Produkttests oder Referenzen sein. Das ist zu teuer! Die Stiftung Warentest hat sämtliche

Anbieter verglichen. Wir haben beim Preis-Leistungsverhältnis mit der Bestnote abgeschnitten. Dann sichern Sie das Resultat mit einer Meinungsfrage: Unter diesem Aspekt, was meinen Sie dazu? Eine schöne Idee: Legen Sie sich ein Buch mit weißen Seiten als „Referenzbuch" an. Bitten Sie alle zufriedenen Kunden, wie in einem Hotelgästebuch einen Eintrag zu hinterlassen. Dieses Buch zeigen Sie dann dem Interessenten. Wenn Sie ganz geschickt vorgehen wollen: Stimmen Sie die Einträge Ihrer Kunden auf die häufigsten Einwände ab: Zuerst dachte ich, der Preis sei zu hoch. Ich ließ mich aber überzeugen und profitiere nun täglich von den vielen Vorteilen. Das Produkt ist jeden Euro wert. Somit haben Sie für alle Situationen eine wirkungsvolle Unterstützung. Ein Kundeneintrag kann auch eine Behauptung bestätigen: Durch die Zusammenarbeit mit der SELLGATE® AG konnte ich meine Abschlussquoten um 18 Prozent steigern. Der eigentliche Mehrwert liegt darin, dass Sie einen Beweis für Ihre Behauptungen gegenüber dem Kunden haben. Und zwar zu dem Zeitpunkt, an dem er entscheidungsreif ist. Ideal ist es, wenn solche Einträge direkt zur Handlung auffordern: Früher habe ich mit einem Wettbewerber zusammengearbeitet. Jetzt bin ich bei der SELLGATE® AG. Das sollten Sie auch tun.

Umdeutung

Bei der Umdeutung setzen Sie den Kundeneinwand in einen anderen Bezugsrahmen. Der Kunde bekommt so die Chance, seine Aussage anders einzuordnen. Beispiel: Die Lieferzeit ist zu lang. Ich verstehe Ihre Bedenken. Andererseits beweist Ihnen das, dass Sie sich für das richtige Produkt entschieden haben. Wir kommen der Nachfrage einfach nicht hinterher. Die ursprünglichen Bedenken stehen jetzt in einem positiven Licht.

Bumerang

Bei dieser Technik geben Sie die Aussage des Kunden wie mit einem Bumerang an ihn zurück. Ähnlich wie bei der Umdeutung ermöglichen Sie dem Kunden dadurch, eine andere Sichtweise einzunehmen. Den Bumerang leiten Sie mit folgenden Formulierungen ein: Gerade deshalb ..., Gerade weil ..., Genau aus diesem Grund ... Durch Ihre anschließende Aussage wandeln Sie einfach den Einwand in einen Vorteil um. Beispiel: Ich habe keine Zeit. Deshalb komme ich auch gleich zum Punkt. Die Wirkung dieser Technik ist enorm. Um immer einen schlagkräftigen Bumerang verfügbar zu haben, sollten Sie sich schon vor dem Gespräch mögliche Antworten auf die wichtigsten Vorwände oder Einwände Ihrer Kunden überlegen.

Neuformulieren und abschwächen

Ein Einwand lässt sich deutlich abschwächen, wenn Sie ihn nochmals in vorteilhafteren Worten formulieren. Beispiel: Die Qualität Ihres Produkts lässt wirklich zu wünschen übrig. Das klingt zweifelsfrei ziemlich hart, lässt sich aber durch eine andere Formulierung weitestgehend neutralisieren: Das bedeutet also, dass Sie sichergehen möchten, dass das Produkt langfristig einsatztauglich ist, richtig? Die Chancen stehen gut, dass der Kunde Ihre Neuformulierung akzeptieren wird. Auf diese vorteilhaftere Beschreibung können Sie jetzt Ihre Argumente aufbauen: Alle unsere Produkte sind im Dauereinsatz getestet. Zudem geben wir eine Zwei-Jahres-Garantie.

Der versteckte Wunsch

Entdecken Sie den versteckten Wunsch hinter einem Kundeneinwand. Das erfordert gutes Zuhören und ein wenig Kreativität. Sie müssen den Nutzen Ihres Produkts bestens kennen. Mit Ihrer Antwort gehen Sie nicht auf den Einwand, sondern auf den versteckten Wunsch des Kunden ein. Beispiel: Das ist zu teuer. Wenn ich Sie richtig verstanden habe, dann möchten Sie für Ihr hart verdientes Geld das bestmögliche Produkt bekommen, nicht wahr? Ja. Falls ich Ihnen zeigen kann, dass Sie mit dem neuen Produkt 4.000 Euro Verbrauchskosten pro Jahr einsparen können, wie interessant ist das dann für Sie? Dadurch, dass Sie dem Einwand nicht gleich entgegentreten, fühlt sich der Kunde verstanden und angenommen. Lernen Sie, genau hinzuhören, was Ihr Gesprächspartner sagt. Hier noch ein Beispiel: Ihr Produkt bringt mir doch keine Verbesserung. Es bringt nichts, dagegen zu argumentieren. Erkennen Sie den Wunsch hinter dem Einwand, und sprechen Sie diesen an: Sie hätten also gerne eine Verbesserung durch das neue Produkt? So eine Aussage wird meist mit einem „Ja" beantwortet. Was soll man sonst auch darauf sagen ...

Den Einwand wiederholen

Oftmals ist es schon hilfreich, wenn Sie den Einwand des Kunden einfach wiederholen. Beispiel: Es ist unmöglich, die Abschlussquoten um 20 Prozent zu steigern. Darauf Sie: Mhm, Sie sind der Meinung, dass es unmöglich ist, die Abschlussquoten um 20 Prozent zu steigern ... Dabei blicken Sie den Kunden an. Er hat das Gefühl, dass Sie seine Aussage ernst nehmen. Ganz nebenbei haben Sie seine Aussage aber in eine Meinung umgewandelt. Wie Sie bereits im Kapitel „EIN ÜBERZEUGENDER SPRACHSTIL" im ersten Buch dieses Kompendiums gelernt haben, fühlen sich die meisten Kunden stärker, wenn Sie Ihre persönliche Meinung hinter einer Generalisierung verstecken. Eine Meinung ist aber eine persönliche Ansicht, die man mit guten Argumenten und Beweisen verändern kann. Wenn der Kunde diese leichte Umformulierung annimmt, kommen Sie weiter: Wenn es möglich wäre, hätten Sie es dann gerne?

Höhere Werte ansprechen

Bei dieser Einwandbehandlungstechnik lernen wir von den Politikern. Diese sind wahre Meister darin, höhere Werte anzusprechen. Das können Sie auch. Definieren Sie einfach ein neues Ziel, das über der Aussage des Kunden steht. Beispiel: Der Wagen ist sehr teuer. Ist es nicht viel wichtiger, dass Sie bei Unfällen besser geschützt sind? Sie sprechen den eigentlichen Einwand gar nicht konkret an, sondern verweisen direkt auf das übergeordnete Ziel, das natürlich eine viel höhere Priorität genießt. Dabei helfen

Ihnen auch die folgenden Formulierungen: Das ist doch nicht das Entscheidende, das Entscheidende ist … Das ist eine gute Frage! Die viel wichtigere Frage ist aber …? Im Grunde geht es nicht um …, sondern um … Ist es nicht besser …, als …? Worauf werden Sie Ihre Entscheidung stützen? Auf … oder nicht doch lieber auf …? Sie können die Wirkung Ihrer Aussage verstärken, indem Sie den folgenden Nachsatz bringen: Und hier sind wir führend in unserer Branche. Sobald Sie den Kunden gedanklich auf das höhere Ziel gelenkt haben, malen Sie dieses in den schönsten Farben aus. Bereiten Sie solche höheren Werte für alle häufig vorkommenden Einwände vor. Die Vorstellung von höheren Zielen hilft auch Ihnen persönlich bei unangenehmen Einwänden. Durch diese Vorstellung haben Sie ein höheres Selbstvertrauen.

Zurück in die Motivanalyse

Indem Sie bei einem Kundeneinwand zurück in die Motivanalyse gehen, kommen Sie aus jeder Sackgasse. Beispiel: Das ist zu teuer. Dass Sie „zu teuer" sagen zeigt mir, dass wir noch nicht alles besprochen haben. Worauf legen Sie bei der Ausstattung besonderen Wert? Durch dieses Vorgehen erfahren Sie, was dem Kunden wichtig ist. Vielfach erkennen Sie durch weitere Ausführungen des Kunden, wo Sie ansetzen können.

Argumente vom Kunden einholen

Diese Technik ist direkt auf das Ziel ausgerichtet. Sie können sie in jeder Gesprächssituation anwenden, auch wenn Sie durch einen Kundeneinwand einmal in die Ecke gedrängt wurden. Wechseln Sie das Thema, und holen Sie sich Argumente vom Kunden ein: Was müsste Ihnen eine Unfallversicherung bringen, damit Sie Ja sagen? Was für Voraussetzungen müssen erfüllt sein, damit eine renditeträchtige Fondsanlage für Sie infrage kommt? Was kann ich Ihnen zeigen, damit Sie überzeugt sind? Was müssen wir als Anbieter erfüllen, damit Sie mit uns zusammenarbeiten? Durch solche Fragen bringen Sie den Kunden zum Nachdenken und erhalten wichtige zusätzliche Informationen. Fortgeschrittene können die Fragen für unterschiedliche Kundentypen variieren. Wenn Sie zum Beispiel bemerkt haben, dass Sie es mit einem dominanten Kundentyp zu tun haben, dann fragen Sie: Wie muss unser Angebot aussehen, damit es sich für Sie rechnet? Oder für jemanden mit vorherrschendem Stimulanz-System: Inwiefern sollen wir unser Angebot erneuern, damit es für Sie interessant ist? Und noch ein Beispiel für das Balance-System: Was muss unser Angebot enthalten, damit Sie sich sicher fühlen?

Persönliche Versicherung

Es ist immer wieder erstaunlich, wie viele Kunden sich mit einer persönlichen Versicherung des Verkäufers zufriedengeben. Wenn ein grundsätzliches Vertrauen da ist, sind keine weiteren Beweise nötig. Wenn kein Vertrauen da ist, dann nützen auch die besten Beweise nichts. Für mich muss die Qualität stimmen. Wenn ich Ihnen versichern kann, dass die Qualität stimmt, ist es dann in Ordnung? Äh, ja.

Gut. Ich kann Ihnen versichern, dass das Produkt über eine hohe Qualität verfügt. Sagen Sie das mit voller Überzeugungskraft und schauen Sie dem Kunden dabei tief in die Augen.

Eigene Lernkurve

Bei der eigenen Lernkurve erzählen Sie dem Kunden, dass Sie genau die gleichen Bedenken hatten, bevor Sie geläutert wurden: Das Produkt ist zu teuer. Sie haben recht, genau das Gleiche habe ich im ersten Moment auch gedacht … Dadurch fühlt sich der Kunden bestätigt und angenommen. Doch dann drehen Sie den Blickwinkel um 180 Grad: Bis ich gesehen habe, dass … Dabei erklären Sie dem Kunden, was bei der ursprünglichen Betrachtung nicht richtig war. Dann beenden Sie mit: Das hat mich dann vollends überzeugt!

Stumme Einwände ansprechen

Oft trauen sich Kunden nicht, ihre Bedenken zu äußern. Sobald Sie vermuten, dass der Kunde noch Einwände mit sich herumträgt, sprechen Sie diese an: Herr Müller, irgendetwas tragen Sie noch mit sich herum, das spüre ich. Sagen Sie mir doch bitte, worum es geht, damit ich Ihnen bei der Entscheidung helfen kann. Wenn der Kunde seine Bedenken äußert: Prima, dann gehen Sie darauf ein und zerstreuen diese. Wenn der Kunde keine Bedenken mehr hat, dann starten Sie gleich einen Abschlussversuch: Wenn Sie keine Fragen mehr haben … wunderbar. Wollen wir das dann so machen?

Pfeile werfen

Beim Pfeilewerfen sprechen Sie konkrete mögliche Bedenken des Kunden von sich aus an: Ist es …, was Sie noch von einer positiven Entscheidung abhält? Möchten Sie sich das wegen … nochmals überlegen? Weil Sie dabei raten, nennt sich die Technik „Pfeile werfen". Nachdem Sie einen Pfeil geworfen haben, zeigt sich aus der Kundenantwort, ob Sie ins Schwarze getroffen haben. Egal, ob Sie getroffen haben oder nicht: Der Kunde wird Ihnen in den meisten Fällen die wahren Gründe für sein Zögern verraten. Wenn Sie ein Ja vom Kunden bekommen, dann haben Sie sein Vertrauen gewonnen. Sie verstehen ihn … und haben einen Hebel gefunden, wo Sie ansetzen können. Kontrollieren Sie, ob das der einzige Grund ist: Gibt es sonst noch etwas, das Sie von einer positiven Entscheidung abhält? Und dann klären Sie die Bedenken gemeinsam mit dem Kunden.

Gefühle ansprechen

Sprechen Sie die Gefühle Ihres Kunden an, die hinter einer Aussage stecken. Ich habe kein Geld. Das ärgert Sie. Und dann sind Sie still und warten ab. Auch wenn Sie das Gefühl des Gegenübers nicht zu 100 Prozent getroffen haben, wird sich der Kunde ähnlich wie beim Pfeilewerfen trotzdem dazu äußern. So kann er seine aufgestauten Emotionen loswerden. Sie erhalten weitere Informationen aus der Gefühlswelt des Kunden. Oftmals ist es so leichter, eine gemeinsame Lösung zu finden. Wenn sich der Kunde Ihnen so geöffnet hat, haben Sie eine sehr vertrauensvolle Beziehung geschaffen. Der Kunde hat das Gefühl, dass Sie mit ihm auf der gleichen Wellenlänge sind.

Meinungsfrage mit Argument

Bei dieser Methode antworten Sie auf den Einwand mit einer Meinungsfrage und kombinieren diese gleich mit einem Argument: Das ist zu teuer. Mhm, was meinen Sie dazu, wenn Sie mit dem etwas teureren Produkt in Zukunft jährlich Wartungskosten sparen?

Konkretisierung

Konkretisierungsfragen sind ein sehr starkes Mittel. Sie gehen gar nicht auf den Kundeneinwand ein, sondern stellen dem Kunden als Antwort eine Rückfrage. Sie zwingen Ihren Gesprächspartner dazu, den genauen Hintergrund seiner Aussage auszuführen oder diese verständlicher und konkreter zu formulieren. Beispiel: Das ist zu teuer! Worauf bezieht sich Ihre Aussage? Wie meinen Sie das? Welchen Teil unseres Angebots finden Sie zu teuer? Im Vergleich zu was? Warum? Wie? So müssen nicht Sie sich rechtfertigen, sondern der Kunde kommt in einen Begründungszwang. Sie gewinnen Zeit und können sich ein gutes Argument überlegen.

Offensichtlichen Grund erfragen

Eine weitere nützliche Antworttechnik, um Einwände zu neutralisieren, ist die Frage nach dem offensichtlichen Grund: Offensichtlich haben Sie einen guten Grund dafür, das zu sagen. Darf ich fragen, welcher das ist? Sie bestätigen durch Ihre Formulierung, dass die Bedenken Ihres Kunden berechtigt sind und auf einer gründlichen Überlegung beruhen. Mehr sogar: Sie machen dem Kunden ein subtiles Kompliment. Er wird dazu ermutigt, seine Bedenken weiter auszuführen. Sie beide werden den Einwand besser verstehen und Sie werden in die Lage versetzt, besser darauf zu antworten.

Überhören

Manchmal ist es sinnvoll, den Kundeneinwand einfach zu überhören und mit dem Verkaufsgespräch fortzufahren. Es geht nicht darum, dass Sie überhaupt nicht auf den Kunden eingehen, sondern worauf Sie eingehen. Sie können auf einen Teilaspekt seines Einwands eingehen oder auf etwas, das der Kunde vorher im Gespräch gesagt hat.

Zurückstellung

Indem Sie den Kundeneinwand auf einen späteren Zeitpunkt zurückstellen, gewinnen Sie Zeit zum Überlegen: Das ist eine wichtige Frage. Darauf werde ich gleich zurückkommen. Ich würde gerne diesen

Wenn sich der Kunde Ihnen so geöffnet hat, haben Sie eine sehr vertrauensvolle Beziehung geschaffen. Der Kunde hat das Gefühl, dass Sie mit ihm auf der gleichen Wellenlänge sind.

wichtigen Punkt zurückstellen und gleich ausführlich darauf eingehen. Sind Sie damit einverstanden? Vielleicht geht der Kundeneinwand bis dahin auch vergessen oder klärt sich von selbst. Auch wissen Sie zu einem späteren Zeitpunkt mehr über Ihren Kunden und können besser argumentieren.

Ausweichmanöver
Um Zeit zu gewinnen, können Sie auch mit einem vorübergehenden Ausweichmanöver reagieren: Das ist eine interessante Frage. Dazu fällt mir die folgende Geschichte ein … Oder: Wir müssen uns aber auch die Frage stellen, ob … Mit etwas Übung können Sie statt auszuweichen auch direkt das Thema wechseln und Ihrerseits wieder einige Fragen stellen. Damit kommen wir zur Ablenkung.

Ablenkung
Wenn Ihnen ein Einwand unangenehm ist, dann bestätigen Sie diesen kurz und lenken im nächsten Augenblick auf einen anderen Punkt: Das ist mir zu teuer. Der Preis ist sicher ein Aspekt, den wir auch berücksichtigen müssen. Bei mir auf der Agenda steht noch das Thema „Support". Was ist Ihnen beim Support wichtig? Wirksam ist die Technik vor allem dann, wenn Sie dem Kunden zum neuen Thema gleich eine Frage stellen. Wenn Sie Glück haben, vergisst er den ursprünglichen Einwand.

Die häufigsten Vorwände

Vorwände sind pauschale Aussagen. Meistens will der Kunde Sie mit einem Vorwand abwimmeln. Trotzdem gibt es einige Methoden, wie Sie trotz Vorwänden weiter ins Gespräch kommen. Hier finden Sie Strategien zu den häufigsten Vorwänden. Wenn der Kunde darauf nicht anspringt, bleibt Ihnen nichts anderes übrig, als das Gespräch freundlich zu beenden und sich auf den nächsten Kunden zu freuen.

Kein Interesse
Bei einer derart barschen Gesprächseröffnung oder Aussage seitens des Kunden haben Sie nur noch kurze Zeit zu reagieren. Alle langatmigen Erklärungen können Sie sich sparen. Sie haben maximal noch zwei Sätze Zeit. Als Erstes zeigen Sie Verständnis: Ich verstehe, dass Sie auf Anhieb kein Interesse haben. Und dann hängen Sie eine Frage nach einem menschlichen Grundbedürfnis an, welches der normale Menschenverstand bejaht. Suchen Sie sich eins aus oder formulieren Sie selbst ein ähnliches Beispiel: Möchten Sie Ihren Umsatz steigern? Wenn es eine Möglichkeit gibt, wie Sie 20 Prozent Ihrer Kosten einsparen können, wäre das für Sie dann interessant? Sind Sie bereit, neue Dinge zu prüfen, wenn Sie dadurch Vorteile erhalten können? Sie können auch mit einer charmant rübergebrachten, humorvollen Provokation arbeiten: Können Sie noch neue Aufträge gebrauchen? Wenn alles gut läuft,

lacht der Kunden oder stimmt zumindest zu. Schon ist die Stimmung aufgelockert, und Sie kommen ins Gespräch.

Sie können auch nach dem „Wie" fragen, um den Kunden etwas zu verwirren: Ich habe kein Interesse. Verstehe, und wie machen Sie es genau? Mit einer solchen Frage rechnen die wenigsten. Oft geht der Kunde darauf ein: Was genau? Was meinen Sie damit? Ich meine: Worauf legen Sie bei der Steigerung Ihrer Abschlussquoten besonderen Wert? Wenn Sie das mit einer freundlichen und begeisterten Stimme tun, sind Sie wieder im Dialog.

Eine weitere Möglichkeit ist es, dem Kunden den Ball mit Ihrem Thema zurückzuspielen: Was würde Sie denn zum Thema „strategische Vertriebssteuerung" interessieren? Solange der Kunde Ihre Fragen beantwortet, bleiben Sie im Gespräch. Sie haben gute Chancen, dass er seinen Widerstand auf diesem Weg fallen lässt.

Wenn der Kunde bei seinem Standpunkt bleibt, dann beenden Sie das Gespräch wie folgt: Schade, das muss ich akzeptieren. Ich mache mir dann noch mal Gedanken dazu und melde mich später noch einmal. Ich wünsche Ihnen eine erfolgreiche Woche. Und schon haben Sie sich einen perfekten Anknüpfungspunkt geschaffen. Wenn Sie davon ausgehen, dass der Kunde grundsätzlich in Ihr Raster passt, können Sie solche Kunden zu einem späteren Zeitpunkt nochmals mit einer veränderten Ansprache kontaktieren. Vielleicht hat die Ansprache einfach nicht zum Kundentyp gepasst, oder er hatte einen schlechten Tag. Schreiben Sie dem Kunden einen Brief: Sehr geehrter Herr Müller, wir hatten am … kurz miteinander telefoniert. Der Grund meines Anrufs war … Unsere Kunden profitieren davon, dass … Gerne würde ich in einem gemeinsamen Termin Ihre persönlichen Vorteile ausarbeiten. Sie erreichen mich jederzeit unter … Mit besten Grüßen, Daniel Berger. Nach ein paar Tagen können Sie den Kunden von sich aus nochmals anrufen. Ihre Chancen für ein ausführlicheres Gespräch stehen jetzt deutlich besser.

Keine Zeit

Die erste Reaktionsmöglichkeit ist, den Vorwand anzunehmen, wie er ist, und nach einem besseren Zeitpunkt zu fragen: Alles klar, verstehe. Wann darf ich mich nochmals melden? Etwas direkter geht es auch so: Herr Müller, der Grund meines Anrufs ist lediglich eine Terminvereinbarung mit Ihnen für kommenden Mittwoch, um elf Uhr. Ist das ok? Die meisten Kunden fragen nach diesen beiden Aussagen bereits neugierig nach: Um was geht es denn? Und schon sind Sie im Gespräch. Auch beim „Keine Zeit"-Einwand sollten Sie keine langwierigen Formulierungen wählen. Der Kunde hat Ihnen ja schon mitgeteilt, dass er keine Zeit hat. Fahren Sie mit der „Darf ich gleich auf den Punkt kommen"-Strategie aus dem Kapitel „TELEFONISCHE TERMINVEREINBARUNG" fort.

Eine weitere Reaktionsmöglichkeit besteht darin, gleich einen Termin mit einer Begründung vorzuschlagen: Verstehe. Ich bin Experte auf dem Gebiet der Abschlussquotensteigerung. Viele meiner Großkunden konnten Ihren Umsatz um mehr als 20 Prozent steigern. Ich bin am Donnerstag in Frankfurt. Wollen wir uns treffen?

Auch die Bumerang-Technik eignet sich bei diesem Vorwand. Überlegen Sie sich, ob Ihr Produkt irgendwie dabei hilft, Zeit zu sparen: Genau das ist der Grund, wieso wir uns treffen sollten. Mit unserem System zur strategischen Vertriebssteuerung können Sie garantiert zwei Stunden pro Woche einsparen. Wann wollen wir uns treffen, damit ich Ihnen das in 30 Minuten persönlich vorstellen kann?

Wenn Ihr Produkt keine Zeit einsparen kann, dann hilft die Technik „Argumente vom Kunden einholen": Was müsste Ihnen ein Gespräch über strategische Vertriebssteuerung aufzeigen, damit es sich für Sie lohnt, 30 Minuten für ein persönliches Kennenlernen zu investieren?

Kein Bedarf

Auch „kein Bedarf" ist ein Vorwand, den Sie bei der telefonischen Terminvereinbarung oder im Telefonverkauf oft zu hören kriegen. Hier können Sie mit einer Frage zu einem menschlichen Grundbedürfnis punkten: Wenn Sie aktuell keinen Bedarf haben, ist das jetzt kein guter Zeitpunkt, um über eine Möglichkeit zur Umsatzsteigerung nachzudenken. Umsatzsteigerung – ist das überhaupt ein Thema für Sie?

Gut eignet sich auch die folgende Formulierung: Herr Müller, ich verstehe. Darum geht es heute auch gar nicht. Es geht darum, dass Sie den besten Anbieter kennen, wenn in Zukunft ein Bedarf entsteht. Fahren Sie dann fort mit einer offenen Frage an den Kunden, wie zum Beispiel: Wie interessant ist für Sie das Thema ...? Wie bei jedem Vorwand sollten Sie auch hier möglichst viele Informationen aus Ihrem Kunden herauskitzeln. Zum Beispiel durch: Ah, verstehe. Wenn Sie sagen „kein Bedarf", dann weil Sie bereits gut versorgt sind oder weil sie in der Richtung nichts einsetzen? Wichtig ist, dass Sie im Gespräch bleiben. Durch die Alternativfrage haben Sie eine Chance auf eine Antwort, mit der Sie weiterarbeiten können. „Gut versorgt" führt Sie zum Einwand „Lieferant vorhanden" weiter unten. Wenn der Kunde „nichts einsetzt", dann holen Sie sich wieder Argumente von ihm selbst: Was müsste eine Lösung im Bereich strategische Vertriebssteuerung denn bringen, damit Sie sagen: „Wenn das geht, dann möchte ich das gerne sehen"?

Zum Abschluss noch ein Muster, das ebenfalls immer gut funktioniert: Mal angenommen, ich könnte Ihnen eine Vertriebsinnovation präsentieren, die Ihre Abschlussquoten um 20 Prozent steigern kann ...

sagen Sie dann „Nein, das ist nichts für mich …" oder sagen Sie „Ja, mehr Information kann mir nur helfen"? Durch diese Formulierung bauen Sie einen Gegensatz auf, der mit normalem Menschenverstand nicht mehr verneint werden kann. Die positive Zustimmung liegt vernünftigerweise auf der Hand.

Die häufigsten Einwände

Es gibt in der Regel nur eine Handvoll typische Einwände auf Ihr Angebot. Auf diese sollten Sie sich bestens vorbereiten. Lernen Sie die Antworten wie bei einer Fremdsprache. So haben Sie bei jedem Kunden, in jeder Verkaufssituation und bei jedem beliebigen Einwand immer mehrere Antwortmöglichkeiten parat. Suchen Sie sich Formulierungen aus, die zu Ihrer Persönlichkeit passen.

Kein Geld

Beim „Kein Geld"-Einwand müssen Sie als Erstes prüfen, ob dieser nur vorgeschoben oder tatsächlich der Hinderungsgrund ist. Zu Beginn des Gesprächs schieben Sie diesen Einwand wie folgt nach hinten: Ja, das ist die besondere Fähigkeit von Geld, dass es immer zu wenig ist. Was halten Sie davon, wenn wir im weiteren Gespräch Ihr Budget, die Vorteile und die kurze Amortisationsdauer unseres Produkts in Einklang bringen? Wenn der Kunde dem zustimmt, dann wissen Sie, dass der Kunde trotzdem einen Spielraum hat. Dass er das Produkt nicht komplett gratis erhalten wird, ist ihm wohl klar. Wenn Sie am Ende Ihrer Produktvorstellung sind, dann gehen Sie wie folgt vor: Gibt es außer dem fehlenden Geld sonst noch etwas, was Sie an einer positiven Entscheidung hindert? Nein, das ist wirklich mein Problem. Sie können sich das auch nochmals explizit bestätigen lassen: Das heißt, wenn das Geld vorhanden wäre, hätten Sie es gerne? Dann werden Sie genauer und versuchen, mit dem Kunden eine Lösung zu finden: Bis wann haben Sie kein Geld? Wann kommt denn wieder etwas rein? Wie viel ist im Moment möglich? Haben Sie schon einmal über einen Leasing-Kauf nachgedacht? Rechnen Sie dem Kunden vor, bis wann sich Ihr Produkt amortisiert.

Nochmals überlegen

Bei diesem Einwand trennt sich die Spreu vom Weizen. Wird der Kunde tatsächlich über den Kauf nachdenken? Natürlich nicht … Es gilt das Gesetz vom negativen Ertragszuwachs. Am Ende Ihrer Produktvorstellung hat der Kunde alle wichtigen Informationen für seine Entscheidung zusammen. Genau zu diesem Zeitpunkt wird er das stärkste Bedürfnis nach Ihrem Produkt verspüren. Davon können Sie ausgehen. Wenn Sie dann den Sack nicht zumachen, wird es immer schwieriger. Schon am nächsten Tag wird der Kunde einige Eigenschaften des Produkts vergessen haben. Er beschäftigt sich wieder mit anderen Dingen. Seine Begeisterung wird nachlassen. Bald schon denkt er, dass er das Geld lieber für etwas anderes ausgibt. Der Kunde kühlt ab. Sie werden nicht jeden Kunden zu einem sofortigen Abschluss überreden können, aber mit den nachfolgenden Gesprächsmustern werden Sie Ihre Erfolgsquote bei diesem Einwand deutlich erhöhen.

Als Erstes können Sie dem Kunden genau das erklären, was oben steht: Herr Müller, Fachleute sind sich einig, dass der richtige Zeitpunkt für eine Entscheidung dann gekommen ist, wenn man über alle notwendigen Informationen verfügt und nicht mit anderen Tagesproblemen belastet ist. Nur so kann man sich voll und ganz auf die Entscheidung konzentrieren. Vergessene Entscheidungskriterien führen oft zu Fehlschlüssen. Wollen wir nicht gemeinsam nochmals kurz darüber nachdenken, damit Sie sich richtig entscheiden können? Sie kennen sich und Ihr Unternehmen am besten. Ich kenne unser Produkt am besten. Welcher Punkt beschäftigt Sie denn noch?

Wenn der Kunde darauf nicht anspringt, gehen Sie grundsätzlich davon aus, dass er trotzdem Interesse an Ihrem Produkt hat. Aber wie so oft: Kontrolle ist besser. Fragen Sie also danach: Ich gehe davon aus, dass Sie darüber nachdenken möchten, weil Sie Interesse an unserem Produkt haben. Ist das richtig? Die meisten Kunden werden diese Frage positiv beantworten, und wenn aus reiner Höflichkeit. Gut für Sie! Jetzt gibt es nämlich eine Strategie, die Sie verfolgen können. Wenn Sie fragen würden, über was der Kunde noch nachdenken muss, dann wird er Ihnen sagen, dass er über das Angebot als Ganzes nachdenken will. Nicht sehr hilfreich. Also fragen Sie ihn nach Details. Und das geht so: Worüber möchten Sie denn noch nachdenken, über die richtige Farbe? Beachten Sie, dass diese beiden Sätze ohne Pause miteinander verbunden werden. Sonst landen Sie bei der zuvor aufgeführten Antwort Ihres Kunden. Der Kunde wird durch Ihre Formulierung also antworten: Nein, die Farbe ist ok. Dann fragen Sie weiter: Ist es die Ausstattung? Nein, ... Und mit diesem Schema fahren Sie fort, bis Sie alle Kundenwünsche aus der Bedarfs- und Motivanalyse durchgegangen sind. Mit jedem Nein sagt der Kunde aber im Grunde genommen Ja. Sie fassen alle Vorteile nochmals für den Kunden zusammen. Zum Schluss fragen Sie: Sind es die Kosten? Nun, es ist ja schon eine größere Anschaffung für mich. Das eigentliche Problem ist also das Geld? Ja, richtig. Damit haben Sie eine Menge erreicht. Sie sind zum tatsächlichen Einwand durchgedrungen. Geld ist der wichtigste Einwand bei fast jedem Verkaufsgespräch. Und jetzt lesen Sie nochmals die Vorgehensweise bei „Kein Geld".

Gut eignet sich beim „Nochmals überlegen"-Einwand auch eine Skalierungsfrage: Das finde ich gut, dass Sie nochmals darüber nachdenken möchten. Ich möchte natürlich nur, dass Sie kaufen, wenn Sie zu 100 Prozent vom Produkt überzeugt sind. Was glauben Sie ... wo stehen Sie momentan ... bei 80 Prozent? Warten Sie auf die Antwort des Kunden, und dann fragen Sie: Was fehlt Ihnen, damit Sie sich zu 100 Prozent sicher fühlen?

Wenn Sie diesen Einwand öfter hören, können Sie mit einer Vorbeugungsmaßnahme das Pendel in Ihre Richtung schwingen lassen. Sagen Sie dem Kunden während des Verkaufsgesprächs: Es macht wirklich Spaß, sich mit jemandem wie Ihnen zu unterhalten. Ich sehe, dass für Sie entschlossenes Handeln auf der Tagesordnung steht. Das ist eine tolle Charaktereigenschaft! Lassen Sie sich diese Aussage vom Kunden bestätigen, und die Falle ist zugeschnappt: Nur so kommt man im Leben weiter, richtig? Aufgrund von Konsistenz und Verpflichtung wird der Kunde keinen Rückzieher mehr machen.

Rücksprache halten

Wenn der Kunde Rücksprache halten möchte oder muss, ist das leider nicht sehr vorteilhaft für Sie. Sie haben keinen Einfluss darauf, was der Kunde mit wem bespricht und mit welchem Ergebnis. Kitzeln Sie wenigstens aus dem Kunden heraus, ob er selbst von dem Produkt überzeugt ist: Alles klar. Eine Frage habe ich noch: Wenn Sie die Entscheidung jetzt allein treffen würden, wie würden Sie sich entscheiden? Finden Sie dann etwas mehr über den Entscheidungsträger im Hintergrund heraus: Wen möchten Sie denn noch in Ihren Entscheidungsprozess mit einbeziehen? Was glauben Sie, wird er zum Produkt sagen? Fragen Sie zum Schluss, ob Sie Ihren Ansprechpartner bei seiner internen Argumentation unterstützen können. Für diesen Fall sollten Sie aussagekräftige Verkaufsunterlagen bereithalten, die Sie dem Kunden mitgeben. Versuchen Sie, einen Anschlusstermin mit Ihrem Ansprechpartner und dem eigentlichen Entscheidungsträger zu organisieren.

Produkt schon im Einsatz

Es ist ja nicht so, dass wir mit unseren Produkten auf jungfräuliche Märkte treffen. Oft hat der Kunde ein ähnliches Produkt schon im Einsatz. Wenn Ihr Kunde das äußert, sagen Sie begeistert: Das ist toll, da kennen Sie sich ja schon bestens aus. Wie lange besitzen Sie das Produkt schon? Was gefällt Ihnen denn am besten am Produkt? Dadurch gewinnen Sie erste wichtige Hinweise. Anschließend fragen Sie in positiver Art und Weise nach den unerfüllten Kundenwünschen: Legen Sie auf irgendetwas wert, das Ihr Modell nicht kann? Welche Änderungen oder Verbesserungen würden Sie gerne sehen? Versuchen Sie, ein Bedürfnis zu finden, das Ihre Version besser erfüllt als das derzeitige Produkt. Wenn Sie wissen, dass Sie einen wesentlichen Vorteil haben, können Sie diesen auch gleich in einer Frage formulieren: Können Sie mit Ihrem derzeitigen Modell auch …? Gut ist natürlich immer, wenn Ihr Unternehmen alte Modelle auch von anderen Anbietern in Zahlung nimmt. Altes weg, Neues hin.

Wenn der Kunde behauptet, dass doch alle Produkte gleich sind, dann hilft das: Ja, Sie haben recht. Es sind gewisse Ähnlichkeiten vorhanden. Der Unterschied zwischen einem echten van Gogh und einer Reproduktion ist ebenfalls sehr klein. Trotzdem liegen Welten zwischen Original und der Kopie. Lassen Sie mich kurz zeigen, was unser Produkt zum „van Gogh" macht.

Lieferant vorhanden

Wenn der Kunde diesen Einwand bringt, müssen Sie versuchen, weiter im Gespräch zu bleiben und möglichst viel über die Lieferantenbeziehung herauszufinden. Ins Gespräch kommen Sie sehr gut mit der Bumerang-Technik: Wir haben schon einen Lieferanten. Gerade deshalb sollten wir uns unbedingt kurz zusammensetzen. So haben Sie eine perfekte Vergleichsmöglichkeit. Wann würde es denn bei Ihnen gehen?

Viele Lieferanten geben sich keine große Mühe mit Ihren langjährigen Kunden. Sie wiegen sich in Sicherheit und werden bei Ihren Stammkunden unachtsam. Sie setzen Ihren Schwerpunkt auf die Neukundengewinnung. Keiner sagt mehr seinen Stammkunden, warum es gut ist, bei ihm zu kaufen. Vorteile, die nicht mehr genannt und dem Kunden bewusstgemacht werden, geraten ins Vergessen. Nehmen Sie das mit für Ihre eigenen Kunden. Es ist wichtig, auch bei Stammkunden immer wieder die Vorteile der Zusammenarbeit hervorzuheben. Sie sind sonst hilflos der Argumentation der Konkurrenten ausgesetzt.

Fragen Sie Ihren Ansprechpartner: Sind Sie zufrieden mit Ihrem Anbieter? Seit wann arbeiten Sie denn zusammen? Haben Sie vorher schon mit einem anderen Anbieter zusammengearbeitet oder war das der Erste? Hat Ihnen der Wechsel damals einen Vorteil gebracht? Achtung, die Falle schnappt langsam zu: Ja, natürlich. Darauf Sie: Wenn Sie damals beim Wechsel einen Vorteil mitnehmen konnten, warum sollten Sie das dann nicht nochmals probieren? Versuchen Sie nun, mehr über seine Motive herauszufinden: Was waren denn damals die Punkte, die entscheidend für die Wahl Ihres derzeitigen Anbieters waren?

Wenn Sie das nächste Mal hören, dass der Kunde zufrieden mit dem bestehenden Lieferanten ist, dann sagen Sie still und leise zu sich: „Jetzt mögen Sie noch zufrieden sein, aber warten wir noch einige Minuten ab …" Zum Kunden sagen Sie mit lächelnder Stimme: Das höre ich sonst nur von *unseren* Kunden. Wer ist denn Ihr Lieferant? Warten Sie die Antwort des Kunden ab. Dann fragen Sie: Und was macht Sie so zufrieden? Versuchen Sie, mehrere Punkte herauszufinden. Fassen Sie diese zusammen und lassen Sie sich diese vom Kunden bestätigen. Dann fragen Sie: Angenommen, wir erfüllen das alles ebenso, und noch ein kleines Bisschen besser: Wie können wir dann zusammenkommen?

Oder Sie wählen den folgenden Weg, wenn sich der Kunde zufrieden über seinen bisherigen Lieferanten geäußert hat: Gut, ich verstehe, Herr Müller … unsere Kunden sind *hellauf begeistert* von unserem Angebot. Sind Sie lieber zufrieden oder hellauf begeistert? Oft muss der Kunde schmunzeln und Ihnen recht geben. Dann sagen Sie abschließend: Sehen Sie, ich habe Sie heute angerufen in der Hoffnung, dass Sie mit Ihrem jetzigen Lieferanten zufrieden sind.

Wenn Ihnen der Kunde nicht so viel Auskunft geben will und zwischendrin abbricht, dann können Sie versuchen, ihm eine Gegenüberstellung schmackhaft zu machen: Unser Gespräch lohnt sich auf jeden Fall zweifach für Sie: Entweder erkennen Sie, dass Sie bereits einen akzeptablen Lieferanten haben, oder Sie finden einen besseren Partner für die Zukunft. Wenn der Ansprechpartner auch darauf nicht eingeht, dann starten Sie trotzdem noch einen Versuch: Ich sehe, dass ich Ihnen ganz außerordentliche Vorteile bieten muss, um mit Ihnen ins Geschäft zu kommen. Was könnte das sein?

Hier ein weiteres Gesprächsmuster: Herr Müller, darf ich Sie um ein ganz kurzes Gedankenspiel bitten. Was würde Ihr aktueller Lieferant machen, wenn Sie einen kleinen Teil Ihres Bedarfs mit einem anderen Unternehmen abdecken würden? Warten Sie die Antwort ab. Meist sagt der Kunde, dass es dem aktuellen Lieferanten natürlich nicht gefallen würde. Dann fahren Sie fort: Was denken Sie, wie sich das auf die Qualität und die Anstrengungen Ihres bisherigen Lieferanten auswirken würde? Meist kommt auch hier eine zielführende Antwort: Er würde sich mehr anstrengen. In manchen Fällen gehen Lieferanten sogar noch einen Schritt weiter und bieten günstigere Konditionen. Sie sehen also, dass Sie nur gewinnen können.

Wenn Sie wissen, dass der Kunde bereits mit einem anderen Lieferanten zusammenarbeitet, können Sie diesen Einwand vorwegnehmen und in eine unbestreitbare Wahrheit umwandeln: Sie arbeiten sicher schon mit einem anderen Unternehmen im Bereich … zusammen, oder? Wo Sie vorher den Einwand „Lieferant schon vorhanden" gehört haben, erhalten Sie jetzt ein Ja. Die Qualität Ihres Gesprächs dreht sich um 180 Grad. Fahren Sie dann fort: Perfekt. Dann kennen Sie sich ja bereits bestens aus und wissen, worauf es Ihnen ankommt. Wo wünschen Sie sich denn noch Verbesserungen? Oder etwas neutraler: Das ist der Grund, warum ich anrufe. Gerade Unternehmen, die bereits eine Grundversorgung durch einen anderen Lieferanten haben, nutzen uns bei Spezialthemen als Ergänzung. Suchen Sie sich für Ihr Unternehmen und Ihre Branche einen Grund, wieso es gut ist, dass der Kunde bereits über eine Lieferantenbeziehung verfügt. Wenn der Kunde wider Erwarten bei der Einstiegsformulierung doch einmal mit Nein antwortet, ist das sogar noch besser. Ihre Antwort: Das ist genau der Grund meines Anrufs …

Zum Schluss hilft immer auch ein bisschen Humor: Wir haben schon einen Lieferanten. Ah, verstehe. Dann geht es Ihnen ja genauso wie uns. Wir haben nämlich auch schon viele begeisterte Kunden. Aber Sie würden wir trotzdem gerne noch gewinnen. Was muss ich dafür tun?

Sollten Sie trotz allen aufgeführten Gesprächsmustern nicht zum Ziel kommen, können Sie genauso vorgehen, wie beim „Kein Interesse"-Einwand. Sie beenden das Gespräch höflich mit: Schade, das muss ich akzeptieren. Ich mache mir dann nochmal Gedanken und melde mich zu einem späteren Zeitpunkt wieder bei Ihnen. Es folgt der vorgestellte Brief an den Kunden und der nächste Telefonanruf …

8

Erfolgreich verhandeln

Wenn zwei Menschen über eine Frage verhandeln, dann werden sie anders und die Frage wird anders.

(Eduard Graf von Keyserling)

Sie haben Bedarf und Motive aufgedeckt, präsentiert und Einwände aus dem Weg geräumt. Der Kunde hat einen starken Kaufwunsch. Und jetzt? Jetzt wird verhandelt!

Eine Verhandlung ist eine Form der Kommunikation, die immer dann stattfindet, wenn Menschen etwas voneinander wollen. Für eine Verhandlung müssen gemeinsame Interessen und eine gegenseitige Abhängigkeit bestehen: Sie wollen Ihr Produkt verkaufen, und der Kunde möchte den Gegenstand erwerben. Außerdem herrscht bei einer Verhandlung ein ausgewogenes Machtverhältnis. Beide Parteien haben die Möglichkeit, die Verhandlung jederzeit abzubrechen. Keiner kann den anderen zu irgendetwas zwingen. Und, ganz wichtig: Es muss eine wechselseitige Bereitschaft für Zugeständnisse geben.

Wie erzielt man nun unter diesen Prämissen das beste Resultat? Ihr Verhandlungserfolg hängt weniger von Härte ab als wieder einmal vom Verständnis einiger psychologischer Regeln.

Möglichst viel bekommen

Machen wir uns nichts vor: Ihnen geht es darum, möglichst viel zu bekommen. Klar möchten Sie auch, dass der Kunde zufrieden ist, aber Win-Win ist für Sie als Verkäufer zweitrangig. Sie sind ja kein Philanthrop. Dazu gibt es einige Grundsätze.

Zusätzliche Werte schaffen

Vergrößern Sie den Kuchen, dann kriegen Sie auch mehr davon. Schaffen Sie zusätzliche Werte, anstatt nur die bestehenden Werte aufzuteilen. Fragen Sie den Kunden: Was können Sie mir sonst noch bieten? Was könnten Sie noch in die Verhandlung einbringen? Wie könnten Sie mir sonst noch entgegenkommen? So erhalten Sie eine größere Auswahl, um ein passendes Paket für beide Parteien zu schnüren.

Eine gute Beziehung aufbauen

Studien haben herausgefunden, dass das Entscheidungsverhalten umso egoistischer wird, je schlechter die Beziehung ist. Also gibt es für Sie nur eine Regel: Bauen Sie eine gute Beziehung zu Ihrem Kunden auf, bevor Sie in die Verhandlung einsteigen. Der Aufbau einer persönlichen Beziehung hängt sehr stark vom Kulturkreis des Kunden ab. Mit deutschen Kunden können Sie bereits nach der Vorspeise mit der Verhandlung beginnen, mit einem südländischen Verhandlungspartner nicht vor dem Espresso. In arabischen und asiatischen Ländern steht der Beziehungsaufbau im Mittelpunkt. Der Verhandlungsgegenstand wird nur nebenbei besprochen. Achten Sie umgekehrt darauf, dass Ihr Kunde eine gute Beziehung zu Ihnen nicht für seinen Vorteil ausnutzt. Bleiben Sie standhaft und argumentieren Sie ebenfalls auf der Beziehungsebene: Herr Müller, mal Hand aufs Herz, wir sind doch beide Profis und wir beide machen das Geschäft lange genug. Wir wissen doch beide, dass ... Sagen Sie das mit sympathischer Stimme und einem Augenzwinkern.

Um jeden Euro kämpfen

Stellen Sie sich einmal vor, Sie machen Ihrem Gegenüber ein Angebot und der akzeptiert es ohne Widerspruch. Was haben Sie dabei für ein Gefühl? Sie haben ihm das Produkt zu günstig verkauft. Umgekehrt: Was denkt der Kunde, wenn er Ihnen einen Vorschlag macht, den Sie sofort akzeptieren? Sehen Sie. Zögern Sie deshalb, und geben Sie sich unentschlossen. Seien Sie hart in der Sache, aber halten Sie stets eine gute Beziehung aufrecht. Damit erhöhen Sie die Zufriedenheit Ihres Kunden und steigern Ihren Wert.

Den richtigen Verhandlungsstil anwenden

Sie sollten Ihren Verhandlungsstil auf die jeweilige Situation und den Kunden anpassen. Wählen Sie einen kooperativen Verhandlungsstil, wenn Sie den Kunden nochmals wiedersehen. Nutzen Sie einen harten, kompetitiven Verhandlungsstil für Einmaltransaktionen. Auf beide Arten steigern Sie Ihr Ergebnis. Beim einen über eine gute Beziehung und einen längeren Zeitraum, beim anderen über einen hohen Sofortabschluss.

Sich hohe Ziele setzen

Sie erreichen bessere Ergebnisse, wenn Sie sich hohe Ziele setzen. Dabei geht Ihre Erwartung in eine bestimmte Richtung, wodurch die gesamte Verhandlungsführung geprägt wird. Je größer das Ziel ist, desto mehr Ressourcen gestehen Sie ihm zu. Bei sehr großen Zielen müssen Sie auch komplett anders denken: Sie machen Dinge anders als andere. Sie können nicht so weitermachen wie bisher. Sie suchen automatisch nach neuen Lösungen, denn Sie sprengen durch solche Zielvorstellungen Ihr Glaubenssystem.

Alternativen zurechtlegen

Legen Sie sich Alternativen zurecht, falls Sie kein zufriedenstellendes Ergebnis erzielen können. Wenn das Verhandlungsergebnis nicht besser ist als Ihre beste Alternative, müssen Sie die Verhandlung abbrechen. Je schlechter Ihre beste Alternative ist, desto intensiver müssen Sie sich auf die aktuelle Verhandlung konzentrieren. Ihre beste Alternative ist gleichzeitig auch Ihr bestes Druckmittel. Denken Sie ebenfalls an die beste Alternative Ihres Verhandlungspartners. Was kann er tun, wenn es zu keiner Einigung kommt? Was würde das für ihn bedeuten?

Wissen ist Macht

Sie verfügen über eine größere Macht, je mehr Sie im Vorfeld über Ihren Kunden und seinen Standpunkt herausgefunden haben. Prüfen und hinterfragen Sie stets alle Informationen, die Sie erhalten. Schreiben Sie alle Informationen auf, auch während der Verhandlung. Wenn Sie trotzdem einmal unvorbereitet in eine Verhandlung einsteigen, sollten Sie zu Beginn jede Festlegung vermeiden. So kann Ihnen nichts passieren.

Asymmetrische Informationen verhindern

Asymmetrische Informationen liegen vor, wenn Ihr Gegenüber mehr über den Verhandlungsgegenstand weiß als Sie. Denken Sie an einen Antiquitätenhändler, der seinem Kunden ein altes Bild verkauft. Ihr Kunde wird eine bessere Entscheidung treffen können als Sie. Beschäftigen Sie sich also intensiv mit dem Transaktionsobjekt, oder ziehen Sie eine Expertenmeinung hinzu.

Interessen herausfinden

Die Position ist das, was Ihnen der Kunde sagt; das Interesse ist das, worum es wirklich geht. Ihr Kunde ist dann zufrieden, wenn Sie seine grundsätzlichen Interessen erfüllen, nicht unbedingt seine ursprüngliche

Forderung. Was sind also die Motive hinter der Forderung des Kunden? Fragen Sie Ihren Kunden, was für ihn wirklich wichtig ist: Weshalb ist Ihnen dieser Punkt so wichtig? Warum möchten Sie das erreichen? Oft gibt es mehrere Möglichkeiten zur Befriedigung eines Wunsches. Das können Sie für Ihre Angebote nutzen.

Die Rolle dritter Parteien einschätzen

Gibt es hinter dem Kunden noch dritte Personen, die ebenfalls ein Interesse am Verhandlungsergebnis haben? Das können Vorgesetzte, Kollegen oder enge Vertraute sein. Was ist ihre Rolle und wie könnten Sie sie für Ihre Vorteile einspannen?

Analyse des Entscheidungsprozesses

Finden Sie heraus, wie der Verhandlungspartner bei seiner Entscheidungsfindung vorgeht. Wie ist die Berechnungsgrundlage? Wer muss alles zustimmen? Verhandelt der Gesprächspartner unter Zeitdruck? Welche externen Faktoren üben einen Einfluss auf die Entscheidung aus?

Rollen im Verhandlungsteam

Wenn Sie alleine verhandeln, sind Sie emotional und gedanklich auf Ihr Verhandlungsziel konzentriert. Sie nehmen wenig um sich herum wahr. Hier lernen wir von den Spezialeinheiten der Polizei, die in heiklen Situationen stets ein Verhandlungsteam einsetzen. Was sich dort bewährt hat, lässt sich auch hervorragend für komplexe Verkaufsverhandlungen verwenden. Hinterfragen Sie bei der Vorstellung Ihres Verhandlungspartners dessen Rolle und Kompetenz. Für Sie ist es wichtig, den Kunden darauf festzunageln, dass er finale Entscheidungen treffen kann. Wenn nicht, dann bitten Sie um einen Folgetermin mit dem tatsächlichen Entscheidungsträger. Als Verhandlungsteam können Sie vorab Zeichen festlegen, die Ihnen die Verständigung untereinander erlaubt, ohne dass Sie den Raum verlassen müssen.

Der Verhandlungsführer

Der Verhandlungsführer ist der direkte Gesprächspartner des Kunden. Das stellt er gleich zu Beginn klar. Zusätzlich weist er darauf hin, dass wichtige Entscheidungen von einem Aufsichtsgremium getroffen werden müssen. Ein Gremium ist immer besser als eine Einzelperson. Denn sonst will der Kunde mit der entscheidungsbefugten Einzelperson verhandeln.

Der Beobachter

Der Beobachter verfolgt die Verhandlung aus einer sicheren Distanz. Er ist nicht in die Gespräche involviert, was ihm den notwendigen Freiraum verschafft. Wenn er direkt angesprochen wird, bleibt er ungenau und verweist auf die Verantwortung des Verhandlungsführers. Der Beobachter schreibt alles mit und gibt dem Verhandlungsführer Hinweise, wie er bestimmte Informationen bewertet. Er gibt Tipps für neue Alternativen. Der Beobachter unterstützt den Verhandlungsführer emotional, indem er an wichtigen Stellen nickt und beipflichtet.

Der Sprecher des Aufsichtsgremiums

Der Sprecher des Aufsichtsgremiums sitzt nicht persönlich am Verhandlungstisch. Entweder kann er selbst entscheiden oder er gibt vor, dass er sich zuerst die Zustimmung seines Gremiums einholen muss. Auf jeden Fall wird dem Kunden immer Letzteres kommuniziert. So können Sie sich als Sprecher stets hinter dem Gremium verstecken. Wenn der Verhandlungsführer einen Fehler begeht, ist das für die anderen Rollen im Verhandlungsteam nicht weiter schlimm. Der Verhandlungsführer kann jederzeit ausgetauscht werden. Wenn er zu viele Zugeständnisse gemacht hat, kann ihn das Gremium ersetzen. Die gemachten Zugeständnisse sind an seine Person gebunden.

Tricks in der Verhandlung

Die nachfolgenden Tricks bringen Sie in eine bessere Verhandlungsposition.

Vorgabe der Agenda

Wer die Agenda vorgibt, ist in der stärkeren Position. Er kann Themen und Zeit bestimmen. Wenn Sie jedes Thema mit einer Zeitspanne versehen, haben Sie das Recht, nach Ablauf dieser Zeit die Verhandlung auf den nächsten Punkt zu bringen. Sie haben aber auch das Recht, die Diskussion weiterzuführen, wenn Sie es für notwendig erachten. Sie sitzen also am Steuer. Mit der Agenda können Sie auch das angestrebte Ergebnis vorwegnehmen: Unser heutiger Termin hat zum Ziel festzulegen, wie wir in Zukunft zusammenarbeiten können. Wenn Sie dem Kunden die Agenda vorab schicken, dann nehmen Sie die folgende Schlussbemerkung mit auf: Bitte informieren Sie uns über Änderungs- oder Ergänzungswünsche zu dieser Agenda. Sollten wir keine Rückmeldung von Ihnen erhalten, betrachten wir die Agenda als abgestimmt. Wenn der Verhandlungspartner darauf nicht reagiert, haben Sie bereits das erste Ja errungen. Zumindest herrscht Übereinstimmung über die Richtung, in die die Verhandlung gehen soll. Berufen Sie sich darauf, wenn der Verhandlungspartner später abweichen will.

Den richtigen Platz einnehmen

Achten Sie darauf, dass Sie bei Verhandlungen einen möglichst vorteilhaften Sitzplatz einnehmen. Wenn Sie zuversichtlich sind, dann wählen Sie einen Platz mit einem großen Fenster im Rücken. So liegt Ihr

Gesicht etwas im Schatten, Sie können das Gesicht Ihres Gegenübers aber hell erleuchtet beobachten. Licht im Rücken ist ein Symbol der Stärke. Wenn Sie sehr unsicher sind, können Sie aber auch absichtlich einen Platz einnehmen, an dem Sie von der Sonne geblendet werden. Sie können so jede Gefühlsregung auf die Sonnenblendung schieben und die Augen immer mal wieder zukneifen, ohne dass es auffällt.

Vermeiden Sie unbedingt, in eine Chef-Mitarbeiter-Rolle gedrängt zu werden, das heißt: Der „Chef" nimmt hinter einem großen Schreibtisch Platz und Sie davor. Gehen Sie offensiv damit um, und schlagen Sie einen anderen Besprechungsplatz vor: Herr Müller, was halten Sie davon, wenn wir unsere Besprechung am runden Tisch führen. Da kann ich mit Ihnen das Angebot besser durchgehen. Achten Sie auch darauf, dass Sie mindestens auf gleicher Sitzhöhe sitzen. Je höher, desto besser.

Für ein gleichberechtigtes Verkaufsgespräch ist es am besten, wenn Sie mit dem Kunden übers Eck sitzen oder sogar einen Platz neben dem Kunden einnehmen, um mit ihm gemeinsam Unterlagen zu betrachten. Ein Platz genau gegenüber dem Kunden erinnert an eine Konfrontation und wird vom Unterbewusstsein auch so wahrgenommen.

Die Sache mit dem Erstvorschlag

Ist es nun geschickt, in einer Verhandlung den ersten Vorschlag zu machen, oder ist es psychologisch besser, auf ein Erstangebot des Kunden zu warten? Wie so oft im Leben hängt es von den Umständen ab. Wenn Sie über eine ausreichende Informationslage verfügen, dann macht es Sinn, mit dem Erstvorschlag einen Ankerpunkt in der Verhandlung zu setzen. Wenn Sie mit Ihrem Ankerpunkt viel zu hoch liegen, dann werden Sie als unglaubwürdig abgestempelt. Wenn Sie zu tief einsteigen, dann haben Sie ebenfalls verloren. Sie müssen also Ihr Erstangebot hoch ansetzen, aber gerade noch im realistischen Bereich. Wenn Sie nicht über ausreichende Informationen verfügen, dann lassen Sie besser den Verhandlungspartner den Erstvorschlag machen. Sagen Sie zu Beginn einfach nichts und warten Sie ab. Solange der Verhandlungspartner spricht, bekommen Sie viele Informationen, und irgendwann wird er seinen Vorschlag unterbreiten. Dann antworten Sie mit einem Lächeln: Vielen Dank. Jetzt sagen Sie mir bitte noch, welcher Preis realistisch wäre? Ein unsicherer Kunde wird bereits jetzt einen besseren Preis nennen. Der „realistische Preis" ist jetzt die Ausgangslage für Ihr Gegenangebot.

Objektive Kriterien ins Spiel bringen

Wenn es Ihnen hilft, dann bestehen Sie auf objektiven Kriterien, die beide Parteien als fair ansehen müssen. Solche Kriterien sind zum Beispiel: Marktwert, Standards, frühere Vergleichsfälle, Gutachten oder Gleichbehandlung. Solche objektiven Kriterien unterstützen Ihre Argumentation und Position. Hinterfragen Sie hingegen unbewiesene Behauptungen Ihres Verhandlungspartners: Wo kann ich das nachlesen? Können Sie mir das bitte belegen?

Allgemeine Regeln aufstellen

Stellen Sie allgemeine Regeln für die Verhandlung auf. Definieren Sie gleich zu Beginn Verhaltensmuster, die für beide Seiten gelten. Bevor Sie mit dem Kunden zu verhandeln beginnen, einigen Sie sich auf die Vorgehensweise. Das ist leichter, als sich direkt auf ein Ergebnis zu einigen. Sie können zum Beispiel dem Kunden sagen, dass Sie nur ein einziges Preisangebot vorlegen werden, wenn Sie sich auf ein Leistungspaket geeinigt haben. Ihr Argument dafür ist, dass Sie den Kunden nicht für dumm verkaufen und extra eine zu hohe Forderung stellen möchten, nur damit er Sie dann runterhandeln kann. Gerne können Sie am Leistungspaket weiter arbeiten und aufgrund der Leistungsveränderung später einen anderen Preis anbieten. Aber der Preis, den Sie für ein bestimmtes Leistungspaket machen, der gilt und ist Ihr bestes Angebot.

Gemeinsamkeiten betonen

Betonen Sie immer wieder die gemeinsamen Ziele Ihrer Verhandlung. Schaffen Sie ein Wir-Gefühl und setzen Sie sich mit Ihrem Kunden ins gleiche Boot. Das verbindet und schafft die Basis für ein gemeinschaftliches Ergebnis. Beispiel: Wir möchten doch beide heute einen zufriedenstellenden Abschluss erzielen. Lassen Sie uns also …

Vorschläge nicht zu früh bestätigen

Stimmen Sie den Vorschlägen Ihres Verhandlungspartners nicht zu früh zu. Sagen Sie ruhig, dass der Vorschlag grundsätzlich für Sie akzeptabel ist, dass Sie aber erst alle gegenseitigen Vorschläge auf dem Tisch haben wollen, um anschließend alles gegeneinander abzuwägen.

Vorschläge richtig ablehnen

Wenn Ihnen ein Vorschlag des Kunden nicht gefällt, müssen Sie das natürlich kommunizieren. Machen Sie das aber in einer Art und Weise, die Ihr Gegenüber das Gesicht wahren lässt. Bedanken Sie sich für den Vorschlag und begründen Sie Ihre Ablehnung: Danke für Ihren Vorschlag, den ich aus Ihrer Sicht durchaus nachvollziehen kann. Für uns ist das aber schwierig, weil … Auch eine gute Möglichkeit ist, durch Fragen abzuwehren. Rückfragen sind die höfliche Alternative zur Ablehnung. Hinterfragen Sie den Sinn, die Wirksamkeit und Umsetzbarkeit des gegnerischen Vorschlags. Durch Ihre Fragen wird dem Kunden klar, dass Sie den Vorschlag anzweifeln.

Körpersprachliche Ablehnung ansprechen

Wenn Sie sehen, dass Ihr Kunde zögerlich auf einen Ihrer Vorschläge reagiert oder diesen innerlich ablehnt, dann sprechen Sie ihn unmittelbar darauf an: Ich sehe, dass Sie gerade die Stirn runzeln. Wäre meine vorgeschlagene Alternative für Sie annehmbar, wenn sie anders formuliert wäre? So lassen Sie den Kunden in der Nähe Ihres Vorschlags nach einer Lösung suchen, die auch für ihn passt.

Intelligente Zugeständnisse machen

Der beste Zeitpunkt, um Zugeständnisse vom Verhandlungspartner einzufordern, ist psychologisch gesehen, nachdem Sie selbst gerade eins gemacht haben. So nutzen Sie die Reziprozitätsregel zu Ihren Gunsten. Wer sich einmal zu einem Kompromiss durchgerungen hat, wird das aufgrund des Konsistenzprinzips auch in Zukunft tun. Bereiten Sie für eine Verhandlung immer mehrere Zugeständnisse außer dem Preis vor. Am besten solche, die Sie wenig kosten, aber für Ihren Verhandlungspartner einen hohen Wert haben.

Wenn Sie Zugeständnisse machen, dann in abnehmender Weise. Nach einer Senkung um 100 Euro, reduzieren Sie im nächsten Schritt um 80 Euro und dann nur noch um 50 Euro. So erhält Ihr Verhandlungspartner die unmissverständliche Botschaft, dass Sie Ihr Limit bald erreicht haben. Stellen Sie marginales Nachgeben als kolossales Zugeständnis dar und verkaufen Sie Ihre Schritte entsprechend. So glaubt Ihr Verhandlungspartner, dass er sich einen großen Schritt erkämpft hat, und ist zufriedener mit dem Resultat.

Treffen in der Mitte

Das Treffen in der Mitte ist eine beliebte Taktik, besonders am Ende einer Verhandlung. Es klingt fair, die Reziprozitätsregel wird ausgenutzt, und man kommt damit schnell zum Abschluss. Deshalb ist es nicht leicht, den Vorschlag abzulehnen. Sie können den Kompromissvorschlag genau dann auf den Tisch bringen, wenn Sie davon ausgehen können, dass Sie bei Annahme durch den Verhandlungspartner das größere Stück vom Kuchen erhalten. Das ist insbesondere dann der Fall, wenn bereits die Ausgangssituation unausgewogen war.

Wenn Ihr Gegenüber mit einem Vorschlag zur Mitte kommt, dann können Sie diesen aggressiv erwidern, um für sich selbst am Ende mehr herauszuholen. Nehmen Sie den Vorschlag auf und teilen Sie die Mitte ein zweites Mal. Zum Beispiel bietet der Kunde 800 Euro. Dann sagen Sie: 900 Euro. Ok, treffen wir uns in der Mitte bei 850 Euro. Ok, treffen wir uns in der Mitte bei 875 Euro. Falls der Kunde dem widerspricht, sagen Sie ihm, dass er ja schon bereit gewesen ist, sich bei 850 Euro zu treffen. Sie wären zu dem Zeitpunkt aber noch bei 900 Euro gestanden. Sie hätten normalerweise keinen Verhandlungsspielraum, aber dem Kunden zuliebe würden Sie sich jetzt in der neuen Mitte treffen.

Mit Abbruch drohen

Wenn der Kunde gar nicht nachgibt und das Resultat für Sie unvorteilhaft ist, können Sie auch mit dem Abbruch der Verhandlung drohen. Wenn Sie in einer guten Ausgangslage sind und der Kunde das Produkt benötigt, ist das wirkungsvoll und verleiht Macht. Insbesondere, wenn Sie selbst zusätzlich über eine gute „beste Alternative" verfügen. Wenn der andere schon viel Zeit, Geld und Mühe in die Verhandlung gesteckt hat, wird er von seiner Seite alles daran setzen, die Verhandlung fortzuführen. Das hängt damit zusammen, dass man investierten Aufwand ungern abschreibt und die Verhandlung ungern wegen einer „Kleinigkeit" zum Platzen bringt. So können Sie gerade in der Schlussphase nochmals einen wichtigen Punkt durchdrücken: Schauen Sie, jetzt haben wir beide schon so viel investiert, jetzt werden Sie es doch nicht wegen einer solchen Kleinigkeit scheitern lassen. Für den Fall, dass Ihr Verhandlungspartner diese Taktik anwendet, sollten Sie bis zum Schluss immer noch ein bis zwei Zugeständnisse in der Hinterhand halten, die Sie dann anbieten können.

Brechen Sie Verhandlungen nicht leichtfertig ab, um auf eine bessere Ausgangslage beim nächsten Treffen zu hoffen. Nur wenn die Chance besteht, dass bis dahin neue Alternativen auftauchen, macht eine Vertagung Sinn.

Wenn es tatsächlich zum Abbruch kommt, dann signalisieren Sie Ihrem Verhandlungspartner, dass Sie an einer Fortführung der Gespräche interessiert sind. Allerdings nur, wenn sich beide Seiten fair verhalten und die Verhandlung nicht nur aus einseitigen Zugeständnissen besteht. Dann gilt es abzuwarten. Ein Zurückkehren an den Verhandlungstisch ist für den Partner mit Zugeständnissen verbunden. Sollte die Verhandlung fortgeführt werden, dann wahren Sie die Würde Ihres Gegenübers. Verzichten Sie auf ein Gewinnerlächeln. Verhalten Sie sich versöhnlich und kooperativ.

Bedenkzeit erbitten

Anstatt abzubrechen, können Sie auch um eine Bedenkzeit bitten. Der Verhandlungspartner wird dadurch unter Umständen verunsichert und bewegt sich ein Stück in Ihre Richtung. Viele Kunden scheuen sich davor, eine Verhandlung zu verschieben oder zu vertagen. Sie wollen Ihre Schäfchen ins Trockene bringen und sich auf neue Themen konzentrieren. Als Reaktion auf eine solche Taktik Ihres Gegenübers fragen Sie: Herr Müller, was hält Sie davon ab, jetzt eine Entscheidung zu treffen? Was ist morgen oder in den nächsten Tagen anders als heute? Wenn Sie Glück haben, kommen Sie so wieder zurück ins Gespräch.

Geschickt Bluffen

Wenn Sie in einer schwachen Situation sind, dann bleibt Ihnen oftmals nur ein Bluff, um trotzdem ein gutes Resultat zu erzielen. Beispiel: Ich habe genug andere Interessenten. Sie haben wenig Alternativen *zu unserem Produkt.* Wenn Sie Glück haben, fällt der Verhandlungspartner darauf herein. Bluffs beim Gegenüber erkennen Sie durch Rückfragen und die Analyse der körpersprachlichen Signale: *Was bedeutet das konkret? Wie meinen Sie das?* Wenn Sie einen Bluff Ihres Gegenübers entlarven, dann machen Sie das so, dass er sein Gesicht wahren kann: *Gut, dass wir nochmals kurz die Alternativen geprüft haben. Was halten Sie davon, wenn wir …*

Den Schockierten spielen

Eine oft verwendete Taktik in Verhandlungen ist der Schock. Manchmal wird er auch unbewusst eingesetzt. Er ist extrem wirkungsvoll. Sagen Sie einfach: *Was!?* und spielen Sie den Schockierten. Dadurch zeigen Sie Ihrem Verhandlungspartner unmissverständlich, dass sein Angebot völlig weltfremd ist.

Wenn Ihr Gegenüber die Schocktaktik anwendet, dann können Sie eine humorvolle Antwort geben: *Stimmt. Das ist eigentlich noch zu wenig. Vielleicht wären 15 Prozent besser. Was meinen Sie?* Sie zeigen dadurch, dass Sie zu Ihrer Aussage stehen. Wenn etwas lächerlich ist, dann die Position des Verhandlungspartners, und nicht Ihre. Oder Sie geben den Schock gleich zurück: *Was!? Sie glauben also nicht, dass das Produkt den Preis wert ist?* So wird der Verhandlungspartner sich Ihres Schocks annehmen müssen, anstatt auf seinem eigenen zu beharren. Die letzte Möglichkeit besteht darin, den Schock Ihres Gegenübers einfach zu ignorieren. Bleiben Sie ruhig sitzen, verziehen Sie keine Miene und halten Sie Blickkontakt. Damit rechnen die wenigsten und geraten so selbst unter Druck.

Gefühlsausbruch

Der Gefühlsausbruch trifft einen oft deshalb so hart, weil man nicht darauf vorbereitet ist. Deshalb ist es im ersten Moment schwierig, darauf richtig zu reagieren. Wenn Ihr Gegenüber einen Gefühlsausbruch bekommt, warten Sie, bis die Luft draußen ist. Unterbrechen Sie nicht, sondern hören Sie einfach nur zu. Zeigen Sie anschließend Verständnis, ohne Zustimmung. Sobald die Emotionen auf einem erträglichen Level angekommen sind, fragen Sie: *Was können wir nun tun?* Oft kommt vom Gegenüber dann ein konstruktiver Vorschlag, mit dem Sie weiterarbeiten können.

Pistole auf die Brust setzen

Wenn Sie einem harten Einkäufer gegenübersitzen, kann Ihnen dieser schon einmal die Pistole auf die Brust setzen: *11.200 Euro ist mein letztes Wort. Entweder Sie akzeptieren diesen Preis, oder unsere Zusammenarbeit ist hiermit beendet.* Ein solches Vorgehen ist eine harte Nuss. Wenn Sie auf den Vorschlag des Kunden eingehen, kapitulieren Sie vor seiner Macht. Weisen Sie das Angebot zurück, kann der Einkäufer nur noch ablehnen, wenn er nicht sein Gesicht verlieren möchte. Auch über eine Nutzenargumentation oder einen Kompromiss kommen Sie nicht mehr weiter, weil der Kunde mit seiner Aussage

8 / Erfolgreich verhandeln | *161*

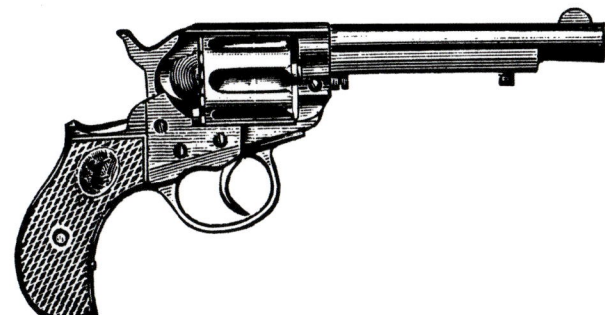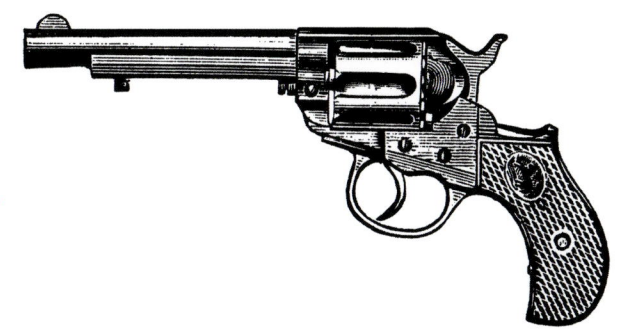

Die Pistole auf die Brust setzen. Ein solches Vorgehen ist eine harte Nuss.

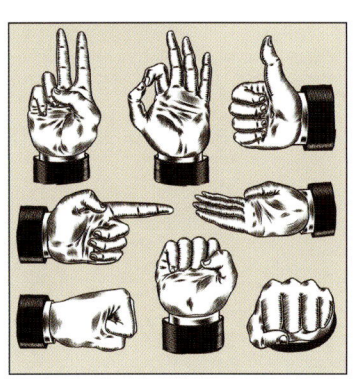

jede weitere Diskussion ausgeschlossen hat. Zum Glück gibt es für geschickte Verhandler doch noch einige Lösungswege.

Kontern Sie mit der Vernebelungstaktik. Wenn Sie weder Ja noch Nein antworten können, dann bleibt Ihnen nur noch ein „vielleicht": Herr Müller, Ihr Wunschpreis ist eine große Herausforderung für uns. Ich könnte mir vorstellen, dass wir einen Weg finden, wie sich dies annähernd realisieren ließe. Dazu ist es erforderlich, dass wir die folgenden Optionen einmal näher beleuchten … Mit dieser Vorgehensweise gewinnen Sie zuerst einmal Zeit. Da Sie eine Lösung in Aussicht stellen, wird sich der Kunde hoffentlich doch auf eine weitere Diskussion einlassen.

Sprechen Sie das Verhalten des Einkäufers offen an: Herr Müller, Sie setzen uns die Pistole auf die Brust. Bitte sagen Sie mir: Was hat Sie so verärgert, dass Sie mir solch ein Ultimatum stellen? Dadurch verlagern Sie das Gespräch von der Sach- auf die Beziehungsebene. Vielleicht finden Sie dort eine Lösung.

Sie können auch einfach den Preis zurückstellen und sich vorübergehend anderen Verhandlungspunkten widmen: Ich bin mir sicher, dass wir beim Preis eine einvernehmliche Lösung finden werden. Ich schlage vor, dass wir zunächst über … sprechen.

Gehen Sie mit Gegenvorschlägen in die Offensive: Herr Müller, beim Preis für die Anlage kann ich Ihnen wirklich nicht mehr entgegenkommen. Dafür biete ich Ihnen an, dass Sie auf das Verbrauchsmaterial einen Nachlass von 25 Prozent erhalten. Das ist unterm Strich für Sie das bessere Geschäft!

Wenn alles nichts nützt, dann müssen Sie sich zurückziehen. Versuchen Sie aber, sich noch eine Hintertür offenzuhalten: Ich bedaure, dass wir mit dem Preis momentan nicht zusammenkommen. Ich schlage vor, dass wir jetzt abbrechen und in einigen Tagen nochmals miteinander telefonieren. Vielleicht gibt es bis dann aus Ihrer oder unserer Sicht neue Erkenntnisse oder Ideen, wie wir doch noch zusammenkommen können. Wollen wir das so machen?

Zielpreise und Preisgrenzen vorgeben

Die Vorgabe von Zielpreisen ist ein Trick, der von Einkäufern häufig angewendet wird. Mit aufwändiger Marktforschung wird ein Marktpreis für das Endprodukt festgelegt. An diesem Marktpreis müssen sich alle Lieferanten orientieren und ihre Preise entsprechend anpassen. Dem Verkäufer wird suggeriert, dass der Zielpreis auf objektiven Tatsachen beruht und nicht verhandelbar ist. Qualität und Leistung wird vorausgesetzt und spielen bei der Verhandlung keine Rolle mehr. Ihre einzige Chance besteht darin, den Zielpreis auseinanderzunehmen: Wie wurde der Zielpreis genau berechnet? Seien Sie hartnäckig, denn hier entscheidet sich der weitere Verlauf der Verhandlung. Lassen Sie nicht zu, dass nur der Preis im Mittelpunkt der Verhandlung steht: Was außer dem Preis ist für Ihre Entscheidung sonst noch wichtig? Sie können auch bei der Preisgestaltung geschickt auf solche Zielpreise reagieren. Akzeptieren Sie den Zielpreis für die Stückkosten, aber berechnen Sie Ihre Fixkosten als pauschale Zahlung obendrauf. So kann der Einkäufer das Ergebnis intern verkaufen, und Sie haben die Marge, die Sie benötigen. Natürlich können Sie auch am Leistungsspektrum Ihres Produkts schrauben, um den Zielpreis zu erreichen. Streichen Sie alles, was nicht zwingend zur Befriedigung der Kundenbedürfnisse notwendig ist. Wenn der Kunde mehrere Produkte bei Ihnen bestellt, dann können Sie auch eine Mischkalkulation berechnen. Gleichen Sie den niedrigen Zielpreis mit dem guten Verdienst aus einem anderen Produkt wieder aus.

Sie können die Taktik ebenfalls nutzen, indem Sie selbst Preisgrenzen aufzeigen: Herr Müller, ich möchte wirklich gerne mit Ihnen zusammenarbeiten, weil ich fest davon überzeugt bin, dass Sie von unseren Vorteilen profitieren können. Es gibt allerdings auch bei mir Preisgrenzen, die ich nicht unterwandern kann. Wenn der Kunde erkennt, dass Sie bereit sind, auf ein schlechtes Geschäft zu verzichten, erhöht sich die Glaubwürdigkeit des Preises, und seine Nachlassforderung nimmt ab.

Begrenztes Budget

Wie bei der Zielpreisstrategie wissen Sie bei einem begrenzten Budget nicht, ob die Sachzwänge tatsächlich existieren oder nur vorgeschoben sind. Auch hier wird Ihnen die Chance genommen, über die Produktvorteile zu argumentieren. Prüfen Sie in solchen Fällen, ob Sie die Ausgaben auf zwei Geschäftsjahre verteilen können. So werden die Budgets von zwei Jahren für den Kauf herangezogen. Oder Sie prüfen mit dem Kunden, ob sich die Anschaffung auf mehrere Budgets im selben Jahr verteilen lässt. Wenn andere Abteilungen ebenfalls von den Produktvorteilen profitieren, könnten deren Budgets ebenfalls für die Anschaffung herhalten. Wenn Sie ein Produkt mit einem Wartungsvertrag anbieten, können Sie auch einen günstigen Produktkauf vereinbaren und dafür die Wartungsgebühren erhöhen. Auch die Reduktion des Leistungsumfangs können Sie ins Spiel bringen. Fragen Sie, wer über das Budget entscheidet. Versuchen Sie, mit dieser Person einen Folgetermin zu vereinbaren. Wenn Ihr Produkt dem Unternehmen tatsächlich einen Mehrwert bringt, dann kann ein Budget auch erweitert werden.

Zeitdruck aufbauen

Indem Sie Zeitdruck in der Verhandlung aufbauen, können Sie den Partner zu einer schnellen Entscheidung und zu Zugeständnissen bewegen. Nützlich für Sie sind Informationen darüber, bis wann der Kunde Ihr Produkt dringend braucht. Umgekehrt ist der Aufbau von Zeitdruck auch ein Trick, den viele Einkäufer anwenden. Sie werden als Verkäufer lange im Empfangsbereich sitzen gelassen, um dann zu einer überstürzten Besprechung gezwungen zu werden. Rückfragen sind nicht mehr erlaubt und beim Preis sollen Sie schnell bis zum Äußersten gehen. Wenn Sie eine solche Verspätung hinnehmen, dann akzeptieren Sie auch die Spielregel „Zeitdruck". Je länger Sie in einem solchen Gespräch reagieren, anstatt zu agieren, desto geringer werden Ihre Chancen für vernünftige Konditionen. Ohne Kenntnis des Bedarfs und der Kaufmotive können Sie nicht überzeugend argumentieren. Das weiß auch der Einkäufer. Nehmen Sie deshalb übermäßige Wartezeiten vor wichtigen Verhandlungen nicht hin. Sagen Sie freundlich und selbstbewusst am Empfang: Bitte rufen Sie nochmals bei Herrn Müller an. Ich habe im Anschluss an unser Gespräch einen weiteren Termin, den ich nicht verpassen darf. Bitte richten Sie Herrn Müller aus, dass ich nur noch fünf Minuten auf ihn warten kann. Sonst melde ich mich gerne nochmals für einen neuen Termin. Wenn Sie im Termin merken, dass Ihnen die Zeit ausgeht, dann vereinbaren Sie ebenfalls einen Folgetermin: Schade, dass wir jetzt so unter Zeitdruck stehen. Damit Sie alle Informationen bekommen, die Sie für eine gute Entscheidung benötigen, sind mindestens 45 Minuten erforderlich. Wenn das heute nicht möglich ist, dann komme ich gerne an einem anderen Tag nochmals bei Ihnen vorbei.

Salamitaktik

Die Salamitaktik funktioniert so: Zuerst verhandeln Sie hartnäckig über den Preis. Und wenn Sie den Wunschpreis erzielt haben, fordern Sie weitere Zugeständnisse aus anderen Bereichen. Nach jedem Zugeständnis machen Sie ein neues Fass auf und maximieren Ihr Resultat. Das Vorgehen wird auch von Autovermietungen und Fluggesellschaften gerne gewählt. Es wird ein günstiger Grundpreis beworben und die Überraschung folgt auf der Endabrechnung. Plötzlich kommen zum Grundpreis weitere Kosten dazu: Gebühren, Versicherungen, Servicepauschalen. Damit Sie selbst davor gefeit sind, sollten Sie am Anfang einer Preisverhandlung sicherstellen, dass alle anderen Besprechungspunkte geklärt sind: Ist neben dem Preis noch ein weiterer Punkt zu besprechen? Dadurch vermeiden Sie, dass Sie Schritt für Schritt weitere Zugeständnisse machen müssen. Stellen Sie nochmals sicher: Das heißt, ich kann davon ausgehen, dass alle anderen Rahmenbedingungen zu Ihrer Zufriedenheit geklärt sind? Wenn Sie darauf ein klares Ja erhalten, können Sie sich auf die Preisdiskussion einlassen.

Übertriebene Zukunftsaussichten

Bei übertriebenen Zukunftsaussichten locken Sie den Verhandlungspartner mit großspurigen Versprechen aus der Reserve. Als Verkäufer sprechen Sie zum Beispiel davon, was bei einer Software in den nächsten Monaten alles für Zusatzfunktionen kommen, als Einkäufer winken Sie mit zukünftigen Großaufträgen. Ziel in beiden Fällen: den Preis zum heutigen Zeitpunkt aufgrund der Zukunftsversprechen zu den eigenen Gunsten zu beeinflussen. Wenn ein Einkäufer Sie mit großen zukünftigen Bestellungen ködern will, dann nehmen Sie diesen einfach beim Wort. Geben Sie ihm jetzt einen günstigen Preis, wenn er sich zu den versprochenen Aufträgen verpflichtet. Wenn der Kunde sich nicht festlegen möchte, dann können Sie auch mit rückwirkenden Preisnachlässen arbeiten. Diese kommen zum Tragen, sobald der Kunde seine zugesagte Menge abgerufen hat.

Reklamation

Bei dieser Taktik wird eine Reklamation ins Spiel gebracht, um den Verhandlungspartner in eine Schuldposition zu versetzen. Hier ist viel Fingerspitzengefühl notwendig, um die Kundenbeziehung nicht zu gefährden. Wenn Ihr Kunde eine Beschwerde vorbringt, prüfen Sie diese gründlich. Trennen Sie die Beschwerde von der laufenden Verhandlung. Wie Sie mit einer Reklamation professionell umgehen, lesen Sie im Kapitel „UMGANG MIT BESCHWERDEN".

Preisgespräche

9 / Preisgespräche

Menschenkenner haben immer gewusst, dass man den Leuten eine teure Sache leichter verkaufen kann als eine billige.

(William Somerset Maugham)

Das Preisgespräch ist ein Spezialthema der Verhandlung. Solange noch Einwände bestehen, darf kein Preisgespräch durchgeführt werden. Die Wertvorstellung Ihres Kunden ist noch nicht genug gefestigt.

Schnelle Preisnachlässe sind ein probates Mittel, um einfach und schnell Aufträge zu generieren. Langfristig schaden Sie damit Ihrem Unternehmen. Auch ein kleiner Rabatt kann einen Großteil des ursprünglichen Gewinns auffressen. Bei einer Bruttogewinnmarge von 20 Prozent führt bereits ein Rabatt von vier Prozent dazu, dass der Gewinn um ein Fünftel sinkt. Es sind 25 Prozent Mehrumsatz notwendig, um vier Prozent Rabatt wieder aufzufangen. Machen Sie sich Ihre Zahlen bei den Preisnachlässen nicht wieder kaputt. Ein Preisnachlass weckt auch eher das Misstrauen des Kunden, weil dieser denkt, dass Sie zu hoch eingestiegen sind. Ein Kunde, der beginnt, über den Preis zu sprechen, hat im Grunde schon gekauft. Sobald er in die Preisverhandlung einsteigt, hat er signalisiert, dass er das Produkt haben will.

Innere Haltung

Viele Verkäufer fürchten sich vor Preisgesprächen. Aus Angst davor, den Auftrag zu verlieren, gestehen Sie dem Kunden viel zu hohe Preisnachlässe zu. Kunden versuchen in den meisten Fällen, ihren Einkaufspreis zu reduzieren. Ganz egal, ob es ein niedrigeres Wettbewerbsangebot gibt oder nicht. Diese ständigen Preiswiderstände haben bei den meisten Verkäufern die suggestive Wirkung einer Gehirnwäsche. Wenn man ständig hört, dass der Preis zu teuer ist, glaubt man früher oder später selbst daran. Aber: Untersuchungen haben gezeigt, dass sich in praktisch allen Märkten die weltweit führenden Unternehmen durch Premiumpreise auszeichnen, egal wie groß die Konkurrenz ist. Nehmen Sie dieses Gedankengut mit in Ihre Preisgespräche. Premiumpreise sind eine Voraussetzung dafür, dass diese Unternehmen stets an besseren Produkten, Innovationen und Serviceleistungen arbeiten. Höhere Preise machen sich also auch für den Kunden bezahlt. Gehen Sie niemals davon aus, dass Ihr Preis falsch ist. Gehen Sie davon aus, dass der niedrigere Preis des Wettbewerbers der Stein des Anstoßes ist. Was weniger kostet ist auch weniger wert, sei es durch unqualifizierte Ausführung, schlechteres Material, veraltete Technologie, mangelhafte Verpackung, unpünktliche Lieferung oder höhere Folgekosten. Ihr Preis hingegen beinhaltet einen Mehrwert für den Kunden.

Ihre innere Haltung bestimmt den Preis. Der Kunde wird den Preis akzeptieren, den Sie überzeugend genug vertreten. Ein höherer Preis ist kein Verkaufshindernis. Es liegt einzig an Ihrer Überzeugungskraft, ob der Kunde zu Ihrem Preis kauft oder nicht. Reagieren Sie bei einem Preiseinwand anders als es der Kunde erwartet. Zeigen Sie sich erfreut, wenn Ihr Preis über demjenigen Ihres Wettbewerbers liegt. Das ist ganz normal für Sie als führendes Unternehmen. Nennen Sie den Preis mit fester Stimme und vermeiden Sie jede Unsicherheit. Rechtfertigen oder entschuldigen Sie nie die Höhe eines Preises: Stimmt. Wir haben unseren Preis und sind gut. Gut weil … So widersprechen Sie dem Kunden nicht und lenken ihn gleich wieder zur Nutzenargumentation. Glauben Sie nie, dass Ihr Produkt zu teuer ist. Teuer ist relativ. Viele Menschen sind bereit, für ein gutes Produkt, das wichtige Bedürfnisse befriedigt, überdurchschnittlich viel zu bezahlen. Achten Sie während des Preisgesprächs auf Ihre körpersprachlichen Signale. Nicken Sie, wenn Sie den Preis nennen. Legen Sie vor oder nach der Preisnennung nur dann eine Pause ein, wenn der Preis beeindrucken soll.

Übrigens: Wenn der Kunde mit mehreren Unternehmen in Verhandlung steht, können Sie Ihre Verkaufschancen bestimmen. In der Regel wird der Kunde nämlich mit dem zuletzt gereihten Lieferanten anfangen und sich bis zu seinem Favoriten vorarbeiten. Wenn Sie in Erfahrung bringen können, ob vor oder nach Ihnen noch Preisverhandlungen stattfinden, erhalten Sie einen wertvollen Hinweis auf Ihre Position.

Dramaturgie

Bereiten Sie sich auf jede Preisverhandlung gut vor und befolgen Sie die hier vorgestellte Dramaturgie.

Atmosphäre schaffen
Die Situation bestimmt den Preis. Stellen Sie für den Kunden eine möglichst angenehme und freundliche Situation her. Wissenschaftler haben festgestellt, dass wir unkritischer gegenüber Preisen werden, wenn wir etwas Süßes gegessen haben. Preise werden dann eher als fair akzeptiert. Zucker führt dazu, dass das emotionale Balance-System zurückgedrängt wird. Man wird weniger vorsichtig und fürchtet sich weniger vor Verlust. Bieten Sie Ihrem Kunden also einen leckeren Espresso, frisch gepressten Orangensaft und hochwertige Süßigkeiten vom Konditor an, bevor Sie über den Preis sprechen.

Timing
Stellen Sie den Preis nicht in den Mittelpunkt Ihres Verkaufsgesprächs. Sprechen Sie erst dann über den Preis, wenn Ihr Kunde schon ein Wertempfinden für das Produkt aufgebaut hat. Das ist frühestens nach der Nutzenargumentation der Fall. Stellen Sie frühe Fragen nach dem Preis zurück. Sagen Sie mit einem Lächeln: Der Preis ist der beste Teil unseres Produkts. Das hebe ich mir immer für den Schluss auf. Einverstanden? Wenn der Kunde trotzdem weiter bohrt, dann begründen Sie mit der fehlenden Kalkulationsgrundlage: Der Preis hängt stark von der Produktkonfiguration ab. Sobald wir besprochen haben, was Sie genau benötigen, kalkuliere ich sofort für Sie den Preis. Was erscheint Ihnen an unserem Produkt besonders wichtig?

Preiskategorie abklopfen
Klopfen Sie zu Beginn erst einmal die richtige Preiskategorie für den Kunden ab. Fragen Sie ihn, ob er schon einmal ein ähnliches Produkt gekauft hat. Hat er eine Vorstellung von der Größenordnung der Investition? Nennen Sie dem Kunden zuerst eine Preisspanne und signalisieren Sie ihm ein Hintertürchen, damit Sie einem eventuellen Preisschock entkommen können: Das Produkt kann je nach Ausstattung zwischen 3.000 und 5.000 Euro liegen. Das ist jetzt mal nur so eine Hausnummer. Ist das eine Bandbreite, die Sie sich vorgestellt haben? Falls der Kunde meint, dass das zu teuer ist, fragen Sie: Das war jetzt auch nur mal eine ganz grobe Hausnummer. Wo liegen den Ihre Preisvorstellungen? Gehen Sie jetzt nicht gleich dazu über, dem Kunden eine niedrigere Preiskategorie zu nennen. So denkt der Kunde, dass er nicht mehr das bekommt, was er eigentlich wollte. Deshalb müssen Sie an dieser Stelle das Preisthema verlassen und wieder auf Kundenbedürfnisse und Produktnutzen zu sprechen kommen. Pendeln Sie mehrere Male zwischen Preis und Leistung hin und her.

Zucker führt dazu, dass das emotionale Balance-System zurückgedrängt wird. Man wird weniger vorsichtig und fürchtet sich weniger vor Verlust. Bieten Sie Ihrem Kunden also einen leckeren Espresso an, bevor Sie übe den Preis sprechen.

Preisnennung

Stellen Sie dem Kunden aufgrund des bereits vorgestellten Kontrastprinzips immer zuerst die teurere Produktvariante vor. Dann erscheint das zweite Produkt viel günstiger, weil der hohe Preis den unbewussten Bezugspunkt bildet. Nennen Sie zu Beginn also einen möglichst hohen Preis, der alle Vorzüge, Zusatzausstattungen und Extras mit einschließt: Die Variante mit der Komplettausstattung kostet 69.000 Euro. Wahrscheinlich wird es aber deutlich weniger sein, wenn wir erst genau wissen, welche Ausstattung für Sie infrage kommt.

Wenn drei Preisvarianten präsentiert werden, entscheiden sich die Kunden meist für die mittlere Version. Denn in der Mitte liegt man am wenigsten falsch. Werden nur zwei Preisvarianten genannt, entscheiden sich die meisten Kunden für das günstigere Produkt.

Benennen Sie den Preis in kleinen Worten und sprechen Sie die Zahl nicht ganz aus: Der Vertrag liegt bei Eins-Zwei. Wenn Sie hingegen einen einmaligen Preis oder Nachlass bieten können, dann betonen Sie diesen in vollem Umfang: Da sparen Sie *vierhundertfünfundsiebzig* Euro. Absolute Beträge klingen bei Nachlässen größer als Prozentzahlen. Zudem können sich Kunden Prozentsätze deutlich besser merken als absolute Zahlen. Sie können sicher sein, dass der Kunde bei der nächsten Verhandlung wieder auf seinen Nachlassprozenten besteht. Formulieren Sie bei Nachlässen also stets einen Sonderpreis mit einem ganz bestimmten Betrag. Kalkulieren Sie krumme Preise, idealerweise knapp unter einer Preisschwelle. 989 Euro erscheint im Vergleich zu 1.020 Euro deutlich günstiger als die tatsächlichen 31 Euro Unterschied. Krumme Preise muten knapper kalkuliert an. Nutzen Sie die Macht der kleinen Preise. Rechnen Sie diese immer auf einen kleinen Zeitraum runter. Anstatt ein Auto für 41.500 Euro erhalten Sie den gleichen Wagen für eine Leasing-Rate in Höhe von 399 Euro pro Monat. Der Verstand nimmt die Leasing-Rate als viel kleiner wahr, auch wenn Ihnen klar ist, dass zusätzliche Finanzierungskosten hinzukommen. Viele Versicherungsverkäufer nutzen dieses Wahrnehmungsmuster, wenn Sie Ihren Kunden vorrechnen, dass die zusätzliche Absicherung gerade einmal zwei Euro pro Tag kostet. Das ist Ihnen die Absicherung doch wert, oder? Schon hat man eine Zusatzversicherung abgeschlossen mit jährlichen Kosten in Höhe von 730 Euro. Auch eine Preisangabe pro Stück hört sich deutlich günstiger an als der Gesamtpreis. Der Trick lässt sich ebenfalls gut anwenden, wenn Sie mit dem Kunden nur noch über eine Preisdifferenz verhandeln. Das finden Sie heraus, indem Sie fragen: Können Sie mir sagen, wie viel zuviel es Ihrer Meinung nach kostet? Haben Sie einmal festgestellt, wie hoch die Differenz ist, so müssen Sie aufhören, über die Gesamtinvestition zu sprechen. Mit seinem Preis hat der Kunde ja schon kein Problem mehr. Sie müssen dem Kunden also nur noch die Differenz verkaufen. Nehmen wir an, dass der Kunde sich 65.000 Euro für ein neues Auto vorstellt. Ihr Preis liegt bei 69.000 Euro. Differenz nach Adam

Riese: 4.000 Euro. Das wiederum rechnen Sie auf einen Tagespreis: Nehmen wir einmal an, Sie fahren das Auto fünf Jahre. Ist es Ihnen die zusätzliche Sicherheit mit unserem Modell nicht 2,20 Euro pro Tag wert? Überlegen Sie sich, wie man in Ihrer Branche den Preis kleinrechnen kann.

Kündigen Sie den Preis in positiver Weise an: Das Beste an unserem Produkt ist der Preis. Jetzt zeige ich Ihnen, warum wir so ein gutes Preis-Leistungsverhältnis anbieten können. Nennen Sie den Preis immer im Paket, indem Sie gleich ein Argument anhängen: Sie investieren einmalig Sechs-Fünf und erhalten dafür … Wählen Sie Formulierungen, die den Kundennutzen in den Vordergrund stellen: Die Lederausstattung bekommen Sie für Drei-Sieben. Dafür erzielen Sie dann auch einen deutlich höheren Wiederverkaufswert, wenn Sie das Auto in Zukunft einmal verkaufen möchten. Benutzen Sie sprachliche Verkleinerungen bei der Preisnennung: Sie investieren nur …, lediglich …, nicht mehr als … Sprechen Sie von Gelegenheits-, Sonder-, Spar- oder Tiefstpreisen.

Wenn Sie ein Produkt mit verschiedenen Ausstattungsmerkmalen zusammenstellen, dann rechnen Sie dem Kunden nicht die gesamte Auftragssumme vor. Lassen Sie die einzelnen Positionen für sich alleine stehen. Lassen Sie dem Kunden die Möglichkeit, einzelne Extras wieder herauszunehmen. Hauptsache der Kunde kauft den Kern des Produkts.

Der Kunde assoziiert den Preis mit dem schmerzlichen Verlust von Geld. Achten Sie darauf, dass der Kunde nicht Sie als Verkäufer damit in Verbindung bringt. Wenn Sie dem Kunden den Preis direkt ins Gesicht sagen, wird er Sie mit dem Schmerz verbinden. Zeigen Sie deshalb bei der Preisnennung auf das Produkt. So sind nicht Sie es, der den Kaufpreis verlangt, sondern das Produkt, das den Preis wert ist. Bei einer Dienstleistung können Sie den Preis einfach auf ein Blatt Papier oder den Prospekt schreiben. Legen Sie das Angebot auf den Tisch und schauen und zeigen Sie darauf.

Preis von anderen Einwänden trennen

Trennen Sie den Preis von anderen Einwänden: Wenn wir uns mit dem Preis einig sind, werden Sie das Produkt dann kaufen? Damit muss der Kunde eine verbindliche Zusage machen. Andere Einwände können somit ausgeschlossen werden. Wenn der Kunde Ihre Frage bejaht, dann haken Sie nochmals nach: Gibt es noch weitere Punkte, die Ihnen wichtig sind und die wir besprechen sollten? Wenn der Kunde Ihre Eingangsfrage verneint, dann fassen Sie nach: In diesem Fall zögern Sie aus einem anderen Grund. Darf ich nachfragen, welcher das ist? Wenn es jetzt nur noch um den Preis geht, dann kommen wir zur eigentlichen Preisargumentation.

Preisargumentation

Die Summe der Argumente ist in Preisgesprächen oft entscheidender als einzelne wichtige Argumente. Zehn Vorteile sind besser als drei sehr gute. Wichtig ist es, dem Kunden mengenmäßig kontern zu können. Nach einigen Versuchen wird der Kunde irgendwann aufgeben.

Vergleichbarkeit anzweifeln

Ihr Kunde kauft selten nur ein Produkt. Er kauft eine Gesamtleistung, die aus Produkt, Zusatzausstattung, Beratung, Service, Beziehung und Image besteht. Kurzum: Der Kunde kauft nicht das Produkt, sondern Sie als Person und das Unternehmen. Das lässt Ihnen viel Spielraum, um die Vergleichbarkeit zwischen Ihrem und einem Konkurrenzangebot anzuzweifeln. Wenn Sie vergleichbar sind, sind Sie angreifbar. Finden Sie genau heraus, womit der Kunde vergleicht: Womit vergleichen Sie das Angebot? Im Verhältnis wozu sind wir zu teuer? Wonach beurteilen Sie den Wert? Wie stellt der Wettbewerb sicher, dass …?
Ein schöner Nebeneffekt dieser Fragen: Anhand der Kundenantworten und der Reaktionsgeschwindigkeit können Sie erkennen, ob wirklich ein Vergleichsangebot vorliegt. Wenn ja, erkennen Sie, ob der Kunde sich tatsächlich mit den Angeboten auseinandergesetzt oder ob er nur die Preise verglichen hat. Stellen Sie in diesem Fall nochmals die Einzigartigkeit Ihres Angebots heraus. Betonen Sie die Übereinstimmung von Produktnutzen und Bedürfnissen des Kunden.

Preis und Kosten unterscheiden

Mit seinem Buch „Gesetz der Wirtschaft" hat der englische Schriftsteller und Philosoph John Ruskin zu Beginn des 19. Jahrhunderts ein zeitloses Werk geschaffen. Lesen Sie, was er zu sagen hat: „Es gibt kaum etwas auf dieser Welt, das nicht irgendjemand ein wenig schlechter machen kann und etwas billiger verkaufen könnte, und die Menschen, die sich nur am Preis orientieren, werden die gerechte Beute solcher Menschen. Es ist unklug, zu viel zu bezahlen, aber es ist noch schlechter, zu wenig zu bezahlen. Wenn Sie zu viel bezahlen, verlieren Sie etwas Geld, das ist alles. Wenn Sie dagegen zu wenig bezahlen, verlieren Sie manchmal alles, da der gekaufte Gegenstand die ihm zugedachte Aufgabe nicht erfüllen kann. Das Gesetz der Wirtschaft verbietet es, für wenig Geld viel Wert zu erhalten. Nehmen Sie das niedrigste Angebot an, müssen Sie für das Risiko, das Sie eingehen, etwas hinzurechnen. Und wenn Sie das tun, dann haben Sie auch genug Geld, um für etwas Besseres zu bezahlen."

Der Preis ist eine einmalige Angelegenheit. Die Kosten eines Produkts ergeben sich aus der Anschaffung und den Folgekosten. Fragen Sie Ihren Kunden: Ist es nicht besser, einmal einen angemessenen Preis zu bezahlen und dann Ruhe zu haben, als ständig weiterzuzahlen, weil das Produkt qualitative Mängel hat?
Mit der Zeit vergessen die Kunden den Preis. Schlechte Qualität werden Sie aber immer begleiten. Erzäh-

len Sie dem Kunden: Wissen Sie, unser Unternehmen hat vor Jahren eine grundlegende Entscheidung getroffen. Wir haben beschlossen, es würde einfacher sein, ein einziges Mal den Preis zu rechtfertigen, als sich immer wieder für schlechte Qualität zu entschuldigen. Sie sind bestimmt auch froh, dass wir uns dafür entschieden haben, nicht wahr? **Stellen Sie billig auch gleich als minderwertig dar:** Ja, Sie haben recht, das Produkt ist nicht billig. Ich habe nicht gewagt, Ihnen etwas Billiges anzubieten. Billig ist jetzt nicht mehr positiv besetzt, sondern erhält den Beigeschmack von minderwertig. Zudem werten Sie mögliche billigere Konkurrenzprodukte ab.

Leistungswahrnehmung erhöhen

Der Wert eines Produkts für den Kunden ist sein wahrgenommener Nutzen. Wenn dem Kunden ein Produkt zu teuer erscheint, dann müssen Sie seine Leistungswahrnehmung erhöhen. Ergänzen Sie das „zu teuer" durch ein „noch". Das Produkt ist noch zu teuer. Heben Sie deshalb nochmals die Qualität, Langlebigkeit, Garantieleistungen und den Service Ihres Angebots hervor. Fragen Sie den Kunden ganz direkt: Was müsste die Leistung konkret beinhalten, damit Sie sagen: Diese Investition lohnt sich! Durch diese Formulierung lenken Sie den Kunden gedanklich in die richtige Richtung. Er sammelt jetzt Gründe für Sie, und nicht mehr dagegen. Gleichzeitig ist die Formulierung ein eingebetteter Befehl, wie Sie es aus dem Kapitel „VERKAUFSHYPNOSE" aus dem ersten Buch dieses Kompendiums kennen.

Den Produktvorteil in Zahlen ausrechnen

Der Preis lässt sich gut verkaufen, wenn Sie jeden Produktvorteil in Zahlen ausdrücken. Viele Verkäufer machen pauschale Aussagen wie: „Sie reduzieren Ihre Kosten." Das reicht nicht aus. Jeder Vorteil muss von Ihnen in Zahlen ausgerechnet werden, damit Sie dem Kunden nachweisen können, dass er mehr erhält als er bezahlt. Jede Kosteneinsparung von Person, Energie, Zeit, Verbrauch und Verschleiß muss dem Kunden vorgerechnet werden. Fragen Sie den Kunden dabei nach seinen eigenen Zahlen. Die Zahlen, die Sie dem Kunden geben, können von ihm abgelehnt werden. Die Zahlen, die Ihnen der Kunde gibt, sind für ihn in Stein gemeißelt. Lassen Sie den Kunden nach Möglichkeit selbst rechnen. Das erzeugt maximale Glaubwürdigkeit.

Mit Return on Investment argumentieren

Analysieren Sie den wirtschaftlichen Nutzen Ihres Angebots für den Kunden im Vergleich zum Ist-Zustand und zur Konkurrenz: Durch unseren Produktivitätsvorteil von 16 Prozent gegenüber den Konkurrenzprodukten haben wir bereits einen eingerechneten Rabatt in dieser Höhe berücksichtigt. Bei dieser Argumentation ist natürlich Voraussetzung, dass Sie einen echten Mehrwert für Ihren Kunden bieten.

Verbindung von Preis, Leistung und Qualität

Schaffen Sie eine Verbindung zwischen Preis, Leistung und Qualität Ihres Angebots. Fordern Sie für jeden Preisnachlass eine Gegenleistung Ihres Kunden ein. Ein niedrigerer Preis lässt sich nur durch den Verzicht auf bestimmte Leistungsmerkmale rechtfertigen: *Der Preis kann natürlich um 10 Prozent nach unten reduziert werden. Dann erhalten Sie aber auch 10 Prozent weniger an Leistung. Lassen Sie uns gemeinsam schauen, an welcher Stelle eine Leistungsreduzierung Sinn machen könnte.* Neben dem Leistungsspektrum können Sie auch Garantien, Selbstabholung, Zahlungsziele oder eine Empfehlung mit in die Waagschale werfen: *Wir können gerne über den Preis verhandeln, wenn wir einen Punkt finden, wo wir dies ausgleichen können.* Auch mit einer sofortigen Auftragserteilung können Sie einen Nachlass verknüpfen: *Herr Müller, wenn ich Ihnen diese drei Prozent einräumen würde, würden Sie dann noch heute den Auftrag erteilen?* Strecken Sie dann dem Kunden die Hand entgegen und sagen Sie mit einem Nicken: *Also gut, dann kann ich Ihnen die drei Prozent zusagen.* Wenn der Kunde mit Nein antwortet, war das Preisargument nur vorgeschoben. In diesem Fall müssen Sie die wahren Kaufhindernisse eruieren.

Schlagfertig antworten

Neben rationalen und erklärenden Ausführungen eignen sich auch schlagfertige Sprüche gut für die Preisdiskussion. Suchen Sie sich einfach eine der folgenden Antworten auf die Feststellung des Kunden aus: *Die anderen sind billiger! /1/ Ja, das müssen sie auch sein, /2/ Sie kaufen damit auch unser Herzblut und unser volles Engagement, /3/ Teuer wird es erst, wenn Sie sich für das Billige entscheiden, /4/ Sehen Sie, das ist der Grund, wieso Sie von uns kaufen sollten, /5/ Es war schon immer etwas teurer, einen guten Geschmack zu haben, /6/ Ein hohes Preis-Leistungsniveau bedeutet nicht einen hohen Preis, sondern vor allem eine hohe Leistung und ein hohes Niveau.* Im Anschluss an eine solche pauschale Antwort lassen Sie eine nachvollziehbare Begründung folgen. Zeigen Sie dem Kunden den Vorteil auf, den er bei Ihrem Unternehmen genießt. Eine weitere Technik besteht darin zu fragen: *Würden Sie uns das Produkt abnehmen, wenn es gratis wäre?* Der Kunde wird sicherlich verblüfft reagieren. Vermutlich wird er etwas sagen wie: *Wenn es gratis wäre, würde ich es natürlich nehmen.* Warten Sie einen kurzen Moment ab, lächeln Sie, und blicken Sie dem Kunden direkt in die Augen. Dabei sagen Sie: *Warum?* Nun gibt Ihnen der Kunde seinen wahren Kaufauslöser bekannt. Diesen können Sie für Ihre weitere Argumentation verwenden.

Kunde argumentieren lassen

Drehen Sie den Spieß um und fragen Sie den Kunden, wieso Sie den Preis reduzieren sollen. Der Kunde muss also Ihnen verkaufen, warum er einen niedrigeren Preis für gerechtfertigt hält. Mit den richtigen Fragen und guten Argumenten für Ihr Produkt bringen Sie den Kunden in eine Sackgasse. Es

„Teuer wird es erst, wenn Sie sich für das Billige entscheiden!"

versteht sich von selbst, dass Sie von sich aus nie einen Nachlass anbieten. Wenn Sie nämlich drei Prozent anbieten, denkt der Kunde immer, dass noch mehr drin ist. Noch schlimmer ist es, wenn Sie mit Ihrem Vorschlag die Nachlassvorstellungen Ihres Kunden überbieten. Lassen Sie also stets den Kunden einen Vorschlag machen. Stimmen Sie nicht jubelnd zu, wenn der Kunde seine Vorstellung genannt hat. Zögern Sie die Zusage hinaus: Herr Müller, drei Prozent kann ich spontan nicht zusagen. Ich habe bereits sehr eng kalkuliert. Lassen Sie mich das bitte nochmals in Ruhe durchrechnen. Ist es ok, wenn ich mich gleich nochmal bei Ihnen melde? Wenn Sie im Anschluss daran bestätigen, hat der Kunde das Gefühl, dass er gut verhandelt hat. Für den Kunden ist es jetzt schwieriger, die Entscheidung nochmals zu vertagen. Es entsteht der Eindruck, dass sein Vorschlag der entscheidende war, und nicht Ihr Angebot.

Ablenkung auf die Zahlweise

Anstatt den Preis durch Argumente zu verteidigen, lenken Sie einfach auf die Zahlweise des Kunden ab, sofern Sie hier flexibel sind: Welchen Betrag können Sie monatlich aufbringen? Wie wäre es für Sie am leichtesten, diesen Betrag zu bezahlen? Der Kunde ist dann gedanklich weniger beim Preis, sondern dabei, was er sich monatlich leisten kann und wie die Zahlung abgewickelt wird. Sie gehen einfach davon aus, dass der Kunde auf jeden Fall kaufen wird.

Die Preiskalkulation erklären

Erklären Sie Ihrem Kunden, dass ein Rabatt bereits in Ihre Preise eingerechnet worden ist. Sagen Sie Ihrem Kunden, dass Sie es nicht seriös finden, wenn ein Unternehmen einen Durchschnittsrabatt auf alle Preise aufrechnet, nur damit der Verkäufer diesen im Kundengespräch wieder reduzieren kann. Genauso gehen Sie vor, wenn der Kunde zum Beispiel die Streichung der Versandkosten als Nachlass fordert: Ich denke, dass wir beide wissen, dass die Versandkosten bei jedem Unternehmen zu bezahlen sind. Die einen rechnen die Versandkosten in Ihre Preise rein. Wir dagegen bieten unseren Kunden 100 Prozent Transparenz. Deswegen sind in unserem Angebot der Warenwert und die Versandkosten getrennt aufgelistet. So haben Sie die volle Kontrolle über Ihre wahren Kosten.

Kostenlose Zugaben

Nutzen Sie kostenlose Zugaben, wie zum Beispiel ein Ladegerät für ein Mobiltelefon. Der Kunde hat dabei das Gefühl, ein gutes Geschäft gemacht zu haben. Für den Kaufpreis erhält er ein nützliches Zusatzprodukt. Allerdings setzen Sie für den Rabatt den Verkaufspreis an, während der Einkaufspreis des Zusatzprodukts natürlich deutlich günstiger liegt. Zudem bleiben Sie standfest beim Hauptprodukt. Sie gewähren keinen Rabatt, sondern erhöhen die Leistung.

Preiserhöhungen durchsetzen

Das Durchsetzen von Preiserhöhungen ist nichts anderes als eine normale Preisverhandlung, nur mit dem Unterschied, dass die Initiative von Ihnen ausgeht. Bei Preiserhöhungen besteht natürlich immer die Gefahr, dass der eine oder andere Kunde verlorengeht. Das gehört aber dazu. Eine Preiserhöhung ohne Kundenverluste ist eine zu niedrige Preiserhöhung. Einzelne Kundenverluste sind zwar ärgerlich, werden aber durch die höheren Margen meist mehr als ausgeglichen. Im Eingangsrechenbeispiel zu diesem Kapitel könnten Sie fast 20 Prozent Ihrer Umsätze verlieren und würden aufgrund der höheren Marge immer noch den gleichen Gewinn machen. Viele Kunden, die wegen einer Preisanpassung zu einem anderen Anbieter wechseln, standen sowieso schon auf der Kippe.

Weisen Sie Ihre Kunden frühzeitig auf anstehende Preiserhöhungen hin, sodass diese noch Gelegenheit haben, zu den alten Preisen zu bestellen. Sagen Sie dem Kunden, dass Sie extra für ihn bei Ihrem Chef eine lange Übergangszeit vereinbaren konnten, bis die neuen Preise gelten. Eine Verlängerung der Übergangszeit ist auch ein gutes Asset in einer Verhandlung. Der Kunde verbucht eine solche Vereinbarung als Erfolg, weil er die sofortige Erhöhung erfolgreich abgewehrt hat. Für Sie ist es ein Erfolg, weil Sie die Preiserhöhung durchsetzen konnten. Sprechen Sie nicht von „Preiserhöhung", sondern von einer „Preisanpassung". Geben Sie dem Kunden glaubwürdige Gründe mit an die Hand, wieso die Preise erhöht werden müssen: Preisanstieg bei Rohstoffen, höhere Energiekosten, Währungsdifferenzen usw. Erklären Sie dem Kunden, dass Sie die gestiegenen Kosten nur zu einem Teil weitergeben. Während die Einstandskosten um zwölf Prozent gestiegen sind, belasten Sie den Kunden nur mit sechs Prozent. Pauschale Erhöhungen über die gesamte Produktpalette wirken willkürlich. Das macht Sie in Ihrer Verhandlungsposition angreifbar. Nur eine individuelle Kalkulation für jedes Produkt lässt eine Anpassung seriös wirken. Preiserhöhungen wirken glaubwürdiger, wenn Sie auch bei einigen Produkten eine Preissenkung bekanntgeben können. Informieren Sie den Kunden über alle Preissenkungen in Ihrer Produktpalette, selbst wenn er diese Produkte normalerweise nicht abnimmt. Hauptsache er erfährt davon. Erkundigen Sie sich für die Verhandlung danach, welche Preiserhöhungen der Kunde selbst bei seinen Abnehmern in letzter Zeit durchgeführt hat. Umgekehrt kann es Ihnen auch passieren, dass Ihr Kunde Ihren Geschäftsbericht analysiert. Wenn Ihre Gewinne dort zu hoch sind, werden Sie mit der Preiserhöhung schlechte Karten haben. Belegen Sie dem Kunden, dass auch Ihre Wettbewerber die Preise anpassen mussten. Sie passen sich somit nur einem notwendigen Markttrend an. Versuchen Sie, schlechte Nachrichten mit guten Nachrichten zu verbinden. Wenn Sie ein verbessertes Produkt auf den Markt bringen, lassen sich der alte und neue Preis nicht mehr so gut vergleichen.

Zielsicher zum Abschluss

Den Abschluss zu machen ist eine Kunst. Die größte Kunst ist es, diese Kunst zu verbergen.

(Werner F. Hahn)

Jetzt kommen wir zu den Abschlusstechniken. Wie können Sie den Kunden dazu bringen, dass er unterschreibt? Ganz nach dem alten Verkäuferwitz: „Wie wollen Sie beweisen, dass Sie eine Verkaufskanone sind?" Antwort: „Ich habe einem Bauern eine Melkmaschine verkauft, der nur eine Kuh hatte, und die Kuh habe ich als Anzahlung genommen."

Viele Verkäufer haben große Mühe damit, den Sack zuzumachen. Sie überhören Kaufsignale und trauen sich nicht, mit dem Kunden konkret zu werden. Beim Abschluss spielen auch die im ersten Buch dieses Kompendiums vorgestellten SPIEGELNEURONEN wieder eine große Rolle. Wenn Sie beim Abschluss unsicher sind, überträgt sich das auf den Kunden. In dem Augenblick, indem Sie sich beim Abschluss sicher fühlen, empfinden Sie sich selbst als guten Verkäufer. Das wiederum strahlen Sie auf Ihre Kunden aus und

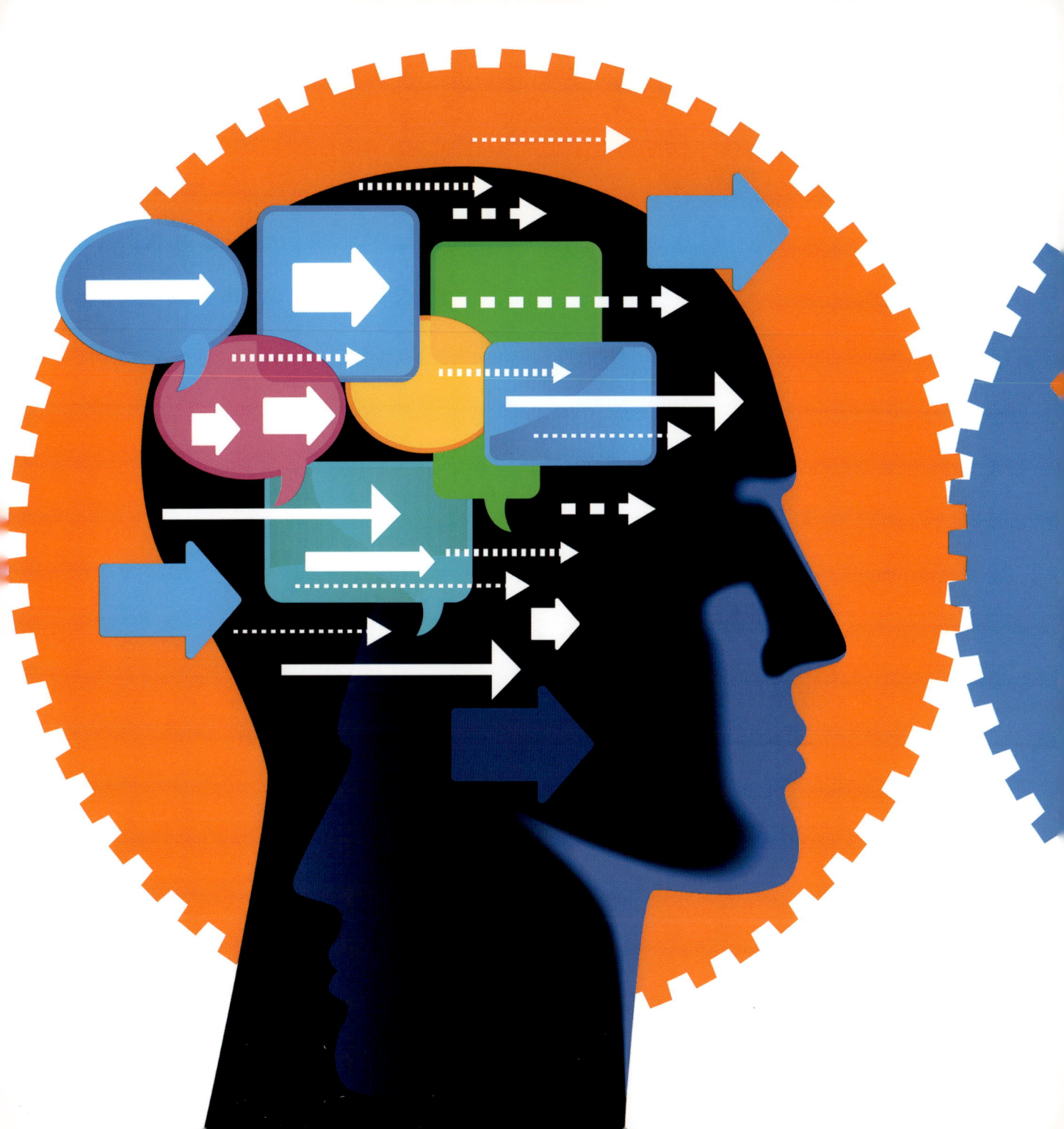

ziehen Aufträge magisch an. Üben Sie Ihre Abschlusssequenzen vor einem Spiegel oder mit der Video-Kamera. Wiederholen Sie jede Technik solange, bis sie sitzt. Üben Sie jede Abschlusstechnik in vielen verschiedenen Variationen: Mit Begeisterung, mit einer ganz tiefen Stimme, mit entspannten nonverbalen Gesten, mit stark dominanter Körpersprache, mit einem Lächeln, mit permanentem Blickkontakt und zum Schluss mit viel Modulation in der Stimme. So haben Sie ein großes Repertoire, wenn Sie live beim Kunden sind.

Kaufsignale

Sobald Sie positive Kaufsignale beim Kunden feststellen, sollten Sie den Abschluss einleiten. Verlieren Sie keine Zeit mehr mit weiteren Erklärungen. Kommen Sie zur Sache. Analysieren Sie genau, was Ihr Gegenüber sagt. Es gibt eine Menge zu entdecken. Das klarste Kaufsignal ist offene Zustimmung: Das hört sich ganz gut an und emotionale Aussagen: Das nenne ich elegant. Wenn der Kunde eine derart positive Aussage trifft, dann sollten Sie diese umgehend mit einer Anknüpfungsfrage verstärken: Nicht wahr? Sagen Sie, haben Sie dasselbe Gefühl wie ich, wenn Sie ihn da drüber stehen sehen? So locken Sie bereits eine zweite positive Formulierung aus dem Mund Ihres Kunden. Ein weiteres starkes Kaufsignal ist es, wenn der Kunde beim ersten Gespräch allein war und dann mit der ganzen Familie kommt. Wenn Sie in Erfahrung bringen, dass bereits Freunde oder Bekannte ein ähnliches Produkt im Einsatz haben und der Kunde deshalb bei Ihnen vorbeischaut, dürfen Sie das ebenfalls als starkes Kaufsignal bewerten. Auch interessierte Rückfragen des Kunden deuten darauf hin, dass er sich mit dem Kauf anfreundet: Wie funktioniert das genau? Beschäftigt sich der Kunde mit Produktdetails und den Konditionen Ihres Angebots, steigt die Abschlusswahrscheinlichkeit: In welchen Farben gibt es das Produkt? Wie viel Rabatt gibt es, wenn ich zwei Stück nehme? Geben Sie auf solche Fragen zu den Produktdetails nicht gleich die Antwort, sondern prüfen und verstärken Sie diese immer mit einer Bestätigung und Gegenfrage: Schön, dass Ihnen das Produkt gefällt. In welcher Farbe hätten Sie es denn gern? Bei zwei Stück kann ich Ihnen einen Nachlass von fünf Prozent geben … Möchten Sie eins oder zwei? Durch solche Gegenfragen holen Sie bereits eine starke Kaufverpflichtung des Kunden ein. Gut eignen sich auch Fragen des Kunden, die Sie normalerweise einfach bejahen würden: Gibt es hierzu auch Leasing-Möglichkeiten? Wenn Sie die Frage des Kunden nur mit einem Ja beantworten, sind Sie keinen Schritt weiter. Geben Sie die Frage jedoch zurück und antwortet der Kunde mit Ja, ist der Kauf schon abgeschlossen: Würden Sie das Auto gerne leasen? Formulierungen zur eigenen Anwendung und die Betrachtung von Zukunftsperspektiven sind ebenfalls ein positives Signal: Sobald ich das Produkt im Einsatz habe, werde ich viel Zeit sparen. Die Frage nach Referenzen ist ein Zeichen dafür, dass der Kunde innerlich eine zustimmende Entscheidung getroffen hat, diese aber zusätzlich absichern möchte.

Fragen Sie Ihren Kunden, was er tun wird, falls er positive Rückmeldungen aus den Anfragen erhält. Holen Sie auch hier gleich eine Verpflichtung des Kunden ein. Falls der Kunde sich für die Auslieferungsbedingungen interessiert, deutet das ebenfalls auf einen baldigen Abschluss: Wie schnell könnten Sie denn liefern? Antworten Sie auch hier nicht mit „In zwei Wochen", sondern lassen Sie den Kunden seinen Wunschzeitpunkt nennen: Ist die Lieferzeit für Sie ein entscheidendes Kriterium? Ja, in diesem Fall schon. Zu welchem Datum sollen wir denn liefern? Wir benötigen die Lieferung bis zum 16. Mai. Wenn ich Ihnen eine Lieferung bis zum 16. Mai garantieren kann, sind wir dann im Geschäft?

Achten Sie zusätzlich auf die Körpersprache Ihres Gegenübers. Körpersprachliche Kaufsignale sind:

- Offene Körpersprache
- Kopfnicken
- Lächeln
- Fester Blickkontakt
- Größere Pupillen
- Begeisterung in der Stimme
- Veränderung des Sprechtempos
- Übermäßig langes Berühren des Produkts

Ihre Aufgabe ist es, diese Kaufsignale in Aufträge umzuwandeln.

Testabschluss

Mit dem Testabschluss vergewissern Sie sich der grundsätzlichen Kaufbereitschaft des Kunden, ohne direkt nach dem Abschluss zu fragen.

Meinungsfrage
Mit einer Meinungsfrage holen Sie keine Entscheidung von Ihrem Kunden ein, sondern vorerst nur seine Meinung. Mit einer Meinung können Sie viel besser umgehen und diese weiter zu Ihren Gunsten beeinflussen. Eine Entscheidung ist definitiv. Mit einer Meinungsfrage können Sie jeden einzelnen Verhandlungsschritt absichern. Somit wird der Entscheidungsprozess in mehrere kleinere Einzelentscheidungen zerlegt. Meinungsfragen können Sie entweder offen formulieren: Was denken Sie darüber? Was meinen Sie zu diesem Vorschlag? Was sagt Ihnen Ihr Gefühl? Wie finden Sie das? Wie gefällt Ihnen das bis hierher? Wie interessant ist das Angebot für Sie? Wie klingt das für Sie? Somit argumentiert der Kunde selbst, warum

das Angebot gut zu ihm passt. Oder Sie stellen die Meinungsfrage geschlossen: Denken Sie, das wäre eine gute Lösung für Sie? Meinen Sie, das passt? Entspricht das Ihren Vorstellungen? Glauben Sie auch, dass sich das für Sie rechnet? Habe ich damit geklärt, dass …? Sehen Sie das auch so? Sind wir mit dem Vorschlag auf dem richtigen Weg für Sie? Dann antwortet der Gesprächspartner in der Regel mit Ja oder Nein. Zu einer ausführlichen Stellungname wird er aber nicht motiviert. Deshalb müssen Sie vorher ein Argument bringen, bei dem Sie denken, dass es auf den Kunden zutrifft. Dann lassen Sie sich den Nutzen bestätigen. Wenn der Kunde seine Antwort auf Ihre Meinungsfrage positiv formuliert, können Sie sofort den Abschluss einleiten. Falls noch Einwände oder Unklarheiten bestehen, geht es zurück in die Einwandbehandlung.

Feststellung

Sie können als Testabschluss auch einfach eine Feststellung treffen: Ich sehe, dass Sie dieses Modell bevorzugen … Die meisten Kunden entscheiden sich für diese Variante oder Ihren Aussagen entnehme ich, dass wir das Richtige für Sie gefunden haben. Dann schweigen Sie und warten die Antwort des Kunden ab. Sie merken anhand seiner Äußerungen, ob Sie auf dem richtigen Weg sind.

Alternativfrage

Auch eine Alternativfrage können Sie an dieser Stelle gut einsetzen: Kommt eher das blaue oder das grüne Modell für Sie infrage? Wenn der Kunde sich bereits jetzt für ein Modell entscheiden kann, haben Sie den Abschluss so gut wie in der Tasche. Falls nicht, wird der Kunde seine Bedenken äußern, mit denen Sie weiterarbeiten können.

Frage nach dem weiteren Ablauf

Fragen Sie zum Test danach, wie der Kunde die weiteren Schritte sieht: Wie gehen wir weiter vor? Wie sollen wir jetzt weiter verfahren? Wovon ist Ihre Entscheidung noch abhängig? Falls Sie sich entscheiden, einen Schritt weiterzugehen, in welchem Zeithorizont sehen Sie die Umsetzung? Sobald der Kunde bereit ist, über die nächsten Schritte zu sprechen, ist er auch bereit für den Abschluss.

Skalierungsfrage

Oft haben Kunden Schwierigkeiten mit dem Wort Nein. Mit einer Zahl können Sie viel besser ausdrücken, was sie möchten und was nicht. Die Skalierungsfrage ermöglicht dem Kunden eine leichtere Entscheidung. Gleichzeitig sehen Sie, wo Sie als Verkäufer mit Ihren Abschlusschancen stehen. Das Gute daran ist: Der Kunde hat durch die Bewertung auf einer Skala noch nicht Nein gesagt. Also läuft das Verkaufsgespräch weiter. Ihre Aufgabe ist es herauszufinden, wie Sie die Bewertung des Kunden in eine höhere Region bewegen können. Der Kunde sagt zum Beispiel: Das muss ich mir noch überlegen. Dann antworten Sie: Auf einer Skala von eins bis zehn: was sagen Sie, wie gut gefällt Ihnen das Produkt? Eine sechs. Was müsste das

Produkt erfüllen können, damit Sie eine zehn vergeben? So kriegen Sie Anhaltspunkte, was die hauptsächlichen Entscheidungskriterien Ihres Kunden sind und inwieweit Sie das Angebot anpassen müssen.

Abschlusstechniken

Es ist erstaunlich, dass die meisten Verkäufer keinen direkten Abschlussversuch wagen. Untersuchungen haben gezeigt, dass die Abschlussquote um bis zu 30 Prozent gesteigert werden kann, wenn man gezielt nach dem Auftrag fragt. Stellen Sie auf jeden Fall und in jedem Verkaufsgespräch eine klare Abschlussfrage, egal, ob der Kunde kaufbereit ist oder nicht. Es kann nichts Schlimmeres passieren, als dass Sie keinen Auftrag erhalten. In der Situation sind Sie aber schon vor der Frage. Bringen Sie den Kunden zu einer klaren Abschlussentscheidung. Jedes „Vielleicht" ist nur ein Symbol für falsche Hoffnung. Jemand, der mit „Vielleicht" antwortet, kann immer noch überzeugt werden. Sparen Sie sich einen guten Produktvorteil bis zum Schluss. Oftmals liegt das Zögern des Kunden weder am Preis noch an irgendwelchen anderen Bedingungen. Oft braucht der Kunde einfach noch einen letzten Impuls für seine Unterschrift. Behalten Sie also noch ein kleines Zugeständnis für den so wichtigen letzten Moment.

Wenn Sie ein tolles Produkt haben, gibt es auch die Möglichkeit, dieses dem Kunden einfach testweise zu überlassen. Sehr oft gewöhnt sich der Kunde derart daran, dass er es einige Tage später nicht mehr hergeben will.

Die Macht des Schweigens

Das bewusste Schweigen ist uralt, aber immer noch eine Geheimstrategie. Die meisten Menschen sind sich der Macht des Schweigens nicht bewusst und nutzen sie daher nicht. Wenn der Gesprächspartner schweigt, so macht uns das unruhig. Wenn Sie einmal wissen, worum es beim Schweigen geht, so fällt es Ihnen überhaupt nicht mehr schwer, notfalls länger zu schweigen als Ihr Gesprächspartner. Wenn Sie von sich aus eine Abschlusshandlung eingeleitet haben, warten Sie schweigend auf eine Reaktion des Kunden. Fangen Sie im entscheidenden Augenblick nicht wieder an zu argumentieren, bieten Sie keinen Nachlass an, wenn der Kunde einige Augenblicke überlegt. Der Erste, der ein Wort sagt, hat verloren. Wenn Sie als Erster zu sprechen beginnen, haben Sie den Kunden von seinem Druck befreit. Während Sie schweigen, denken Sie „Ich mag Dich", und glauben Sie an sich und Ihren Vorschlag. Das kann der Kunde an Ihrem Gesichtsausdruck ablesen. Wenn der Kunde Ihnen eine Antwort gibt, dann stimmen Sie dieser mit einem „Ja" oder „Mhm" kurz zu. Danach schweigen Sie wieder und schauen den Kunden erwartungsvoll an. Sie werden sehen, dass die meisten Kunden weiterreden. Falls Sie Ihnen nicht sofort zustimmen, werden Sie Ihnen wichtige Informationen verraten.

Handlungsaufforderung

Viele Geschäfte können deshalb nicht abgeschlossen werden, weil der Verkäufer den Kunden nicht dazu auffordert. Wenn Sie sich auf jeden Kunden verlassen, der sagt, er werde später kaufen, wiegen Sie sich in falscher Sicherheit. Es ist Ihre Aufgabe als Verkäufer, die Kaufentscheidung des Kunden aktiv herbeizuführen. Mit jeder Handlungsaufforderung erhöhen Sie die Abschlusswahrscheinlichkeit. Fordern Sie den Kunden schon während der Präsentation und nach jeder neuen Idee zum Handeln auf: Diese Gelegenheit sollten Sie sich nicht entgehen lassen. Das ist eine ganz tolle Chance, die Sie nicht verpassen sollten. Begründen Sie Ihre Aussagen, um die Wirkung zu verstärken. Mögliche Handlungsaufforderungen zum Abschluss sind: Nachdem wir jetzt alles geklärt haben, sollten wir jetzt auch entschlossen handeln! Gönnen Sie sich doch einmal etwas ganz Besonderes! Sie können die Handlungsaufforderung auch ganz geschickt in einen Vergleich packen: Herr Müller, jetzt habe ich da mal eine Frage an Sie … Sie stehen am Straßenrand und sehen zwei identische Autos. Das eine parkt, das andere rast mit 150 Sachen an Ihnen vorbei. Welches Auto weckt Ihre Aufmerksamkeit? Das fahrende Auto. Richtig. Unsere Aufmerksamkeit wird immer auf die Aktion gelenkt. Schauen Sie sich die erfolgreichen Menschen an. Diese sind nur durch Ihre Aktionen und Handlungen so erfolgreich geworden. Wir sind in einer ähnlichen Situation … Lassen Sie uns heute das fahrende Auto sein.

Abschlussfragen

Mutige können das Verkaufsgespräch direkt mit einer Abschlussfrage eröffnen: Herr Müller, wie lange überlegen Sie sich schon, unser Produkt zu kaufen? Oder: Ich möchte Sie heute von unserem Produkt begeistern. Wenn Sie sehen, dass Sie ab sofort täglich mehrere Hundert Euro einsparen können, kaufen Sie dann heute bei mir? Ein ähnliches Resultat erreichen Sie auch mit einer Zielfrage gleich zu Beginn des Gesprächs: Herr Müller, was ist für Sie die wichtigste Bedingung, die erfüllt sein muss, damit Sie heute eine Kaufentscheidung treffen? Die Antworten auf diese Fragen werden Ihnen einiges über die tatsächlichen Kaufabsichten Ihres Kunden verraten. Sie können sich eine Menge Zeit im Verkaufsgespräch sparen, wenn Sie von vornherein erfahren, dass der Kunde eigentlich gar nicht kaufen will oder kann. Unternehmen Sie einen Abschlussversuch nach jedem vorgestellten Produktvorteil: Wie Sie sehen, können Sie damit die Kosten um 20 Prozent senken. Stimmen Sie mir zu, dass das alleine schon ein Grund ist, mit uns zusammenzuarbeiten? Auch nach jeder erfolgreichen Einwandbehandlung können Sie einen Abschluss einleiten: Herr Müller, gibt es für Ihre Entscheidung noch irgendwelche offenen Punkte? Falls der Kunde noch einen Punkt anspricht, dann nageln Sie ihn durch eine Verriegelungsfrage auf die Kaufentscheidung fest: Wenn wir diesen Punkt zu Ihrer Zufriedenheit lösen, können wir Sie dann als Kunde gewinnen? So erhalten Sie wertvolle Hinweise auf die Ernsthaftigkeit der Kaufabsicht. Wenn der Kunde diese Frage nicht bejaht, haken Sie gleich nach: Welche anderen Punkte müssen denn noch erfüllt sein, damit wir zusammenkommen? Geben Sie auch bei einem klaren Nein nicht gleich auf: Danke,

Das größte Abschlussgeheimnis besteht darin, so früh und so oft wie möglich nach dem Auftrag zu fragen.
(Werner F. Hahn)

dass Sie so offen antworten. Wir würden sehr gerne mit Ihnen zusammenarbeiten. Unter welchen Umständen wäre das denn noch erreichbar? Wenn Sie am Schluss Ihrer Präsentation sind und der Kunde keine Einwände mehr hat, dann leiten Sie den Abschluss ein: Ich habe das Gefühl es passt … Sie auch? Geben Sie dem Kunden eine ausführliche Erklärung, was in der Zeit zwischen jetzt und der Produktauslieferung oder Installation passiert. Dann fragen Sie: Ist das ein fairer Vorschlag? Klingt das gut für Sie? Ist das für Sie so akzeptabel? Einverstanden? Menschen haben ein Bedürfnis nach Gerechtigkeit und Harmonie. Deshalb werden diese Fragen meistens positiv beantwortet. Oder verhalten Sie sich einfach so, als wenn der Kunde bereits zugestimmt hätte: Wohin sollen wir das Produkt liefern? Benötigen Sie eine Auftragsbestätigung? Soll ich Ihnen den Vertrag zusenden? Soll der Wagen auf Sie zugelassen werden? Je einfacher die Fragen nach solchen Einzelheiten sind, desto besser ist die Wirkung. Wenn der Kunde sich negativ zu einer solchen Einzelheit äußert, hat er nicht Nein zum Produkt gesagt, sondern nur zu der vorliegenden Teilentscheidung. Gut eignen sich für den Abschluss Fragen nach dem Auslieferungszeitpunkt: Wann dürfen wir Ihnen das Produkt liefern? Wann hätten Sie es denn gerne? Ab wann möchten Sie denn davon profitieren? Wenn wir uns beeilen, können Sie das Produkt in vier Wochen ausgeliefert erhalten. Wollen wir schon einmal mit den Vertragsangelegenheiten beginnen? Oder Fragen nach der gewünschten Menge: Wie viele darf ich denn einpacken? Wie viel möchten Sie anlegen? Die Frage nach dem Wieviel können Sie immer stellen, auch wenn Sie große Maschinen verkaufen. Mit dieser Frage denkt der Kunde darüber nach, wie viel er braucht. Er stellt sich vielleicht eine Frage, die er sich vorher niemals gestellt hätte. Im schlechtesten Fall benötigt er wirklich nur eine Maschine und es ist nichts passiert. Im besten Fall haben Sie gleich eine höhere Anzahl verkauft. Oder der Kunde antwortet: Ich benötige nur eine, aber Herr Becker könnte auch noch eine gebrauchen. Bei Privatpersonen können Sie das analog verwenden: Für *wen* von Ihren Bekannten denken Sie, dass das Produkt noch infrage kommt? Mit einer solchen Frage können Sie also nur gewinnen. Gut eignet sich als Abschlussfrage auch die folgende Technik, die Sie bereits im Kapitel „VERKAUFSHYPNOSE" im ersten Buch dieses Kompendiums kennengelernt haben: Soll das Verkaufstraining nur für den Außendienst durchgeführt werden oder auch für den Innendienst? Vor die erste Kaufoption setzen Sie das Wort „nur", wodurch diese verkleinert wird. Vor die zweite Variante setzen Sie das Wort „auch", wodurch diese vergrößert wird. „Auch" suggeriert an dieser Stelle einen höheren Aufwand und zusätzliche Kosten. Oft wird die zweite Variante abgelehnt, wodurch die erste Kaufoption bestätigt wird. Sie können also ganz gezielt eine zweite Alternative hinzufügen, die Sie nicht unbedingt verkaufen wollen. Der alleinige Zweck ist es, den Kunden zum Kauf der ersten Alternative zu bewegen.

Übrigens, wenn Sie einem Kunden Neuheiten und Verbrauchsmaterial anbieten, dann gibt es eine bestimmte Reihenfolge, die Sie bei der Bestellaufnahme berücksichtigen sollten. Präsentieren Sie zuerst die Neuheiten. Wenn dem Kunden eine Neuheit gefällt, nehmen Sie diese gleich auf den Bestellblock. Wenn Sie merken, dass der Kunde langsam ungeduldig wird, stoppen Sie die Neuheiten und machen weiter mit dem Verbrauchsmaterial. Wenn Sie es umgekehrt machen, ist der Kunde beim Anblick eines vollen Bestellblocks nicht mehr gewillt, noch neue Produkte zu ordern.

Versteckte Abschlussfrage

Mit der versteckten Abschlussfrage gehen Sie etwas subtiler vor als wenn Sie den Kunden direkt nach dem Abschluss fragen. Sobald der Kunde etwas Positives über das Produkt sagt, haken Sie ein wie folgt: Herr Müller, das heißt, wenn ich Sie richtig verstehe, möchten Sie das Produkt eigentlich kaufen? Ein Ja zu dieser abgeschwächten Frage ist für den Kunden weniger problematisch. Wenn er Ihnen eine solche Frage aber einmal positiv beantwortet hat, ist ein Rückzug nur noch schwer möglich.

„Ja"-Straße

Die „Ja"-Straße ist zurückzuführen auf den Philosophen Sokrates, der in seinem Unterricht seine Gesprächspartner durch eine geschickte Fragetechnik selbst zu der gewünschten Erkenntnis kommen ließ. Der Gesprächspartner manövriert sich damit in eine Position, die nur noch eine folgerichtige Antwort zulässt, nämlich das Ja zum Abschluss. Es gibt zwei Möglichkeiten, eine „Ja"-Straße aufzubauen. Bei der ersten Variante gehen Sie die einzelnen Prioritäten des Kunden aus der Bedarfsermittlung Punkt für Punkt durch. Zu jedem Punkt, den Sie zur Zufriedenheit des Kunden erfüllt haben, holen Sie sich ein Ja ab, wie zum Beispiel: Sie haben gesagt, dass Sie großen Wert auf eine hohe Einmalprämie legen. Haben wir das für Sie mit dem vorliegenden Angebot erfüllt? Ja. Für Sie war wichtig, dass Ihre Kinder mit abgesichert sind, richtig? Ja. Spricht es Ihnen zu, dass wir auf monatliche Raten umgestellt haben, so wie Sie es sich gewünscht haben? Ja. Wir kennen das System ja schon von den unbestreitbaren Wahrheiten aus dem Kapitel „VERKAUFSHYPNOSE" im ersten Buch dieses Kompendiums. Wozu der Kunde Ja sagt, das will er auch. Bleibt dann nur noch die letzte Frage: Wollen wir das dann so machen, wie ich es Ihnen vorgestellt habe? Ja. Damit wird die Kaufbereitschaft bis zum Abschluss gesteigert. Der Kunde steuert sich selbst in eine zwingende Situation hinein. Wenn er einige Male Ja gesagt hat, kann er bei der Abschlussfrage nicht mehr Nein sagen. Die „Ja"-Straße wird seit Urzeiten im Verkaufsalltag verwendet. Einige neue Autoren schreiben, dass sie ausgedient hätte. Das stimmt aber nicht. Sie funktioniert auch heute noch bestens. Die Kunden nehmen die „Ja"-Straße nicht als Trick wahr, sondern haben einfach das Gefühl, dass sie gut beraten werden. Wie mit einer Checkliste gehen Sie alle wichtigen Punkte des Kunden zum Schluss nochmals durch und haken sie ab. Das gibt ein gutes Gefühl. Der Kunde und Sie wissen, dass nichts vergessen wurde.

Bei der zweiten Variante stellen Sie dem Kunden geschlossene Fragen, die aber so allgemein formuliert sind, dass der gesunde Menschenverstand sie bejahen muss. Diese Variante ist schon etwas manipulativer. Nach den ersten „Ja's" ist der logische Filter, der eine Ungereimtheit aufdecken könnte, nicht mehr aktiv. Denn nach den ersten drei „Ja" tritt oft eine automatische Reaktion ein. Man hat schon so oft Ja gesagt und es war das Richtige. Also liegt es nahe, ein weiteres Mal Ja zu sagen. Beispiel: Sind Sie grundsätzlich bereit, neue Dinge zu prüfen, wenn Sie dadurch Vorteile erhalten können? Ja. Und sehe ich das richtig: Sie möchten nicht viel dafür bezahlen? Ja. Sie möchten sicher sein, dass Sie das Richtige kaufen? Ja. Und gehe ich recht in der Annahme, dass eine gute Qualität und eine langfristige Garantie für Sie wichtig sind? Ja. Gut, dann ist das Produkt genau das Richtige für Sie. Einverstanden? Äh, Ja. Beim letzten Ja hat der Kunde kurz gezögert. Vermutlich weil er gemerkt hat, dass etwas mit ihm geschieht. Wenn Sie doch einmal ein Nein kassieren, dann behandeln Sie das so, wie jeden anderen Einwand auch. Und dann setzen Sie die „Ja"-Straße wieder fort oder bauen eine neue auf. Deshalb habe ich Ihnen ja auch zwei Varianten vorgestellt.

Alternativen-Abschluss

Anstatt über „Ja's" können Sie den Kunden auch mit einer Serie von Alternativfragen in einen Zustimmungsrhythmus bringen. Dazu müssen Sie lediglich eine Reihe von Alternativfragen vorbereiten. Jedesmal wenn der Kunde sich für eine Alternative entschieden hat, äußern Sie sich löblich über seine Wahl oder sagen etwas Positives dazu. So wird das Belohnungssystem des Kunden aktiviert, was seine Kritikfähigkeit reduziert. Er ist zwischen den Alternativen gefangen. Beispiel: Interessieren Sie sich mehr für das Rote oder Grüne? Wenn, dann für das Grüne. Eine ganz hervorragende Wahl. Die meisten meiner zufriedenen Kunden haben sich übrigens für das Grüne entschieden. Möchten Sie das Produkt lieber draußen oder drinnen einsetzen? Beruflich eher draußen. Für draußen ist das Produkt perfekt gemacht. Bei diesem Vorführmodell sparen Sie sogar noch zehn Prozent. Bevorzugen Sie lieber das Vorführmodell, oder soll ich Ihnen ein Neues einpacken? Mit der letzten Alternativfrage besiegeln Sie den Abschluss.

Sekundärfragen-Abschluss

Bei dieser Abschlusstechnik gehen Sie fest davon aus, dass der Kunde kaufen wird. Machen Sie zum Beispiel eine Aussage über die Lieferfähigkeit und lenken Sie dann mit einer angehängten Detailfrage von der tatsächlichen Kaufentscheidung ab: Wenn Sie heute bestellen, dann trifft die Lieferung bei Ihnen am Donnerstag ein. Passt Ihnen der Donnerstag für die Auslieferung? Wenn der Kunde dazu Ja sagt, hat er auch Ja zum Kauf gesagt. Diese Technik ist sehr effektiv bei nebensächlichen Entscheidungen. Wir tun uns leichter, kleine Entscheidungen zu fällen als große. Eine zweite Möglichkeit besteht darin, einen Produktvorteil vorzustellen. Dann stellen Sie eine untergeordnete Alternativfrage wie in diesem Beispiel: Mit diesem Verkaufstraining werden Sie die Abschlussquote Ihrer Verkaufsmannschaft um bis zu 20 Prozent erhöhen. Möchten Sie die Kursunterlagen lieber so überreichen oder gebunden in einem Ordner? Wesentlich für den Erfolg dieser Technik ist ein ungezwungenes und natürliches Vorgehen.

Drei-Fragen-Abschluss

Der Drei-Fragen-Abschluss ist eine meiner persönlichen Lieblingstechniken. Wenn man das Fragenmuster einmal gelernt hat, ist er sehr einfach anzuwenden und eine absolut wirksame Methode. Erklären Sie dem Kunden einen wichtigen Produktvorteil, bei dem Sie davon ausgehen, dass er den Kunden interessiert. Dann fragen Sie den Kunden, ob er den Produktvorteil ebenfalls wahrnimmt: Herr Müller, können Sie sehen, wie Sie damit Geld sparen? Ja. Dann fragen Sie, ob der Kunde den Vorteil gerne hätte: Sind Sie daran interessiert, Geld zu sparen? Anmerkung: Durch die Frageform werden das die meisten Menschen bejahen. Es hört sich ja noch nicht nach einer Verpflichtung an. Aber jetzt kommt's: Schön, dass Sie daran so interessiert sind. Falls Sie beginnen, Geld zu sparen, wann wäre denn Ihrer Meinung nach ein guter Zeitpunkt dazu? Na, liegt es Ihnen nicht auch auf der Zunge „Jetzt" zu rufen? Das Fragemuster können Sie mit jedem erdenklichen Produktvorteil anwenden. Weil es so toll ist, gleich nochmals ein Beispiel: Können Sie sehen, inwiefern eine solche Absicherung für Sie sinnvoll ist? Ja. Sind Sie an einer Absicherung für Ihre Gesundheit grundsätzlich interessiert? Ja, grundsätzlich schon. Schön, dass Sie sich für die Absicherung Ihrer Gesundheit interessieren. Wenn Sie an die ganzen Risiken denken, wann wäre denn aus Ihrer Sicht ein guter Zeitpunkt, um mit der Absicherung zu beginnen?

Vier-Fragen-Abschluss

Wo es einen Drei-Fragen-Abschluss gibt, kann ein Vier-Fragen-Abschluss nicht weit sein. Gut, hier ist er: Herr Müller, im Grunde genommen sind es nur vier Fragen, die Sie heute für sich beantworten müssen. Drei davon haben Sie bereits bejaht. Gefällt Ihnen das Produkt? Wollen Sie es haben? Gibt es eine passable Finanzierung? Und nun bleibt nur noch offen, ab wann Sie in den Genuss all seiner Vorteile kommen wollen. Aber ich möchte Ihnen noch eine Frage stellen: Der Preis wird gleich bleiben oder sogar noch steigen. Da Sie sich erst freuen können, wenn Sie das Produkt gekauft haben, hängt Ihre Entscheidung letztlich nur von der Frage ab, wann es denn soweit sein soll, nicht wahr? Ist es also nicht vernünftig, *jetzt* Ja zu sagen für Vorteile, die Sie ab *jetzt* genießen können? Diese Abschlusstechnik eignet sich besonders bei Kunden, die noch zögern oder die Entscheidung vertagen wollen.

Plus-Minus-Abschluss

Beim Plus-Minus-Abschluss reihen Sie mit dem Kunden gemeinsam alle Argumente auf, die für und gegen den Kauf sprechen. Machen Sie das schriftlich, vor den Augen des Kunden auf einem Blatt Papier. Fangen Sie mit den negativen Eigenschaften an. Schreiben Sie diese auf die Liste, und zwar in verkürzter Form. Statt „Ich kann mir den Kaufpreis nicht leisten" schreiben Sie nur „Kaufpreis". Wenn Sie alle Bedenken notiert haben, gehen Sie zu den positiven Aspekten über. Hier schreiben Sie aber ganze Sätze auf, damit der Text auf der positiven Seite länger wirkt. Wenn dem Kunden keine Vorteile mehr einfallen, dann helfen Sie ihm auf die Sprünge: Ist „Sicherheit" nicht auch noch ein wichtiges Thema für Sie gewesen?

Suchen Sie solange gemeinsam mit dem Kunden nach weiteren Vorteilen, bis diese die negativen Aspekte bei Weitem übertreffen. Zum Schluss sagen Sie: Herr Müller, schauen wir uns doch einmal an, was gegen und was *für die Anschaffung spricht.* Wie Sie es aus dem Kapitel „VERKAUFSHYPNOSE" im ersten Buch dieses Kompendiums kennen, stellen Sie die positive Aussage an das Satzende und betonen diesen Teil etwas mehr. Dann fahren Sie fort: Wenn Sie das so anschauen, sagen Sie mal ganz ehrlich: Was sagt Ihnen Ihr Bauchgefühl?

Falsche Annahme

Achten Sie auf alles, was der Kunde sagt, um es später für den „Falsche Annahme"-Abschluss zu verwenden. Wenn sich der Kunde während des Verkaufsgesprächs zum Beispiel positiv über das grüne Modell geäußert hat, dann schauen Sie später auf Ihre Unterlagen und sagen: Sehen wir mal … Ihnen hat das gelbe Modell besonders gut gefallen, richtig? Der Kunde wird sofort darauf antworten: Nein, mir gefiel das grüne Modell. Darauf Sie: Dann lassen Sie mich das gleich notieren. Halten Sie die Information in Ihrem Auftragsformular fest. Wenn Sie der Kunde so korrigiert, hat er das Produkt gekauft. Das ist ganz leicht und macht jede Menge Spaß.

Vertrauensfrage

Wenn Ihr Kunde trotz aller Bemühungen immer wieder neue Einwände ins Spiel bringt, dann denken Sie an den deutschen Alt-Bundeskanzler Schröder. Stellen Sie die Vertrauensfrage. Wer hätte das gedacht: Es handelt sich dabei tatsächlich um eine der ältesten und wirkungsvollsten Abschlusstechniken, die schon früh in der Verkaufsliteratur zu finden ist. Mithilfe der Vertrauensfrage üben Sie einen starken Druck auf Ihren Kunden aus: Herr Müller, ich vertraue Ihnen … Vertrauen Sie mir auch? Unterstützen Sie die Wirkung mit einer offenen Gestik. Die Handflächen zeigen zum Kunden. Gleichzeitig schauen Sie ihm in die Augen. Der Kunde kann Ihrem Blick nicht ausweichen und muss sich jetzt entscheiden. Krönen Sie die Technik, indem Sie dem Kunden als nächstes Geste die Hand zum Abschluss reichen.

Geschichte

Eine Geschichte kann auch als Abschlusstechnik hervorragend eingesetzt werden. Der große Vorteil von Geschichten wurde ja schon mehrfach erläutert: Die Abwehrmechanismen des Zuhörers sind abgeschaltet und die Darsteller verkaufen für Sie. Erzählen Sie dem Kunden: Ich verstehe, dass Sie sich die Anschaffung genau überlegen. Sie können aber unbesorgt sein. Eine Untersuchung hat ergeben, dass unsere Kunden genau zwei schlaflose Nächte haben, wenn Sie von uns kaufen. Wussten Sie das? Lächeln Sie Ihren Kunden an und warten Sie seine Antwort ab. Dann fahren Sie fort: Die erste Nacht, in der sie sich sorgen, ist die Nacht *vor* dem Kauf, weil sie sich Gedanken machen, ob sie die richtige Entscheidung treffen. Die zweite schlaflose Nacht ist direkt *nach* dem Kauf, weil sie darüber nachdenken,

„Ich vertraue Ihnen ... Vertrauen Sie mir auch?"

DIE VERTRAUENSFRAGE!

warum wir einen so großen Wert zu einem so günstigen Preis verkaufen. Lächeln Sie den Kunden wieder an und machen Sie den Abschluss: Ich bin absolut zuversichtlich, dass Sie von unserem Produkt begeistert sein werden, oder wir geben Ihnen innerhalb von 14 Tagen Ihr Geld zurück. Ist das fair?

Türklinkenmethode

Wenn Sie den Kunden im Gespräch nicht überzeugen können, dann packen Sie Ihre Unterlagen zusammen und verabschieden sich höflich. Sobald Sie die Hand an der Türklinke haben, drehen Sie sich nochmals zum Kunden um und sagen: Ich akzeptiere Ihr Nein. Aber können Sie mir bitte noch einen Gefallen tun und mir sagen, warum wir nicht zusammengekommen sind? Ich möchte einfach für meinen nächsten Kunden daraus lernen. Was habe ich falsch gemacht? Was stimmt nicht an meinem Angebot? Was müssen wir beim nächsten Mal *mehr* bieten? Das hat einen erstaunlichen Effekt. Meistens verrät Ihnen der Kunde jetzt seinen wahren Grund für die Ablehnung. Sie sind ja nicht mehr im Verkaufsgespräch, sondern eigentlich außerhalb in einer Art „Rückschau". Der Kunde fühlt sich nicht länger unter Druck gesetzt und beginnt sich zu entspannen. Damit haben Sie schon fast gewonnen. Mit dem wahren Grund der Ablehnung können Sie arbeiten: Wenn ich es schaffe, diesen Grund zu Ihrer vollsten Zufriedenheit zu lösen, habe ich dann noch eine Chance, Sie als Kunde zu gewinnen?

Körpersprachliche Abschlussgesten

Natürlich gibt es auch körpersprachliche Gesten, die auf den von Ihnen erwarteten Abschluss hindeuten. Legen Sie wortlos die Vertragsunterlagen zurecht. Überreichen Sie dem Kunden einen Kugelschreiber oder besiegeln Sie das Geschäft mit einem Handschlag. Sie können auch zu Beginn des Verkaufsgesprächs das Auftragsformular auf den Tisch legen. Damit signalisieren Sie dem Kunden, dass Sie der festen Überzeugung sind, dass er nach der Produktvorstellung kaufen wird. Während des Verkaufsgesprächs tragen Sie alle besprochenen Details in das Auftragsformular ein, sodass der Kunde dabei zusehen kann. Zum Schluss schieben Sie dem Kunden das fertig ausgefüllte Formular zusammen mit einem Kugelschreiber zur Unterschrift zu. Schauen Sie dem Kunden dabei in die Augen und sagen Sie: Herzlichen Glückwunsch, Sie haben eine gute Wahl getroffen. Dann schweigen Sie und warten ab ... Es entsteht ein Sog, dem sich nur wenige Kunden entziehen können.

Den Auftrag auf Option legen

Wenn Sie beim Kunden nicht durchkommen, können Sie noch einen letzten Versuch starten, um ihn noch heute zur Unterschrift zu bewegen. Sagen Sie bei immer wieder neuen Ausflüchten Ihres Kunden: Ich kann Sie gut verstehen. Wie lange, denken Sie, benötigen Sie, um Ihre Entscheidung zu treffen? Drei Tage? Vier Tage? Ich denke, dass ich mir das bis nächste Woche überlegt habe. Gut. Dann machen wir es jetzt so: Sie bestätigen heute den Auftrag, und ich lege diesen bis Ende nächster Woche für Sie auf Option. Wenn Sie in dieser Zeit das Gefühl haben, dass Sie nicht von den vielen Vorteilen profitieren wollen, dann rufen Sie mich einfach kurz an. Wenn ich bis Ende nächster Woche nichts von Ihnen gehört habe, dann leite ich den Auftrag zur Bearbeitung weiter. Wissen Sie, es ist viel einfacher, über eine getroffene Entscheidung nachzudenken, als sich darüber Sorgen zu machen, ob man die richtige Entscheidung treffen wird. Machen Sie diesen Schritt ohne jede Verpflichtung und fühlen Sie in Ruhe in sich hinein. Wie wäre das für Sie?

Gesprächszusammenfassung

Gerade bei komplexeren Produkten sind längere Verkaufsverhandlungen mit mehreren Gesprächen durchaus üblich. Sofern Sie nicht gleich im Erstgespräch abschließen können, müssen Sie den Kunden immer wieder dort abholen, wo er gerade steht. Schreiben Sie dem Kunden im Anschluss an Ihr Gespräch eine Zusammenfassung über den aktuellen Stand. Verlassen Sie keinen Termin, ohne konkrete weitere Schritte vereinbart zu haben. Fixieren Sie gleich einen Folgetermin und schreiben Sie die Ziele dieses folgenden Termins ebenfalls in Ihre Zusammenfassung. Führen Sie am Ende Ihres Kundengesprächs eine Bewertung gemeinsam mit dem Kunden durch, damit Sie genau wissen, wo Sie stehen: Herr Müller, wie hat Ihnen das Gespräch bis hierher gefallen? Wiederholen Sie beim nächsten Treffen die bisherigen Gesprächsergebnisse, und lassen Sie sich diese zu Beginn nochmals bestätigen.

Auch ein Nein akzeptieren

Führen Sie immer mehrere Abschlussversuche durch. Ein Nein des Kunden muss genau hinterfragt werden. Akzeptieren Sie keine pauschalen Antworten. Ein Nein bedeutet in Wirklichkeit „Jetzt nicht" oder „So nicht".

Wenn Sie tatsächlich zum jetzigen Zeitpunkt nicht abschließen können, dann versuchen Sie es zu einem späteren Zeitpunkt nochmals wieder. Geben Sie dem Kunden auch in solchen Fällen ein gutes Gefühl: Schade, dass wir heute nicht zusammenkommen, Herr Müller. Geben Sie uns doch einfach Bescheid, wenn wir etwas für Sie tun können. Wir sind gerne für Sie da. Sprechen Sie das äußerst freundlich und mit einem Lächeln aus. Das wird Ihnen der Kunde positiv anrechnen und sich in Zukunft erkenntlich zeigen. Sie wären kein Profi-Verkäufer, wenn Sie in einer solchen Situation nicht gleich Ausschau nach weiteren Verkaufschancen halten würden. Fragen Sie den Kunden beim Herausgehen, welche anderen Abteilungen im Unternehmen für Ihr Produkt noch infrage kommen. Fragen Sie ihn, ob ihm jemand anderes einfällt, den Ihr Produkt interessieren würde. Ihr Kunde hat ein schlechtes Gewissen, weil er Sie unverrichteter Dinge nach Hause geschickt hat. Nutzen Sie das aus ...

N.E.I.N. bedeutet „Noch ein Impuls nötig". (Martin Limbeck)

ns Kunden

Der Kauf aus Sicht des Kunden

11

Kunden interessieren sich nicht für Ihren Verkaufsprozess. Sie interessieren sich für ihren Kaufprozess.

(Kevin Davis)

Viele Verkäufer arbeiten systematisch an Ihrem Verkaufsprozess. Dabei vergessen Sie etwas ganz Entscheidendes: Das interessiert den Kunden nicht. In diesem Kapitel betrachten wir deshalb den Kauf aus Sicht des Kunden. Um den Auftrag zu gewinnen, müssen Sie Ihren Verkaufsprozess perfekt auf den Kaufprozess des Kunden abstimmen. Sie haben einen großen Vorteil gegenüber der Konkurrenz, wenn Sie den Kaufprozess Ihrer Kunden verstehen und Ihr Verhalten darauf abstellen. Sie können Ihren Kunden dabei helfen, ihre Kaufphasen schneller zu durchlaufen, und gleichzeitig Ihre eigene Abschlusswahrscheinlichkeit erhöhen.

Der Kaufprozess

Der Kunde durchläuft in seinem Kaufprozess die nachfolgenden Phasen. Achten Sie darauf, dass Ihr Kunde von einer Phase zur nächsten gelangt. Ihr einziges Ziel in jeder Phase muss es sein, den Kunden in die jeweils nächste Phase zu überführen. Vereinbaren Sie mit dem Kunden immer eine Handlung, die er erfüllen muss. Sobald der Kunde seine Zustimmung zu einer Handlung gibt, signalisiert Ihnen das Interesse und Verpflichtung.

Die beste Methode, um die Zukunft vorherzusagen, ist sie zu schaffen.
(Peter Drucker)

Unzufriedenheit

Am Anfang müssen Sie beim Kunden Unzufriedenheit mit der aktuellen Situation herbeiführen. Er muss genug Freude oder Schmerz verspüren, um etwas zu unternehmen. Erst wenn der Kunde unzufrieden ist, entsteht ein Bedarf. Der Kunde versucht in dieser Phase herauszufinden, ob die Unzufriedenheit groß genug ist, um sich intensiver mit dem Thema zu beschäftigen. Deshalb fragen viele schon in dieser frühen Phase nach den Kosten. Diese werden mit dem Nutzen abgewogen und der Kunde trifft die Entscheidung, ob er weitermacht oder nicht. Erscheint der Preis im Vergleich zum Nutzen in einer vernünftigen Relation, fährt er mit seinem Kaufprozess fort. In dieser frühen Phase bringt es nichts, über Produktnutzen und Vorteile zu sprechen. Die meisten Kunden sind sich nicht einmal im Klaren, dass sie ein Problem haben. Also schüren Sie Unzufriedenheit. Benutzen Sie in dieser Phase Orientierungsfragen, Problemfragen, Chancenfragen, Ursachenfragen, Auswirkungsfragen und Lösungsfragen. So machen Sie die Lücke zwischen dem Ist-Zustand und der Idealsituation bewusst. Sie müssen den Sprung schaffen, dass der Kunde die Verbesserungsmöglichkeit nicht nur erkennt, sondern ausdrücklich wünscht. Am gefährlichsten ist an dieser Stelle die Entscheidung des Kunden, *nichts* unternehmen zu wollen. Führen Sie dem Kunden genau vor Augen, was in diesem Fall passiert.

Informationsbeschaffung

Sobald der Kunde sein Problem erkannt hat, braucht er weitere Informationen. Entweder Sie geben sie ihm, oder er sucht sie sich selbst. Oft sucht der Kunde auch nach alternativen Lösungsmöglichkeiten. Um seine Entscheidung abzusichern, holt er verschiedene Vorschläge ein. Die meisten Verkäufer legen jetzt schon los mit ihrer Präsentation. Das Problem dabei ist, dass der Kunde zu diesem Zeitpunkt erst eine vage Vorstellung von der Umsetzung hat. Er will alle Informationen zusammentragen und sich zum Thema von verschiedenen Stellen beraten lassen. Während der Informationsbeschaffung wird der Kunde viele Fragen zu den Produktmerkmalen an Sie haben. Er beginnt damit, Standards und Kriterien zu definieren. Um den Kunden bei der Informationsbeschaffung zu unterstützen, müssen Sie zunächst seine Situation verstehen. Ihre Aufgabe liegt darin, ein klares Bild von der Lösungsvorstellung Ihres Kunden zu gewinnen. Außerdem müssen Sie die Kaufkriterien Ihres Kunden so beeinflussen, dass Sie seine Bedürfnisse zwar optimal befriedigen, Sie sich aber gleichzeitig einen Wettbewerbsvorteil verschaffen. Wahrscheinlich werden sich die Kaufkriterien während dieser Phase öfter ändern. Welche Muss-Kriterien gibt es und welche Kann-Kriterien? Helfen Sie Ihrem Kunden, indem Sie ihm Kaufkriterien nennen, die wichtig für seine Entscheidungsfindung sind. Die Herausforderung besteht darin, dass der Kunde die wichtigsten Kriterien selbst erkennt. Das erreichen Sie, indem Sie ihm Denkanstöße geben. Wenn Sie merken, dass der Kunde für Sie ungünstige Kriterien anlegt, dann müssen Sie diese schmälern. Forschen Sie nach den Motiven, wieso ein Kunde einzelne Kaufkriterien auf seine Liste nimmt. Überlegen Sie sich bei einem ungünstigen Kriterium, wie Sie das dahinterliegende Motiv anders befriedigen können. Ziel ist es in dieser Phase, dass Sie mit dem Kunden eine maßgeschneiderte Lösung entwickeln. Widerstehen Sie der Versuchung, voreilig Ihr Produkt anzupreisen.

Vergleich

Sobald der Kunde verschiedene Lösungsmöglichkeiten ausgelotet hat, tritt er in die Vergleichsphase über. Versuchen Sie nicht, den Kunden davon abzuhalten, sich auch Konkurrenzangebote anzuschauen. Der Kunde möchte vergleichen. Also lassen Sie ihn. Wenn Sie ein gutes Produkt haben, ermutigen Sie ihn sogar dazu. Das schafft Vertrauen. In Unternehmen spricht der Kunde jetzt mit weiteren Entscheidungsträgern. Die wenigsten Verkäufer rüsten ihre Ansprechpartner für diese Zwecke mit den notwendigen Verkaufsinstrumenten aus. Viele Verkäufer beachten die Vergleichsphase des Kunden nicht und versuchen bereits jetzt hartnäckig den Abschluss oder erstellen einfach ein Angebot. Damit ist ihr Verkaufsprozess am Schlusspunkt angelangt und die Kommunikation zum Kunden unterbrochen. Ausgerechnet zu dem Zeitpunkt, wo der Verkaufsprozess der Konkurrenz beginnt. Sie erkennen durch folgende Fragen, dass sich der Kunde in der Vergleichsphase befindet: Wie unterscheidet sich Ihr Produkt von den anderen? Warum sollten wir uns für Ihr Unternehmen entscheiden?

Eines der Entscheidungskriterien ist natürlich immer der Preis. Deshalb werden sich die meisten Angebote innerhalb eines bestimmten Rahmens bewegen und der Preis tritt in dieser Phase erst einmal in den Hintergrund. Der Fokus des Kunden liegt darauf, die Unterschiede zwischen den Alternativen in allen anderen Bereichen herauszufinden. Wenn der Kunde keine wesentlichen Unterschiede zwischen vergleichbaren Alternativen feststellen kann, dann entscheidet schlussendlich der Preis. Die Vergleichsphase endet, wenn Ihr Kunde seine bevorzugte Lösung gefunden hat.

Der Kunde erhält laufend neue Informationen aus dem Vergleich. Prüfen Sie regelmäßig, ob der Kunde neue Kaufkriterien ergänzt, alte gestrichen oder anders bewertet hat: Haben Sie irgendwelche Leistungsmerkmale bei anderen Anbietern entdeckt, die für Sie wichtig sind? In der Vergleichsphase müssen Sie herausfinden, was Ihre Konkurrenten anbieten. Sie können auch bestehende Kunden um Hilfe bitten, die kürzlich von Ihnen gekauft haben. Diese haben ja erst vor Kurzem verschiedene Wettbewerbsangebote eingeholt und miteinander verglichen. Sie sind eine ausgezeichnete Informationsquelle. Fragen Sie, was der ausschlaggebende Punkt für die Auftragserteilung an Sie war. Fragen Sie, ob der Kunde als Referenz zur Verfügung steht und geben Sie diese Information an den neuen Interessenten weiter. Wenn Sie mittlerweile eine gute Beziehung zum Kunden aufgebaut haben, bitten Sie um Kopien der Wettbewerbsangebote. Das hilft Ihnen bei der Analyse ihrer Schwächen.

Bei einem Bieterwettbewerb in der Vergleichsphase sollten Sie entweder als Erster oder als Letzter präsentieren. Wenn Sie eine exzellente Lösung haben, dann ist der Schlussplatz am besten. So kann Ihr Kunde Ihr Angebot mit allen vorherigen Wettbewerbsangeboten vergleichen. Wenn Sie das Gefühl haben, dass Sie die Anforderungen nicht zu 100 Prozent erfüllen können, dann ist die erste Präsentation für Sie die beste Ausgangslage. Geben Sie den Entscheidungsträgern während der Präsentation Fragen an die Wettbewerber mit, um das Bewusstsein für deren Schwächen zu schärfen.

Angst

Sobald der Kunde alle Angebote auf dem Tisch hat, entsteht ein Moment der Angst. Kein Kunde springt von der Vergleichsphase direkt zur Kaufzusage. Er fragt sich, ob er die richtige Entscheidung treffen wird, ob er überhaupt eine Entscheidung treffen soll und was andere davon halten. Er hat ein beklemmendes Gefühl vor einer großen Entscheidung mit weitreichenden Auswirkungen. Entscheidungen können falsch sein, negative Konsequenzen haben; sie beinhalten Verantwortung für die Folgen. Zudem erhält jeder Kaufprozess eine Option, deren Durchführung mit zunehmender Zeit immer unangenehmer wird: eine Absage. Man muss einem Verkäufer, zu dem man vielleicht schon eine gute Beziehung aufgebaut und Interesse signalisiert hat, eine Absage übermitteln. Keiner erteilt gerne Absagen. Aus diesem Grund lügen viele Interessenten in dieser Phase. Aber Sie wissen ja bereits aus dem Kapitel „ENTSCHLÜSSELUNG DER KÖRPERSPRACHE" im ersten Buch dieses Kompendiums, wie Sie das herausfinden. Je länger der Kunde mit einer Entscheidung wartet, desto größer werden die Zweifel.

In dieser Phase tauchen die Kunden plötzlich unter und reagieren nicht mehr auf Ihre Anrufe. Sie sind plötzlich in Meetings, in einer Telefonkonferenz, auf Reisen oder zwischen zwei Terminen. Die Sekretärin verleugnet Ihren Chef, ihr Tonfall ist nicht mehr so freundlich wie zu Beginn. E-Mails werden nicht mehr beantwortet. Es ist an dieser Stelle besser, den Verkaufsprozess zu stoppen. Sie zwingen den Kunden sonst ständig dazu, neue Lügen zu erfinden. Und wer wird schon gerne zum Lügen gezwungen? Es kann ja sein, dass der Kunde sich für einen Wettbewerber entschieden hat. Doch dieser macht im späteren Verlauf einen entscheidenden Fehler, und Sie würden wieder auf Platz eins rücken. Doch leider haben Sie sich inzwischen zu einer lästigen Zecke entwickelt. Der Kunde verspürt keine Lust mehr, sich bei Ihnen zu melden. Wenn Sie den Kunden doch einmal erreichen, wird er neue Fragen stellen, den Kauf nochmals überdenken oder irgendwelche weiteren Einwände erfinden. Kurzum: Er macht alles, um die Entscheidung hinauszuzögern. Aber: Wenn jemand ernsthaft interessiert ist, dann ist er zu sprechen, dann *ruft* er zurück, dann *hält* er sich an Verabredungen und *sagt* Bescheid. Wer nicht sprechen will, wird auch nicht kaufen. Sie haben an dieser Stelle nur eine wirklich wichtige Aufgabe: Starten Sie einen Kommunikationsprozess mit dem Kunden, den dieser nicht für ein Verkaufsanliegen hält.

ANGST!
Ein beklemmendes Gefühl vor einer großen Entscheidung mit weitreichenden Auswirkungen.

Machen Sie ungefährlichen Smalltalk. Und dann müssen Sie in dieser Phase wie ein Therapeut zuhören und beobachten. Sobald Sie die Vertrauensbasis wieder hergestellt haben, ermutigen Sie den Kunden dazu, seine Ängste und Sorgen offen anzusprechen: Was beschäftigt Sie im Moment? Was hält Sie noch von der Entscheidung ab? Ich habe das Gefühl, dass noch etwas für Ihre finale Entscheidung fehlt? Zeigen Sie Verständnis und Mitgefühl. Überlegen Sie, was Sie dem Kunden geben können, damit er seine Ängste überwinden kann. Um Kaufängste wirksam zu zerstreuen, müssen Sie regelmäßig mit dem Kunden sprechen. Nachdem Sie jetzt wissen, dass es an dieser Stelle immer erhebliche Ängste gibt, müssen Sie sich darauf vorbereiten. Integrieren Sie Angststrategien in Ihren Verkaufsprozess, wie Sie es im Kapitel „URSACHEN FÜR KUNDENVERHALTEN" im ersten Buch dieses Kompendiums gelernt haben. Stellen Sie fest, von welchen Ängsten Ihr Kunde genau geplagt wird. Dann finden Sie für jede Angst eine geeignete Gegenargumentation.

Interessenten verwenden in dieser Phase zwei Methoden, um die Kontrolle über den Kaufprozess zu erlangen. Das sind einerseits unzählige Sachfragen, die dem Verkäufer so plausibel erscheinen, dass er bereitwillig darauf antwortet, und andererseits Ausreden bezüglich der nächsten Schritte. Viele Verkäufer beschäftigen sich so intensiv mit den Sachfragen, dass Sie ganz vergessen zu verkaufen. Die Ausreden bezüglich der nächsten Schritte führen viele Verkäufer in die Irre, sodass Sie vergessen, den Verkaufsprozess weiterzusteuern. Jetzt brauchen Sie ein Instrument, um die Kontrolle wieder zu übernehmen. Aufpassen, hier ist das Wundermittel: Jetzt habe ich da mal eine Frage … Ganz wie Inspektor Columbo aus der bekannten Krimi-Serie schauen Sie Ihren Gesprächspartner erwartungsvoll an oder machen am Telefon eine kurze Pause. Die Spannung steigt, der Kunde hört Ihnen erwartungsvoll zu. Dann stellen Sie eine der drei oben stehenden Rückkehrfragen, wie zum Beispiel: Was fehlt Ihnen noch für Ihre Entscheidung? Warten Sie auf die Antwort des Kunden, und dann denken Sie erneut daran, was Inspektor Columbo darauf erwidern würde: Das ist ja wirklich interessant, Sir. Da wäre ich so gar nicht darauf gekommen. Vielen Dank, Sir. Sie haben mir wirklich sehr geholfen. Und was macht Inspektor Columbo jetzt? …eine Frage hätte ich da noch … und schaut sein Gegenüber wieder erwartungsvoll an. Mit diesem Muster kommen Sie aus jeder Situation wieder in sicheres Fahrwasser. Machen Sie das, bis Sie alle notwendigen Informationen vom Kunden erhalten haben. Die Methode funktioniert sogar dann, wenn der Interessent Sie mit einer Frage in die Ecke drängt: Jetzt sagen Sie mal … was sind denn jetzt genau Ihre Vorteile zum Wettbewerb? Das kann ich Ihnen ganz genau sagen. Jetzt habe ich da mal eine Frage …

Wenn der Kunde zum Beispiel mit der Ausrede kommt, dass er die Entscheidung noch mit seinem Geschäftspartner durchsprechen muss, dann wäre es fatal für den Verkaufsprozess, im nächsten Telefonat danach zu fragen, ob er das Gespräch schon geführt hat. Das öffnet die Tür für weitere Ausreden und Verzögerungen. Der Kunde wird in weitere Verstrickungen gedrängt, was ihm ein ungutes Gefühl gibt.

Der Psychiater fragt seinen Kunden: Es fällt Ihnen also schwer, sich zu entscheiden, richtig? Antwort des Kunden: Ja und Nein.

Besser ist es, im Folgegespräch mit keiner Silbe darauf einzugehen: Mir ist noch eine interessante Möglichkeit für Sie eingefallen. Ich denke, die sollten wir gesondert besprechen. Jetzt habe ich da mal eine Frage … wann wäre denn eine gute Gelegenheit, dass wir das gemeinsam mit Ihrem Partner besprechen? So haben Sie zwei Fliegen mit einer Klappe geschlagen. Sie zwingen den Kunden nicht zu einer Notlüge, und Sie haben beide Entscheider am Tisch.

Oder der Kunde sagt den Kauf vorerst ab. Er möchte später nochmals auf Sie zukommen, sobald die Sache wieder aktuell wird. Viele Verkäufer geben danach auf. Sie aber sagen: Mir ist noch etwas Wichtiges eingefallen. Der Grund, warum Sie sich ursprünglich für unser Produkt interessiert haben, war doch, dass Sie mehr Umsatz damit machen wollten. Habe ich das richtig verstanden? Ja, das stimmt. Jetzt habe ich da mal eine Frage …

Wenn Sie in einer festgefahren Situation stecken, können Sie auch eine zweite Person beim Kunden einführen. Das kann ein Vertriebskollege oder Ihr Chef sein. Der zweite Mann kann oft zu einem geistigen Neustart führen. Möglicherweise wird der Kommunikations- und Verkaufsprozess so wieder in Gang gesetzt. Der zweite Mann ruft den potenziellen Kunden ganz entspannt und gelassen an. Er muss eine beruhigende Wirkung auf den Interessenten ausstrahlen und alles nochmals von „unparteiischer" Seite bestätigen. Der zweite Mann sagt einfach Ja zu allem, was der Kunde sagt: Ja, das ist vollkommen richtig. Absolut machbar. Selbstverständlich können wir Ihnen dabei helfen. Haben Sie denn mit Herrn Berger schon vereinbart, wann wir beginnen sollen? Der zweite Mann muss den Verkaufsprozess gar nicht bis zum Schluss übernehmen. Er macht nach dem Gespräch einfach wieder die Überleitung zum ursprünglichen Verkäufer.

Kaufentscheidung

Wenn Sie die Angst beim Kunden erfolgreich bekämpft haben, erfolgt jetzt endlich die grundsätzliche Kaufentscheidung. Der Kunde akzeptiert aber selten Ihr erstes Angebot. Er tritt mit Ihnen in eine Preisverhandlung. Die Verhandlung beginnt, wenn der Kunde im Zusammenhang mit der Kaufentscheidung eine Forderung oder Bedingung äußert. Wo lesen Sie nach, was Sie jetzt tun müssen? Schauen Sie sich die Kapitel „ERFOLGREICH VERHANDELN" und „PREISGESPRÄCHE" nochmals an.

Kauf-Reue

Das Geld ist weg, die Zweifel sind da. Unmittelbar nach der Kaufentscheidung stellt sich bei vielen Menschen nochmals ein Gefühl der Unsicherheit ein. Habe ich wirklich die richtige Entscheidung getroffen? Erfüllt das Produkt seinen Zweck? Hat mir der Verkäufer die Wahrheit erzählt? Hat er mich zum Kauf überredet? Das ist die sogenannte Kauf-Reue. Diese reduzieren Sie mit einer sauberen Bedarfs-

---

He who agrees against his will, is of the same opinion still. (Samuel Butler)

und Motivanalyse und einem darauf abgestimmten Angebot. Trotzdem braucht es oft jemanden, der dem Kunden freundlich den Rücken stärkt. Wer kann das sein? Richtig. Helfen Sie dem Kunden, seine Kauf-Reue zu besiegen. Gratulieren Sie ihm, bestätigen Sie ihn in seiner Entscheidung und malen Sie positive Zukunftsaussichten mit dem Produkt aus: Gratuliere, ich verspreche Ihnen, dass Sie sich wunderbar mit dem Produkt fühlen werden. Sie werden begeistert sein. Das ist die beste Entscheidung, die Sie treffen konnten. Sie können sicher sein, dass Sie mit uns den besten Partner gefunden haben. Der psychologische Effekt: Nachdem der Auftrag erteilt wurde, haben Sie als Verkäufer keinen unmittelbaren Gewinn aus solchen Aussagen zu erwarten. Das weiß auch der Kunde. Also wird er Ihren Aussagen zu diesem Zeitpunkt mehr Gewicht verleihen, als vor dem Abschluss. Geben Sie dem Kunden für Rückfragen Ihre telefonische Durchwahl oder Mobiltelefonnummer: Ich gebe Ihnen jetzt meine Handynummer. Unter der Nummer bin ich immer für Sie erreichbar. In zwei Wochen werde ich mich bei Ihnen melden und wir besprechen, wie zufrieden Sie sind. Einverstanden? Das schafft Vertrauen. Sie sind nach dem Kauf nicht plötzlich verschwunden, sondern übernehmen Verantwortung und sind weiter ansprechbar. Am besten überwinden Sie das Phänomen der Kauf-Reue, indem Sie dem Kunden nach dem Kaufabschluss einen unerwarteten Nutzen bieten, der ihn überrascht. Übergeben Sie dem Kunden zum Beispiel ein kleines Präsent. Eine freudige Überraschung ist ein so positives Gefühl, dass die Kauf-Reue verfliegt.

Entscheidungsprozesse

Interessant zu wissen ist, wie die Entscheidungsprozesse bei Ihren Kunden funktionieren. Hier finden Sie eine Übersicht.

Extensive Entscheidung
Extensive Entscheidungsprozesse finden dann statt, wenn der Kauf für den Kunden eine hohe Bedeutung und eine hohe Neuartigkeit besitzt. Bei extensiven Kaufentscheidungen werden alle Phasen des Kaufprozesses durchlaufen. Nach der Bedarfsfeststellung geht noch eine ausgedehnte Alternativensuche dem Kauf voraus. Das führt zu einer langen Entscheidungsdauer. Die generelle Kaufabsicht bildet sich erst während des Kaufprozesses heraus. Interessanterweise finden extensive Entscheidungen im Alltagsleben nur bei zehn Prozent der Käufe statt.

Limitierte Entscheidung
Limitierte Entscheidungsprozesse werden dann durchgeführt, wenn das Produkt eine hohe Bedeutung hat, aber geringe Neuartigkeit aufweist. Sie zeichnen sich durch bewährte Muster und Erfahrungen aus

früheren und ähnlichen Käufen aus. Daraus sind erprobte Entscheidungskriterien entstanden, sodass nur wenige bis gar keine Alternativen beurteilt werden müssen. Da ein gespeichertes Auswahlprogramm vorliegt, kann bei einem passenden Angebot direkt entschieden werden. Zunächst zieht der Kunde seine eigene Informationsgrundlage heran. Nur wenn die gespeicherten Informationen nicht ausreichen, sucht er nach externen Informationsquellen. Limitierte Kaufentscheidungen haben einen Anteil von 30 Prozent an allen Käufen. Interessante Erkenntnis: mindestens ein Drittel aller Käufer nutzt selbst bei großen Anschaffungen nur eine einzige Informationsquelle.

Impulsive Entscheidung

Bei geringer Bedeutung und hoher Neuartigkeit wird impulsiv entschieden. Impulsive Käufe haben wenig mit Nachdenken zu tun und sehr viel mit Emotion. Sie sind ungeplant und laufen ohne bewusste Informationssuche sehr schnell ab. Es handelt sich um eine automatisch ablaufende Reaktion, unmittelbar und situationsbedingt. Impulsive Entscheidungen werden durch die Kaufkraft des Kunden begünstigt. Meist handelt es sich um Produkte, die nicht unbedingt benötigt werden, aber zur Lustbefriedigung beitragen. Man unterscheidet den suggestiven Impulskauf, der mit argumentativer Unterstützung des Verkäufers zustande kommt, und den geplanten Impulskauf, wo die Entscheidung auf Sonderangeboten oder Verkaufsförderungen basiert. Impulsentscheidungen betreffen 30 Prozent aller Käufe.

Gewohnheitsmäßige Entscheidung

Gewohnheitsmäßige Entscheidungsprozesse werden bei geringer Bedeutung und geringer Neuartigkeit des Produkts durchlaufen. Es handelt sich dabei um Wiederholungskäufe des gleichen Produkts, wobei nicht mehr viel überlegt werden muss. Bei diesem Entscheidungsprozess sind die Alternativensuche und -bewertung außen vor. Es werden kaum noch Informationen herangezogen. Die Entscheidungszeit wird stark verkürzt, es gibt nur eine Alternative. In der Regel geht dieses Verhalten auf extensive Entscheidungen in der Vergangenheit zurück, wo man sich intensiv mit der Anschaffung eines Produkts beschäftigt hat. Oder es beruht auf unüberlegten, impulsiven Entscheidungen, die sich im Laufe der Zeit zur Gewohnheit verfestigt haben. 30 Prozent der getroffenen Kaufentscheidungen basieren auf solchen Gewohnheiten.

Entscheidungsregeln

Angesicht einer begrenzten Kapazität zur Informationsaufnahme setzt der Käufer vereinfachende Entscheidungsregeln ein.

Kompensatorische Entscheidung

Eine kompensatorische Entscheidung findet dann statt, wenn die Nachteile einer zur Auswahl stehenden Alternative hinsichtlich einzelner Eigenschaften durch Vorteile bei anderen Eigenschaften ausgeglichen werden können. Der Kunde überlegt sich für ihn wichtige Kaufkriterien. Dabei werden die zur Auswahl stehenden Alternativen einzeln hinsichtlich aller relevanten Eigenschaften bewertet. Die Kriterien können zusätzlich subjektiv gewichtet werden. Die gewichteten Einzelbewertungen werden dann zusammengezählt. Es gewinnt die Alternative mit dem höchsten Wert.

Nicht-kompensatorische Entscheidung

Wenn der Kunde nicht-kompensatorisch entscheidet, dann können die Nachteile einer zur Auswahl stehenden Alternative hinsichtlich einzelner Eigenschaften bereits zum Ausschluss von der Kaufentscheidung führen. Ein schlechter Eindruck eines Details verdirbt den Gesamteindruck. Bei der Auswahl der Alternativen wird für jede relevante Eigenschaft ein akzeptables Mindestniveau festgelegt. Alternativen, die eine dieser Mindestanforderungen nicht erfüllen, werden von der Kaufentscheidung ausgeschlossen. Es kann passieren, dass am Ende keine oder mehrere Alternativen übrig bleiben. Erfüllen mehrere Alternativen die Kaufkriterien, wird deren Niveau schrittweise erhöht bis nur noch eine übrig bleibt.

12

Politische Spiele

Wenn man eine politische Partei nicht besiegen kann, muss man ihr beitreten.

(Bob Hope)

Auch wenn Sie Ihren Verkaufsprozess perfekt auf den Kaufprozess des Kunden abgestimmt haben, kann Ihnen bei Unternehmenskunden immer noch etwas die Suppe versalzen: die politischen Spiele sind eröffnet.

Der Kauf wird verhindert, wenn Sie wichtige Personen nicht in die Gespräche mit einbezogen und Einflüsse unterschätzt haben. Prüfen Sie, ob Sie alle Entscheider, Betroffenen und Meinungsbildner auf Ihrer Seite wissen. Seien Sie auf der Hut, denn Ihre Gegner arbeiten oft verdeckt.

Rollen im Unternehmen

Hier gleich zu Beginn einige Rollen, denen Sie in Unternehmen begegnen können. Jeder Beteiligte ist an unterschiedlichen Aspekten des Angebots interessiert. Jeder verfolgt seine persönliche Agenda. Sie alle haben unterschiedliche Macht und Einfluss auf die Kaufentscheidung. Fördern Sie nach Möglichkeit die persönlichen Ziele der Entscheidungsträger. Finden Sie heraus, nach was diese wirklich streben. Wer will und muss sich profilieren, um auf der Karriereleiter nach oben zu steigen? Für den Entscheidungsträger zählt in diesem Fall der Faktor „Sichtbarkeit". Seine Leistungen müssen wahrgenommen und anerkannt werden.

12 / Politische Spiele

Finanzentscheider

Die Person, welche die finale Kaufentscheidung trifft, ist der Finanzentscheider. Wenn Sie bei der Kundenakquisition alles richtig gemacht haben, starten Sie an dieser Stelle und entwickeln gemeinsam mit dem Finanzentscheider die Vision. Die meisten Kundenunternehmen sind sich Ihrer Probleme zu Beginn des Verkaufsprozesses noch nicht bewusst.

Der Finanzentscheider stellt für das Unternehmen sicher, dass Probleme klar und korrekt definiert sind. Ein Finanzentscheider hat jeden Tag über eine Menge Projekte zu entscheiden. Er setzt die Prioritäten. Er ist am „Was" und „Warum" beteiligt, und weniger am „Wie". Helfen Sie dem Finanzentscheider, seine Bedürfnisse zu erkennen.

Jeder Spitzenmanager benötigt ein informelles Netzwerk, um zu sehen, wie die offiziellen Anordnungen umgesetzt werden. Er benötigt einen Überblick, was in seiner Branche vor sich geht. Wenn Sie sein Vertrauen gewinnen und ihm diese Informationen geben können, stellen Sie eine wichtige Ressource für ihn dar. Mit der richtigen Strategie ist es nicht sonderlich schwer, an den Finanzentscheider zu gelangen. Die meisten Finanzentscheider treffen sich gerne mit Ihnen, sofern eine vertraute Quelle aus dem eigenen Unternehmen Sie einführt. Empfehlungen von Personen außerhalb des Unternehmens sind die zweitbeste Möglichkeit, den Finanzentscheider zu treffen. Wenn Ihnen beides nicht gelingt, bleibt noch ein Kaltanruf.

Bereiten Sie sich auf den Termin mit dem Finanzentscheider perfekt vor. Lernen Sie alles Wesentliche über die Branche, das Kundenunternehmen und den Finanzentscheider selbst. Der Finanzentscheider ist an Zahlen, Daten und Fakten interessiert. Gesucht werden neue Ideen und Konzepte, die einen Wettbewerbsvorteil verschaffen und durch die sich der Finanzentscheider profilieren kann. Er braucht eine hohe Rendite und eine kurze Amortisationszeit der Investition. Den Finanzentscheider interessieren die kritischen Erfolgsfaktoren seines Unternehmens, also jene Bereiche die für die Leistungserbringung und die Resultate essenziell sind. Versuchen Sie, den Nutzen Ihres Produkts in Hinsicht auf diese kritischen Erfolgsfaktoren aufzuzeigen. Der Finanzentscheider kauft keine Software, er kauft mehr Qualität und weniger Kosten. Die übergeordneten Ziele zählen. Was für das Topmanagement wichtig ist, finden Sie im Geschäftsbericht und auf der Homepage des Unternehmens.

Nutzer

Die Nutzer sind die Personen, die Ihre Produkte schlussendlich einsetzen und damit arbeiten. Sie kennen sich am besten mit den operativen Abläufen und Fragestellungen aus. Die Nutzer sind hauptsächlich an der Funktionalität Ihrer Lösung und den Auswirkungen auf ihre tägliche Arbeit interessiert. Es ist außerordentlich wichtig, die Nutzer von Ihrem Produkt zu überzeugen, auch wenn Sie die abschließende Kaufentscheidung nicht treffen werden. Sie sind aber eine wichtige Informationsquelle für den Finanzentscheider. Selten geht ein Finanzentscheider das Risiko ein, ein Produkt ohne breite Zustimmung der Nutzer einzuführen. Denn läuft dabei etwas schief, steht er im Aus.

Integrator

Integratoren verfügen über besonderes Fachwissen. Sie bewerten sowohl die technischen Aspekte als auch die Vereinbarkeit und Verträglichkeit mit bestehenden Systemen. Auch die Meinung eines Integrators spielt beim Finanzentscheider eine große Rolle. Im Vordergrund steht auch hier die Absicherung.

Torwächter

Der Torwächter steuert den Zugang und Informationsfluss zwischen Ihnen und den Ansprechpartnern im Unternehmen. Der Torwächter kann für den Kontakt zum Entscheider sorgen – oder diesen verwehren. Zum Torwächter wird meist eine Verwaltungskraft bestimmt, wie Sekretärin, Assistenz oder Büroleiter. Die Hauptaufgabe des Torwächters besteht darin, die Anliegen der Lieferanten zu sichten und zu filtern. Umgehen Sie den Torwächter nicht. Besser ist es, diesen in Ihre Verkaufsstrategie mit einzubeziehen. Stellen Sie ihm Fragen, die er nicht beantworten kann. So werden Sie hoffentlich an die richtigen Personen weitergeleitet. Oder nehmen Sie dem Torwächter Arbeit ab, indem Sie Informationen für ihn einholen und ihn anschließend über Ihre Kenntnisse unterrichten. Bauen Sie eine gute Beziehung zum Torwächter auf und binden Sie ihn in Ihre Gespräche mit den Entscheidungsträgern mit ein.

Abblocker

Wenn Sie zu weit unten im Unternehmen eingestiegen sind, dann werden Sie vielleicht von einem Abblocker eingeschlossen. Er wird versuchen, Sie an die Kette zu legen. Alles muss über seinen Tisch gehen, obwohl er keine Entscheidung treffen kann. Achtung: Die Werte und Prioritäten auf einer mittleren Ebene stimmen nicht unbedingt mit jenen des Finanzentscheiders überein. Sie können eine Menge Zeit verlieren, wenn Sie sich auf einer zu tiefen Ebene verzetteln. Zum Glück ist das nicht das Ende. Mit der richtigen Strategie kommen Sie auch hier wieder raus: Bitten Sie eine Führungskraft Ihres eigenen Unternehmens, direkt Kontakt mit dem Finanzentscheider aufzunehmen. So haben Sie persönlich den Abblocker nicht übergangen, da Sie das Verhalten Ihres Chefs ja nicht kontrollieren können. Oder zeigen Sie dem Abblocker, wie er gewinnen kann. Wenn der Abblocker das Gefühl hat, dass Ihr Besuch beim Finanzentscheider ihm weiterhilft, dann wird er Sie dabei unterstützen. Auch hier handelt es sich um eine Absicherungsfrage. Wenn der Abblocker Vertrauen in Sie hat, dann wird er Sie an seinen Vorgesetzten vermitteln. Sagen Sie Dinge wie: Weiß Ihr Chef eigentlich, was für ein tolles Team Sie hier aufgebaut haben? Was halten Sie davon, wenn wir ein gemeinsames Treffen vereinbaren, um Ihren Chef über diese

Tatsache und unsere Empfehlung für das Projekt zu informieren? **Wann immer Sie sich mit dem Finanzentscheider treffen, verlassen Sie nicht das Gebäude, ohne mit dem Abblocker gesprochen zu haben. Geben Sie ihm einen detaillierten Besuchsbericht, mit Betonung der Kommentare und Reaktionen des Chefs.**

Unterstützer

Unterstützer sind diejenigen Personen im Unternehmen, die Ihr Produkt kaufen und einführen wollen. Solche verbündete Personen sind Ihnen gegenüber sehr offen. Sie geben Ihnen einen Überblick über die internen Verflechtungen im Unternehmen und wer bei der Entscheidungsfindung in welcher Form beteiligt ist. Fragen Sie: Herr Müller, wie wird diese Entscheidung getroffen? **Nach der Antwort haken Sie nach:** Und was geschieht dann? **Darauf erfahren Sie, was wirklich geschieht.** Unterstützer haben keine Angst davor, Ihnen auch andere einflussreiche Kollegen im Unternehmen vorzustellen.

In der Vergleichsphase ist es bei Unternehmenskunden extrem wichtig, einen verbündeten Unterstützer zu haben. Sie müssen jemanden finden, der Ihnen ehrlich Auskunft darüber geben kann, wo Sie gerade stehen. Er muss Ihnen mitteilen, bei welchen Punkten Ihr Angebot nicht mit dem Wettbewerb mithalten kann, und Ihnen einen Rat geben, wie Sie trotzdem noch zum Ziel kommen.

Machtpromotor

Der Machtpromotor hat im Entscheidungsteam den größten Einfluss und die größte politische Macht. Er kann andere Entscheider auf seine Seite bringen. Finanzentscheider und Machtpromotor können auch ein und dieselbe Person sein. Meist ist der Machtpromotor aber ein Nutzer, Torwächter oder Integrator. Der Machtpromotor hat stets Zugang zum Topmanagement. Er hat politisch am meisten bei der Kaufentscheidung zu gewinnen oder zu verlieren. Er ist an anderen Schlüsselprojekten beteiligt und tritt sehr selbstbewusst auf. Er kennt und versteht die Ziele des Unternehmens und wird von anderen gehört. Da der Machtpromotor einen großen Einfluss hat, sollten Sie eine enge Beziehung zu ihm aufbauen.

Persönlichen Kaufprozess berücksichtigen

Jede Person im Entscheidungsteam befindet sich vermutlich an einer anderen Stelle des persönlichen Kaufprozesses. Beschäftigen Sie sich mit jedem Thema, das für den einzelnen Entscheider wichtig ist, und lösen Sie es für ihn.

Der Finanzentscheider zieht sich nach dem Prozessschritt „Unzufriedenheit" meist zurück. Sein Team hat die Aufgabe, eine Empfehlung für ihn auszuarbeiten. Falls sich das Unternehmen bereits in der Vergleichsphase befindet und mit einer konkreten Anfrage auf Sie zukommt, agiert der Finanzentscheider in der Regel aus dem Hintergrund. Die wenigsten Finanzentscheider holen selbst Angebote ein. Sie treten erst in einer späteren Phase wieder in Erscheinung. Für die „Informationsbeschaffung" und den „Vergleich" wird vermutlich der Machtpromotor als Verantwortlicher bestimmt. Die Nutzer können sich in allen möglichen Phasen befinden. Sie geben Anregungen zu den Kriterien, die berücksichtigt werden sollen. Der Integrator kommt normalerweise nicht vor der Informationsbeschaffung auf den Plan. Als technischer Experte ist er an der Formulierung der Anforderungen beteiligt. Der Torwächter wird meist zwischen der Informationsbeschaffung und dem Vergleich bestimmt. Denn in dieser Phase wird es für die Entscheidungsträger zu einer Belastung, wenn Sie von allen Lieferanten penetriert werden. Wenn Sie von sich aus auf das Unternehmen zugegangen sind, treten Sie meist ein, ohne dass ein Torwächter installiert wurde. So haben Sie direkten Zugang zu den Entscheidern. Zu einem späteren Zeitpunkt werden Sie wahrscheinlich mit einem Torwächter arbeiten müssen. Der Machtpromotor wird oft langsam durch den Kaufprozess gehen. Fragen Sie jeden Beteiligten einfach gerade heraus: An welcher Stelle des Kaufprozesses befinden Sie sich gerade? Die Antworten werden Ihnen bei der Einordnung in die richtige Kaufphase helfen. Sobald das Entscheidungsteam beim Prozessschritt „Angst" angelangt ist, sollten Sie engen Kontakt zu Ihren Unterstützern halten. Sie können Ihnen verraten, was sich hinter den Kulissen abspielt.

Kontaktstrategie

Die Faustregel lautet: Möglichst hoch einsteigen und sich dann von oben nach unten durch das Organigramm durcharbeiten, bis auf die Ebene der Nutzer. Mit diesen Informationen sind Sie beim Finanzentscheider ein gern gesehener Gast.

So hoch wie möglich einsteigen

Je höher Sie einsteigen, desto einfacher für Sie. Oft sind Spitzenkräfte am zugänglichsten für neue Ideen. Sie erhalten direkt eine Antwort, ob Ihr Produkt für das Unternehmen infrage kommt und verschwenden keine Zeit auf niederen Ebenen. Der Finanzentscheider wird Ihnen die richtigen Entscheidungskriterien nennen und was Sie tun müssen, um ins Geschäft zu kommen. Die Person an der Spitze braucht jemanden, der Probleme erledigt und aus der Welt schafft. Wenn Sie dieses Versprechen vermitteln können, sind Sie im Rennen. Wenn es Probleme gibt, will der Finanzentscheider das umgehend erfahren. Kommen Sie aber nie nur mit einem Problem, sondern immer gleich mit mehreren Lösungsvorschlägen, die Sie nach Zustimmung durch den Finanzentscheider prüfen werden.

Stellen Sie der Führungskraft folgende Fragen: Werden Sie eine Empfehlung abgegeben oder die endgültige Entscheidung treffen? Wer ist an der endgültigen Entscheidung sonst noch beteiligt? Gibt es jemanden, der ein Veto einlegen könnte? Die Antworten auf diese Fragen geben Ihnen Auskunft darüber, ob Sie es mit dem Finanzentscheider zu tun haben oder nicht. Fragen Sie darüber hinaus: Wie beurteilen Sie die weitere Entwicklung Ihrer Abteilung? Wie entwickelt sich das Unternehmen? Welche finanziellen Fragen spielen dabei eine Rolle? Welche Personen üben einen besonderen Einfluss aus? Wer leistet Unterstützung? Damit erhalten Sie wichtige strategische Informationen, und Sie machen einen guten Eindruck, weil Sie sich wirklich für das Unternehmen interessieren.

Sie müssen so früh wie möglich erkennen, ob Sie es mit dem Finanzentscheider zu tun haben. Je länger Sie mit jemandem zusammenarbeiten, desto schwieriger wird es anschließend, in der Hierarchie eine Stufe höher zu steigen. Wenn Sie erfahren, dass jemand anders die finale Kaufentscheidung trifft, dann sollten Sie bereits im ersten Gespräch versuchen, einen Termin mit dieser Person zu vereinbaren: Ist es möglich, dass ich weitere Recherchen mit anderen Experten Ihres Unternehmens durchführen kann, um die Ausgangslage und mögliche Lösungen für Sie auszuarbeiten? Anschließend würde ich mich gerne mit Ihnen und Ihrem Entscheidungsteam zusammensetzen, um Ihnen meine Ergebnisse mitzuteilen. Wenn Sie auf einer niedrigen Stufe festhängen, dann besuchen Sie das Unternehmen doch einfach mal, während Ihr Ansprechpartner im Urlaub ist. Wenn Sie Glück haben, laufen Sie seinem Chef über den Weg ...

Möglichst viele Ansprechpartner kennen

Der Schlüssel zum Erfolg liegt darin, dass Sie möglichst viele Zugänge zu allen Beteiligten aufbauen. Für den Finanzentscheider ist es ein Risiko, einen neuen Lieferanten ins Unternehmen zu holen. Eine schlechte Leistung fällt auf ihn zurück. Der Entscheider wird immer eine möglichst risikolose Entscheidung treffen. Das ist immer dann der Fall, wenn der Lieferant im Management bereits bekannt ist. Weiten Sie Ihre Aktivitäten also nicht nur auf „Ihren" Entscheidungsträger aus, sondern gewinnen Sie Kontakt zu weiteren Mitgliedern des Topmanagements, auch aus anderen Unternehmensbereichen. Erklären Sie Ihrem Erstkontakt, wieso Sie möglichst viele Personen im Unternehmen kennenlernen wollen. Sie betrachten es als Bestandteil Ihrer Arbeit, zu den übergeordneten strategischen Zielen beizutragen. Dazu müssen Sie eine möglichst hohe Bandbreite an Meinungen hören. Versuchen Sie immer, bereits im Vorfeld etwas über Ihren nächsten Kontakt herauszufinden: Was ist Herr Meier für eine Person? Auf was muss ich achten?

Dreiecksbeziehungen aufbauen

Ein wichtiger Baustein zur nachhaltigen Kundenbindung ist der Aufbau von Dreiecksbeziehungen. Dabei gewinnen Sie nicht nur den Kontakt zum Entscheider beim Kundenunternehmen, sondern auch zu einem

externen gemeinsamen Bekannten. Idealerweise haben beide zu diesem Mittelsmann eine hervorragende Beziehung. Durch diese Absicherung wird der Kunde von zwei Seiten betreut. Sollte einmal ein Problem zum Entscheider auftauchen, haben Sie einen treuen Fürsprecher, der die Situation vielleicht nochmals retten kann. Auf jeden Fall fällt es dem Entscheider deutlich schwerer, einfach aus dem Blauen heraus den Lieferanten zu wechseln.

Wechsel des Ansprechpartners

Hilfe, der Ansprechpartner hat gewechselt! Ihr ganzer bisheriger Beziehungsaufbau steht infrage. Was tun? Arbeiten Sie in zwei Richtungen. Versuchen Sie, den neuen Ansprechpartner für sich zu gewinnen, und betreuen Sie auch den bisherigen Gesprächspartner weiter. Bleibt der bisherige Gesprächspartner innerhalb des Unternehmens, ist er ein wichtiger Verbündeter. Gratulieren Sie ihm, und bleiben Sie in Kontakt. Oft findet auch ein Wechsel zu einer ähnlichen Position in einem anderen Unternehmen statt. Wenn Sie Glück haben, gewinnen Sie so gleich den nächsten Kunden. Umgekehrt besteht beim neuen Ansprechpartner die Gefahr, dass er eine eigene Lieferantenbeziehung mitbringt. Hier ist es hilfreich, wenn Sie Ihre Fühler schon vorher weit ins Unternehmen ausgestreckt und ein breites Netzwerk aufgebaut haben. Der neue Ansprechpartner wird so von zwei Seiten überzeugt: durch Ihre Bemühungen und die der eigenen Kollegen.

Infiltrierungstaktik

Es gibt verschiedene Möglichkeiten, um zum Abschluss zu kommen. Sie unterscheiden sich nach Art und Umfang des Beziehungsaufbaus im Unternehmen.

Wenn Sie schnell zum Ziel kommen wollen, dann sprechen Sie wie folgt beim Finanzentscheider vor: Wir möchten Ihnen und den anderen Beteiligten in einer Präsentation unsere Markterfahrung vorstellen. So haben Sie einen Überblick, wo Sie gerade stehen und was Ihr Wettbewerb macht. Nach unserer Präsentation haben Sie alle notwendigen Informationen für eine abschließende Entscheidung. Durch diese Vorgehensweise bringen Sie alle Beteiligten auf einmal zusammen und haben die Gelegenheit, Ihr Produkt professionell vorzustellen. Ein Finanzentscheider hat den Einfluss, eine solche Besprechung einzuberufen. Sie haben dem Entscheider in Ihrer Formulierung mitgeteilt, dass Sie am Ende der Präsentation eine Entscheidung erwarten.

Wenn Sie etwas mehr Zeit investieren möchten, dann ist es sinnvoll, neben dem Finanzentscheider auch noch den Machtpromotor einzubinden. Das sind die zwei wichtigsten Personen im Zielunternehmen. Wenn Sie diese beiden Personen auf Ihrer Seite wissen, ist die Wahrscheinlichkeit für einen erfolgreichen Abschluss groß. Umgekehrt gilt: Wenn Sie diese beiden Personen nicht überzeugen konnten, dann heißt es „Finger weg". Es bringt nichts, in diesen Lead weiter Zeit zu investieren. Konzentrieren Sie sich auf aussichtsreichere Chancen.

Bei einem sehr umfangreichen Projekt wird es nicht ausreichen, nur über ein oder zwei Personen in das Unternehmen einzusteigen. Sie müssen deutlich mehr Aufbauarbeit leisten. Sie müssen alle Beteiligten identifizieren und auf Ihre Seite ziehen. Fragen Sie sich zu jeder Person, ob diese grundsätzlich mit dem Kauf der Produktart einverstanden ist und ob sie das Produkt auch von Ihnen als Anbieter erwerben möchte. Sie müssen herausfinden, wer für Sie und wer gegen Sie arbeitet. Der größte Teil des Verkaufs wird in Ihrer Abwesenheit stattfinden, und zwar immer dann, wenn die Kollegen untereinander sprechen. Sie müssen es schaffen, dass sich die Beteiligten Ihre Lösung gegenseitig verkaufen.

Wenn Sie unten einsteigen, dann decken Sie gemeinsam mit den Nutzern die Probleme der Abteilung auf. Überzeugen Sie den Abteilungsleiter, einen Termin mit dem Finanzentscheider zu vereinbaren. Präsentieren Sie dort Ihre Diagnose. Wenn Sie nicht an den Finanzentscheider weitervermittelt werden, dann probieren Sie wenigstens einen gemeinsamen Termin mit der Person, an die der Finanzentscheider delegiert. Das ist in der Regel der Machtpromotor. Wenn das nicht funktioniert, bleibt noch die Möglichkeit eines internen Verbesserungsvorschlags. Gerade bei größeren Unternehmen kann das ein lukratives Nebeneinkommen für normale Mitarbeiter sein. Sie haben aufgrund ihrer Stellung auch nicht viel zu verlieren. Einen Verbesserungsvorschlag kann man ja mal machen. Das Besondere an einem offiziellen Verbesserungsvorschlag ist, dass dieser von einer höheren Ebene geprüft werden muss. Vielleicht erkennt ja dort jemand den Wert Ihrer Lösung.

Umgang mit Gegnern

Wer Ihre Gegner sind, merken Sie spätestens in der Präsentation vor dem Entscheidungsgremium. Sie werden versuchen, Sie mit Fragen in die Enge zu treiben. Ihre Gegner neutralisieren Sie mit Proaktivität. Finden Sie frühzeitig heraus, wer gegen Sie ist, und stellen Sie seinen Einfluss fest. Fragen Sie vor der Präsentation Ihren Unterstützer, wer von den Zuhörern Ihr Produkt ablehnt. Falls ein Gegner teilnimmt, fragen Sie diesen vor allen Beteiligten, welche Kriterien er an die Kaufentscheidung anlegt. Schreiben Sie diese für alle sichtbar auf ein Flipchart. Zeigen Sie, wie Ihre Lösung jedes Kriterium erfüllt oder übertrifft. Die Position Ihres Gegners wird dadurch erheblich geschwächt. Zumindest in den Augen der anderen Entscheider.

Kopf an Kopf mit dem Wettbewerb

13

13 / Kopf an Kopf mit dem Wettbewerb

Schaffen Sie sich keine unbedeutenden Feinde. Stattdessen leisten Sie sich mächtige Gegner. Diese Auseinandersetzung wird für Sie äußerst fruchtbar sein. (Thomas Watson)

Normalerweise sind Sie nicht der Einzige, der auf die Idee kommt, Ihrem Kunden etwas zu verkaufen. Hier lernen Sie deshalb den richtigen Umgang mit dem Wettbewerb.

Beim Kunden müssen Sie überzeugen. Das können Sie nur, wenn Sie Ihr Produkt auswendig kennen. Überlegen Sie sich als Vorbereitung auf Ihre Kundengespräche drei Gründe, warum jemand überhaupt ein Produkt, das Sie verkaufen, von Ihnen oder einem anderen Unternehmen kaufen soll. Überlegen Sie sich dann drei Gründe, warum jemand das Produkt lieber von Ihrem Unternehmen als von einem Wettbewerber kaufen soll. Überlegen Sie sich weiter, warum ein Kunde das Produkt von Ihnen persönlich, und nicht von einem anderen Verkäufer kaufen soll. Überlegen Sie sich zum Schluss, warum der Kunde

heute kaufen und nicht zuwarten soll. Versuchen Sie herauszufinden, mit welchen Argumenten der Wettbewerb seine Produkte verkauft. Entwickeln Sie darauf passende Antwortstrategien.

Unter der Führung von Jack Welch entwickelte sich das Unternehmen „General Electric" zu einem Giganten. Jack Welch konnte den Umsatz von 25 Milliarden auf 127 Milliarden Dollar steigern. So wurde er zur Ikone und zu einem Managementguru. Er stellte allen Führungskräften vierteljährlich die folgenden Fragen: „Was tragen Sie persönlich dazu bei, dass sich unser Unternehmen weiterentwickelt? Was tragen Sie dazu bei, den Gewinn unseres Unternehmens zu erhöhen? Was tragen Sie dazu bei, dass wir gegenüber unseren Wettbewerbern einen Vorsprung gewinnen?" Wenn Sie Ihrem Kunden diese Fragen beantworten können, kann Sie keiner mehr schlagen.

Versteckte Wettbewerber

Bevor ein Unternehmen externe Hilfe in Anspruch nimmt, versucht es oft mit eigenen Mitteln, das Problem zu lösen. Viele Großunternehmen verfügen über eigene Ressourcen. Überzeugen Sie den Finanzentscheider von den Vorteilen einer Zusammenarbeit mit einem spezialisierten Unternehmen. So kommt externes Wissen aus einer Vielzahl ähnlicher Projekte ins Haus. Meist sind die Prozesse von externen Anbietern schlanker und sparen Kosten. Auch kann es passieren, dass ein vorgesehenes Budget im Unternehmen für etwas anderes eingesetzt wird, das drängender oder erfolgsversprechender wirkt. Wenn Ihr Kunde nicht die Notwendigkeit sieht, an der gegenwärtigen Situation etwas zu verändern, dann passiert … ebenfalls nichts. Achten Sie also auf diese versteckten „Wettbewerber".

Wettbewerbsstrategien

Wollen Sie wissen, was das beste Mittel gegen Ihre Konkurrenten ist? Betreuen Sie Ihre Kunden so gut, dass diese einfach keine andere Wahl haben als mit Ihnen Geschäfte zu machen. Tun Sie immer das, was das Beste für den Kunden ist. Wenn Sie nur dieses Ziel vor Augen haben, werden Sie immer etwas anderes tun, aber die Strategie wird immer die gleiche sein.

Der Erste sein

Der Erste sein und die Kaufkriterien gemeinsam mit dem Kunden zu entwickeln ist die beste Strategie. Je später Sie am Kaufprozess des Kunden beteiligt werden, desto geringer sind Ihre Abschlusschancen. Oft sind Sie in einer Situation, wo der Wettbewerb schon einen Fuß in der Tür hat. Wenn der Kunde mit einer konkreten Anfrage auf Sie zukommt, dann hat er schon eine Vision. Und diese wurde nicht gemeinsam mit Ihnen entwickelt. Ihr Kunde hat seine Bedürfnisse und Kriterien wahrscheinlich schon auf Basis des Konkurrenten definiert. Das merken Sie, wenn der Kunde die Terminologie Ihres Wettbewerbers verwendet oder Einwände bringt, die die Argumente des Wettbewerbers spiegeln. Ein schlauer Konkurrent nimmt auch Leistungskriterien mit auf, die nur er erfüllen kann. Das Unternehmen, welches zuerst am Start ist und die Kaufkriterien bestimmt, wird somit in den meisten Fällen gewinnen. Der Verkäufer hat schon länger Zeit für den Beziehungsaufbau gehabt und sich Vertrauen durch den Leistungskatalog erworben.

Erkennen Sie solche Situationen schnell und vergeuden Sie keine Zeit, wenn Sie nur geringe Chancen haben. Zuerst müssen Sie die Auftragswahrscheinlichkeit berechnen. Stellen Sie sich die folgenden Fragen: Haben Sie Zugang zum Finanzentscheider? Sind Ihnen die unternehmerischen und persönlichen Probleme, Herausforderungen und Visionen des Finanzentscheiders bekannt? Passen Ihre Produkteigenschaften auf die identifizierten Probleme, Herausforderungen und Visionen? Welcher Wert entsteht für das Unternehmen, wenn das Problem gelöst werden kann? Ist dieser Wert deutlich höher als die Kosten Ihrer Lösung? Können Sie die Kontrolle über den Verkaufsprozess übernehmen? Wenn Sie nicht alle Fragen bejahen können, sollten Sie sich auf erfolgversprechendere Kunden konzentrieren. Oder versuchen Sie einen „Richtungswechsel".

Richtungswechsel
Sie sind im Nachteil, wenn Sie nicht der erste Verkäufer sind, mit dem der Kunde spricht. Dieser prägt die geistige Vorstellung des Kundenunternehmens von der Lösung. Sie müssen davon ausgehen, dass der Wettbewerb bereits Einfluss auf die Anforderungen und Entscheidungskriterien genommen hat.

Aber keine Sorge, auch hierfür gibt es eine Lösung: ein Täuschungsmanöver, auch „Richtungswechsel" genannt. Bringen Sie alternative Lösungsmöglichkeiten mit ins Spiel. Definieren Sie die geistige Vorstellung Ihres Kunden von der Lösung neu. Verändern Sie die Entscheidungskriterien. Zeigen Sie dem Kunden, wie er mit Ihrer Lösung noch bessere Resultate erzielen kann.

Wenn der Kunde mit einer Anfrage auf Sie zukommt, bieten Sie ihm an, dass Sie seine Anfrageunterlagen ausfüllen werden, sofern Sie ein persönliches Interview mit den verantwortlichen Entscheidungsträgern erhalten. Wenn Ihnen das nicht gewährt wird, sagen Sie die Ausschreibung ab. Dann ist der Wettbewerb bereits zu stark und Sie haben keine Möglichkeit, an den Kaufkriterien der Entscheider mitzuwirken. Schicken Sie ein paar allgemeine Produktunterlagen, aber verzichten Sie auf die Arbeit mit der Ausschreibung. Wenn Sie einen persönlichen Termin erhalten, fragen Sie jeden Entscheidungsträger nach seinen Hauptbeweggründen für das Projekt. Nur wenn Sie den persönlichen Schmerz jedes Entscheidungsträgers kennen, können Sie an den Kaufkriterien drehen. Bei Ihrer Antwort auf die Ausschreibung nehmen Sie Bezug auf Ihre Erkenntnisse und die veränderten Kriterien. Schreiben Sie genau rein, wieso und warum Sie sich nicht an die ursprüngliche Anfrage halten.

Wenn Sie die Spielregeln verändert haben, wird Ihr Wettbewerber zum Kunden gehen und ihm mitteilen, dass er das auch anbieten kann. Das kommt beim Kunden aber nicht gut an. Er fragt sich, wieso ihm der Wettbewerber die neue Lösung nicht von Anfang an geboten hat.

Frontaler Angriff

Wenn Sie dem Wettbewerb vom Produkt her wirklich überlegen sind, können Sie auch den frontalen Angriff wagen. Sie können den Wettbewerb besiegen, indem Sie Ihre Stärken vorteilhaft herausstellen. Denken Sie daran: Überlegenheit ist kommunizierter Nutzen, der exakt auf die Bedürfnisse des Kunden passt.

Wenn Ihr Produkt gleichwertig zum Wettbewerb ist, dann können Sie den Schwerpunkt beim frontalen Angriff auf Ihr Unternehmen verlagern. Erinnern Sie den Kunden bei jeder Gelegenheit daran, wie wichtig es ist, beim richtigen Unternehmen zu kaufen. Heben Sie die Vorzüge Ihres Unternehmens im Vergleich zum Wettbewerb hervor. Sind Sie besonders lange am Markt? Sind Sie besser spezialisiert und haben mehr Branchenreferenzen? Dann achten Sie darauf, dass dies das Entscheidungskriterium des Kunden wird.

Wenn Sie im Kundenunternehmen bereits etabliert sind, haben Sie ebenfalls beste Voraussetzungen für den frontalen Angriff. Der Kunde hat schon gute Erfahrungen mit Ihnen und Ihrem Produkt gemacht. Das ist für zukünftige Projekte von erheblichem Nutzen. Noch besser ist es, wenn es um die Erweiterung eines von Ihnen gelieferten Systems geht. Wenn das Konkurrenzprodukt nicht zu 100 Prozent kompatibel ist, sind und bleiben Sie im Rennen. Für den Kunden zählen Sicherheit und ein störungsfreies System. Zeigen Sie ihm die Risiken auf, die mit einem Anbieterwechsel verbunden sind. Zeigen Sie ihm die Reibungsverluste auf, wenn er mit mehreren unterschiedlichen Anbietern zusammenarbeitet.

Brückenkopf

Wenn Sie mit der Hauptlösung nicht landen können, dann versuchen Sie wenigstens, einen Brückenkopf zu platzieren. Gewinnen Sie einen Teilauftrag. Überzeugen Sie den Kunden davon, dass eine kombinierte Lösung die beste ist. Bringen Sie ihn dazu, Ihre stärkste Komponente mit dem Wettbewerbsprodukt zu kombinieren, sofern das technisch möglich ist. Oder erbringen Sie einen speziellen Service, den der Wettbewerb so nicht liefern kann. Hauptsache Sie haben einen Fuß in der Tür. Sie sind mit dem Kunden im Geschäft und haben die Möglichkeit, über die Zeit eine gute Beziehung aufzubauen. Dann arbeiten

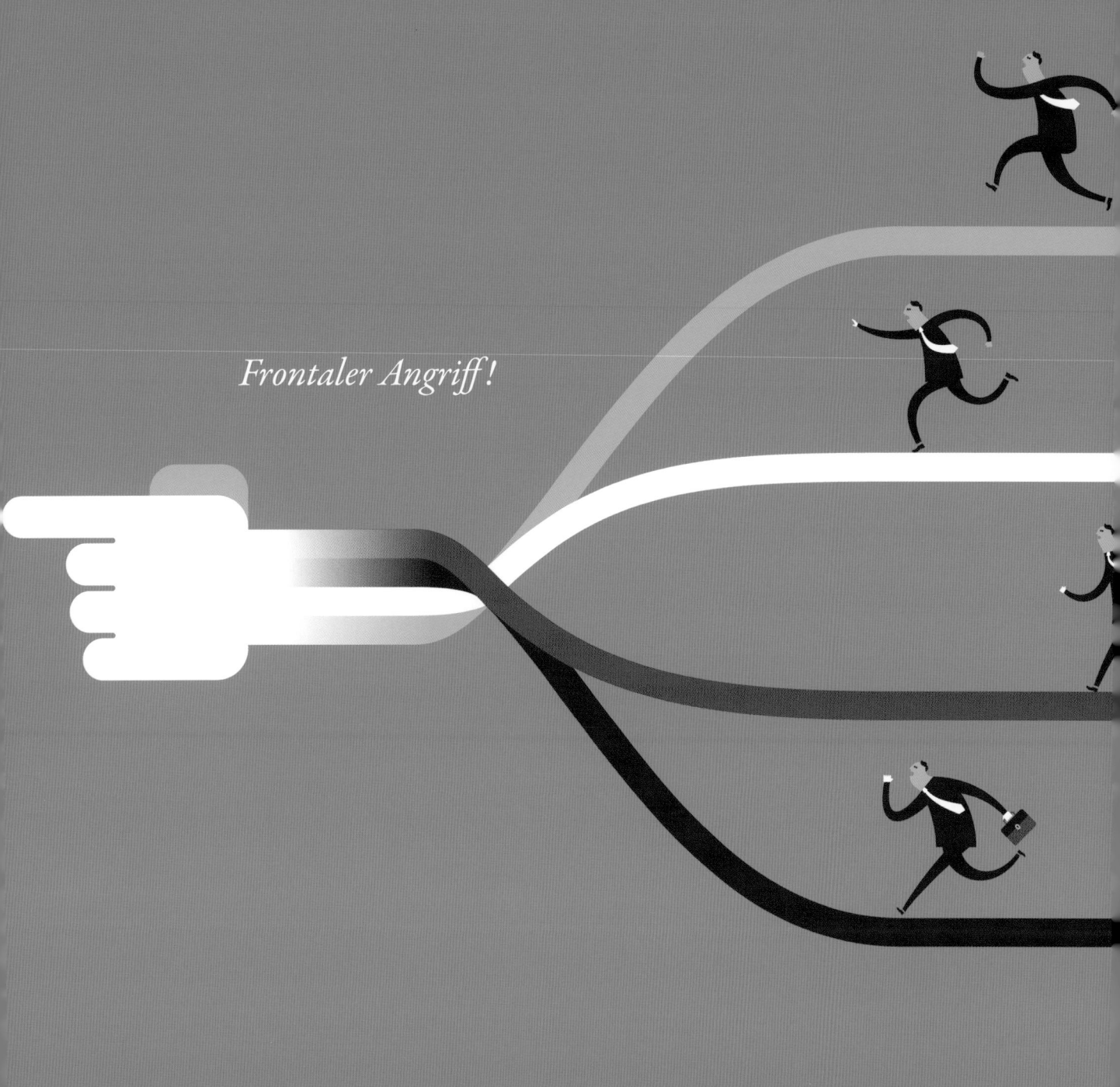

Sie daran, dass Ihr Brückenkopf langsam und systematisch bis zur Komplettlösung ausgebaut wird. Sobald der Kunde sich einmal unzufrieden über den Wettbewerber äußert, nutzen Sie Ihre Chance.

Preisschock

Wenn der gegnerische Verkäufer seine Hausaufgaben nicht so gut macht wie Sie, versäumt er es vielleicht, ausführlich mit dem Kunden über den Preis zu sprechen. Viele Verkäufer trauen sich nicht, in eine Preisdiskussion mit dem Kunden einzusteigen, und schreiben den finalen Preis erst ins Angebot. Der Kunde erhält einen Preisschock, den Sie für Ihre Zwecke ausnutzen können. Besprechen Sie mit dem Kunden, was er wirklich an Leistungen benötigt, und machen Sie ein niedrigeres Angebot. Der Kunde wird es Ihnen danken. Auch wenn der gegnerische Verkäufer beim Preis nachlässt oder Leistungen streicht: Sie waren es, der den Kunden darauf aufmerksam gemacht und mit ihm ein passenderes Leistungsbündel besprochen hat. Sie haben von Anfang an einen fairen Preis gemacht. Der Konkurrent musste seine Preise nach unten korrigieren. Gute Voraussetzungen für Sie, um den Sack zuzumachen.

Geringstes Risiko

Wenn Sie mit dem Topmanagement verhandeln, spielt der Preis in der Regel eine untergeordnete Rolle. Ein Preis ist immer relativ. Was eine Rolle spielt, ist Sicherheit. Der Finanzscheider braucht Sicherheit, dass Ihr Produkt die Erwartungen erfüllt. Es ist seine Entscheidung und sein Kopf, der rollt, wenn etwas schiefgeht. Der Finanzscheider interessiert sich also mehr für die Erfolgswahrscheinlichkeit und ein geringes Fehlerrisiko. Hier setzen Sie an. Ihre Wettbewerber sprechen über Funktionen und Vorteile. Sie punkten mit Erfahrung, Training, Testmethoden und Kompetenz. Damit erreichen Sie maximale Glaubwürdigkeit und können auch ein besseres Produkt besiegen.

Eine Falle stellen

Nicht selten treffen Sie auf unfaire Taktiken Ihrer Konkurrenz. Ihre Firma wird schlechtgeredet. Wenn Sie davon ausgehen müssen, dann stellen Sie dem gegnerischen Verkäufer eine Falle: Im Erstgespräch mit dem Kunden stellen Sie alle Vorteile Ihrer Firma in bestem Lichte dar. Erzählen Sie, warum Sie gerne dort arbeiten. Sagen Sie dann ganz beiläufig, dass es bei Ihnen einige verkäuferische Tabus gibt. Dazu gehört, dass man nicht schlecht über andere Anbieter spricht: Ich verstehe wirklich nicht, wieso manche Verkäufer auf ein solches Mittel zurückgreifen. Warum verbringen Sie mehr Zeit damit, Unwahrheiten über Ihre Konkurrenz zu verbreiten, anstatt über Ihre Produkte zu sprechen. Ich finde, dass lässt immer auch Rückschlüsse auf ihre Einstellung gegenüber den Kunden zu. Sie trauen ihnen nicht zu, sich ein eigenes Bild zu machen. Wenn Sie den Kunden so vorbereitet haben, ist die Falle aktiviert. Schon nach der ersten abwertenden Bemerkung des gegnerischen Verkäufers geht der Kunde auf Distanz.

Ablenkung

Lenken Sie den Kunden mit allen Mitteln ab, sobald Sie merken, dass die Kaufentscheidung zu Ihrem Wettbewerb tendiert. Bringen Sie zusätzliche Spezialisten aus Ihrem Unternehmen ins Spiel, schalten Sie einen Berater ein oder empfehlen Sie dem Kunden, eine Studie durchzuführen. Vielleicht können Sie so noch einmal punkten. Manchmal kann es sogar sinnvoll sein, noch einen weiteren Konkurrenten zu empfehlen. Wenn Sie schon nicht gewinnen, möchten Sie wenigstens Einfluss darauf nehmen, an wen Sie das Geschäft verlieren.

Unterbrechung

Wenn Sie sehen, dass Sie derzeit keine Chance haben, versuchen Sie, das Spiel zu unterbrechen. Beeinflussen Sie den Kunden dahingehend, dass der Kaufprozess unterbrochen wird. Mit der Zeit ändert sich viel. Die Bedürfnisse ändern sich, die Wirtschaftslage ist eine andere, und vielleicht sind die ursprünglich handelnden Personen bereits nicht mehr im Unternehmen.

Sagen Sie Ihrem potenziellen Kunden, dass er sich genau überlegen soll, wie sich die Situation heute und in Zukunft darstellt. Sprechen alle äußeren Kriterien für die Kaufentscheidung, oder gibt es etwas, das vielleicht noch vorher passieren muss, um eine perfekte Entscheidung zu treffen? Wir haben es alle mit Unsicherheit zu tun. Keine Entscheidung kann auf Basis vollkommen sicherer Variablen getroffen werden. Das können Sie nutzen, um den Kunden zu verunsichern. Sagen Sie dem Kunden, wieso es besser ist, mit der Entscheidung noch zu warten. Hauptsache Sie gewinnen Zeit und handeln gegen Außen im besten Interesse des Kunden. Wenn der Wettbewerber dann nicht am Ball bleibt, sind Sie am Zug. Wahrscheinlich wird er den Verkaufsdruck kurzfristig erhöhen, wenn der Kunde ins Wanken gerät. Damit verliert er beim Kunden an Glaubwürdigkeit. Außerdem rechnet es Ihnen der Kunde hoch an, dass ausgerechnet Sie ihn auf die Situation hingewiesen haben. Uneigennützig wie Sie sind, haben Sie den Kunden vor einer verfrühten Entscheidung gewarnt.

Absicherung des Erfolgs

Auch eine mündliche Zusage ist noch kein unterschriebener Auftrag. Es ist schon oft passiert, dass ein gegnerischer Verkäufer das Rad auch nach einer Absage nochmals gedreht hat. Bedanken Sie sich also nicht brav für den Auftrag, sondern sorgen Sie sofort dafür, dass die Entscheidung die Runde macht. Informieren Sie alle Ansprechpartner im Kundenunternehmen. Fangen Sie gleich an, die Umsetzung mit den Beteiligten zu planen. Durch diese Vorgehensweise fällt es dem Kunden viel schwerer, seine Entscheidung nochmals zu überdenken. Er müsste sein Verhalten vor allen anderen erklären.

Angebotserstellung und -verfolgung

14

Ich prüfe jedes Angebot. Es könnte das Angebot meines Lebens sein.

(Henry Ford)

Eine meist vernachlässigte Schraube zu einer höheren Abschlussquote ist die Erstellung eines individualisierten, kundenfreundlichen und kaufmotivierenden Angebotes. Darauf folgt eine konsequente Angebotsverfolgung. Das kann Ihren Umsatz je nach Branche um bis zu 20 Prozent erhöhen.

Wenn Sie den Verkaufsprozess wie bis hierhin beschrieben durchgehen konnten, dann ergeben sich die Inhalte für das Angebot von selbst. Meist ist das Angebot dann nur noch eine Formsache – wenn Sie nicht gleich eine Auftragsbestätigung schicken können. Ob Sie überhaupt ein Angebot erstellen müssen, hängt auch ganz stark von der Branche ab. Das verhält sich im Einzelhandel anders als im Lösungs- oder Telefonverkauf. Falls Sie erst mit der Anfrage nach einem Angebot in den Verkaufsprozess einsteigen: Auch kein Problem, wie Sie gleich feststellen werden.

Die Ernsthaftigkeit des Kunden testen

Vor jeder Angebotserstellung sollten Sie die Ernsthaftigkeit des Kunden einschätzen, sofern Sie das nicht bereits in einer früheren Verkaufsphase über eine Verpflichtungserklärung sicherstellen konnten. Stellen Sie Ihrem Kunden die folgenden Fragen, wenn Sie die Antworten nicht schon kennen.

Eruieren Sie die Entscheidungsträger, denn möglicherweise sind es mehrere: Wer entscheidet über den Auftrag? Erkundigen Sie sich, ob es qualitative Anforderungen gibt, die beste Lösung zählt oder nur der Preis: Welches sind die Entscheidungskriterien? Klären Sie den zeitlichen Ablauf für das Nachfassen: Wann wird entschieden? Fragen Sie auch, bis wann der Kunde das Angebot benötigt: Bis wann brauchen Sie das Angebot? Dadurch haben Sie für sich eine bessere Zeitplanung und können Prioritäten setzen. Fragen Sie den Kunden, ob jemand anderes im Rennen ist: Welche Alternativen werden geprüft? Wenn andere Alternativen geprüft werden, dann fahren Sie fort: Wie viele Lieferanten fragen Sie jeweils grundsätzlich an? Welche anderen Lieferanten haben Sie auch noch angefragt? Sind wir in der engeren Wahl? An welcher Stelle? Falls Sie bisher keine Gelegenheit hatten, eine Bedarfs- und Motivanalyse durchzuführen, dann holen Sie das mit dieser Frage nach: Was muss das Angebot beinhalten, damit ich sicher sein kann, dass Sie es akzeptieren? Sie wollen dem Kunden ja nicht irgendetwas anbieten, sondern etwas, das er braucht. Zudem testen Sie so bereits den Abschluss: Wenn wir Ihnen *genau* das anbieten können, was Sie sich vorstellen, geben Sie uns dann den Auftrag? Sobald Sie die Kriterien ermittelt haben, sollten Sie diese zusammenfassen und sich nochmals per E-Mail bestätigen lassen. Sie werden Bonuspunkte sammeln, bevor das Angebot überhaupt verfasst ist, weil Sie gezeigt haben, dass Sie auf die Wünsche Ihres Kunden eingehen.

Fragen Sie den Kunden direkt nach der Auftragswahrscheinlichkeit: Wie viel Prozent Chancen geben Sie uns für diesen Auftrag? Zögert der Kunde mit der Antwort, dann lachen Sie und sagen: Nein, im Ernst, Herr Müller, wie würden Sie rein gefühlsmäßig meine Chancen beurteilen? Schließen Sie an die harte Frage einfach eine weiche, emotionale Frage an. Das bewirkt, dass der Kunde dann viel eher die weiche Frage wahrheitsgetreu beantwortet.

Wenn Ihnen der Kunde auf diese Fragen keine unmittelbare Antwort geben kann oder will, kann es sein, dass der Kunde sich schon für einen anderen Lieferanten entschieden hat und nur noch ein Vergleichsangebot zum Preisdrücken sucht. Oftmals will der Kunde Sie mit der Aufforderung zu einem Angebot auch nur loswerden. Die Ausarbeitung eines professionellen Angebots, wie es hier vorgestellt wird, wäre also reine Zeitverschwendung. Sparen Sie sich die Zeit für sinnlose Angebote und investieren Sie sie in Kunden mit einer hohen Abschlusswahrscheinlichkeit.

Das Angebot erstellen

Verlockende Angebote überzeugen durch ein einwandfreies Äußeres, setzen auf eine kundenorientierte Sprache und verkaufen ganzheitliche Lösungen. Sie sprechen die Emotionen des Kunden an, geben Impulse, setzen Vorteile wirkungsvoll in Szene und fordern den Kunden zum Handeln auf.

Ein so erstelltes Angebot bedeutet zwar zunächst mehr Zeitaufwand, doch der lohnt sich. Die Wahrscheinlichkeit einer Auftragserteilung steigt, und es lassen sich höhere Preise durchsetzen. Das Angebot ist in der Regel die erste schriftliche Ausarbeitung, die den Kunden von der eigenen Leistungsfähigkeit überzeugen soll.

Wenn Sie es im Verkaufsprozess nicht bis zum tatsächlichen Entscheider geschafft haben, dann liegen diesem nur die Angebote der verschiedenen Anbieter als Entscheidungsgrundlage vor. Besser also, Sie fallen dabei positiv auf.

Begleitbrief

Der Begleitbrief eines Angebotes ist für den Kunden das wichtigste Kriterium für den ersten Eindruck. Die Erfolgsquote eines Angebots ohne Begleitbrief sinkt.

Die meisten Unternehmen schließen ihre schriftlichen Angebote oder die dazugehörigen Anschreiben mit Formulierungen wie: Wir würden uns über Ihren Auftrag sehr freuen oder Wir sind überzeugt, dass Ihnen unser Vorschlag gefällt. Dabei handelt es sich um Floskeln, die vom Kunden meist nur überflogen werden. Zudem enthält die zweite Formulierung auch eine Bewertung aus Kundensicht. Es wirkt unhöflich und anmaßend, in schriftlicher Kommunikation über den Empfänger zu sprechen. Entweder der Vorschlag gefällt dem Kunden, dann brauchen Sie es ihm nicht extra zu sagen, oder der Vorschlag gefällt ihm nicht. Dann hilft es auch nicht, wenn Sie „überzeugt" sind. Besser ist die Formulierung: Bitte lassen Sie mich wissen, wie Sie über meinen Vorschlag denken. Empfehlenswert ist es, den Kunden auch im Begleitbrief in den Vordergrund zu stellen. Geeignet für den Begleitbrief ist zum Beispiel eine Zusammenfassung des vom Kunden gewünschten und formulierten Nutzens. Auch Ich stehe Ihnen jederzeit für Rückfragen zur Verfügung ist unterwürfig. Dass es Rückfragen geben könnte, zeugt von der Unsicherheit des Schreibers. Besser: Gern besprechen wir gemeinsam mit Ihnen, wie sich Ihr Projekt gewinnbringend für Sie realisieren lässt. Der Haupttext endet mit einer „Sie"-Botschaft, die den Kunden nochmals in den Mittelpunkt rückt: Jetzt wünsche ich Ihnen viel Freude beim Durchblättern.

Gestaltung

Wenn Sie ein Angebot abgeben, müssen Sie dafür sorgen, dass Ihr Angebot aus der Masse heraussticht. Für ein optisch und haptisch überzeugendes Angebot orientieren Sie sich an den folgenden Gestaltungselementen:

- Verwenden Sie ein Deckblatt
- Erstellen Sie für längere Angebote ein Inhaltsverzeichnis
- Halten Sie sich an Ihr Corporate Design
- Verwenden Sie eine gute Bindung
- Verwenden Sie ein hochwertiges Papier
- Nutzen Sie ein originelles Format
- Fügen Sie eine Visitenkarte hinz
- Schaffen Sie Ihrem Kunden die Möglichkeit zur einfachen Rückmeldung (zum Beispiel durch ein Faxantwortblatt)

Lockern Sie den Text durch visuelle und grafische Elemente auf. Nutzen Sie deshalb Fotos, Symbole, Schaubilder, Tabellen, Grafiken, Kurven und Diagramme, um das Produkt, Prozesse und Abläufe zu veranschaulichen.

Mit einer Beilage können Sie Ihr Angebot aufwerten und nachhaltige Aufmerksamkeit erzeugen. Möglichkeiten sind:

- Audio-Mitschnitt
- Buch
- Datenträger
- Foto
- Bild
- Poster
- Materialmuster
- Modell
- Werbegeschenk

Selbstverständlich sind nur solche Beilagen sinnvoll, die auch einen klaren Bezug zum Angebot haben. Durch eine außerordentliche Gestaltung und originelle Beilagen machen Sie das Angebot für den Kunden sinnlich erfahrbar, wecken Vorfreude und beweisen Qualität. Neben der inhaltlichen Angebotsgestaltung kann es auch wichtig sein, wie das Angebot duftet. Ein zarter Hauch von frischem Limonenduft in Kombination mit einem hochwertigen Papier wirkt Wunder.

Auch wenn der Kunde nur ein elektronisches Angebot möchte: Schicken Sie ihm das Angebot trotzdem zusätzlich per Post. Gönnen Sie ihm das haptische Vergnügen, ein beeindruckendes Paket zum Angebot zu bekommen. Zum Angebot samt Beilagen fügen Sie eine kleine Nettigkeit hinzu, wie zum Beispiel eine Süßigkeit oder ein regionales Souvenir. Auch in der elektronischen Vorabversion gilt es, die Form zu wahren. In der Mail ist das Anschreiben. An der Mail hängt das Angebot als PDF-Dokument, in dem auch das Firmenlogo enthalten ist. So als wäre es erstklassig bedrucktes Briefpapier.

Inhalt

Erstellen Sie Ihr Angebot mit den folgenden Positionen, sofern Sie für die Präsentation Ihres Angebots sinnvoll sind:

- Gegenwärtige Situation
- Zukunftsvision
- Ihre Wünsche
- Herausforderungen
- Lösung
- Alternativen
- Entscheidungskriterien
- Empfehlung
- Ihr Nutzen
- Budget
- Zehn-Punkte-Garantie
- Referenzen
- Zeitschiene
- Darum sind wir die beste Wahl
- Fragen, die Sie jedem Anbieter stellen sollten
- Entscheidungsprozess
- Nächste Schritte

Diese umfassende Ausarbeitung gibt dem Kunden das Gefühl, dass Sie ihn wirklich verstanden haben. Dadurch erreichen Sie eine starke emotionale Übereinstimmung.

Auf eine Zusammenfassung sollten Sie verzichten. Sie teilt dem Kunden nicht viel über die Bedürfnisse mit, sondern lenkt seine Aufmerksamkeit überwiegend auf den Preis. Fassen Sie lieber jedes Kapitel in fetter Schrift und einigen Aufzählungspunkten zusammen. Nutzen Sie ein Stilelement, welches Fernsehen und Krimi-Autoren verwenden: den Zeigarnik-Effekt. Dieser ist nach einer russischen Psychologin benannt. Sie hat herausgefunden, dass unerledigte Handlungen besser erinnert werden als erledigte. Bildlich gesprochen, können Sie sich die unerledigte Aufgabe als offene Schublade im Gehirn vorstellen. Sie ist anderen Informationen so lange im Weg, bis sie geschlossen wird und der Vorgang erledigt ist. Im Fernsehen wird der Zeigarnik-Effekt dazu benutzt, Sie am Bildschirm zu halten. Jeder kennt das: Gerade wenn es spannend wird, kurz bevor im Krimi der Mörder feststeht, geht es in die Werbung. Autoren wechseln an dieser Stelle häufig in einen anderen Handlungsstrang, um dann später aufzuklären. Die Ursache dafür sind Restspannungen im Erinnerungsvermögen und eine nicht eingetretene Wunscherfüllung. Weisen Sie deshalb gleich zu Beginn auf wichtige Inhalte hin, die Sie aber erst gegen Ende des Angebots behandeln: *Spätestens, wenn Sie den Garantiepunkt „Versprochen ist versprochen" in unserem Angebot lesen, werden Sie feststellen, warum gerade unser Produkt ...* Damit wird die Konzentration des Lesers auf das ganze Angebot gelenkt und die Gefahr sinkt, dass der Entscheider lediglich den Preis betrachtet. Die Aufmerksamkeit bleibt beim Lesen des gesamten Angebots hoch, weil nicht sofort das ganze Informationsbedürfnis erfüllt wird.

Ihr Kunde muss das Gefühl haben, dass das Angebot genau für ihn, und niemand anders erstellt wurde. Er muss sich in dem Angebot wiederfinden. Nutzen Sie Textbausteine für den Rahmen, aber gehen Sie individuell auf die Situation und die Bedürfnisse Ihres Kunden ein. Der Kunde weiß die Zeit und Arbeit zu schätzen, die Sie in das Angebot investieren.

Geben Sie Ihrem Angebot einen anderen Namen. Dadurch zeigen Sie, dass Sie sich mehr Gedanken machen als die anderen. Nutzen Sie besser „Konzept", „Vorschlag", „Empfehlung" oder „Idee". So lenken Sie die Aufmerksamkeit des Kunden weg vom Preis und hin zum Inhalt. In einem Angebot geht es um Preise, in einem Konzept geht es um Lösungen. Beim Nachfassen ist es viel wirkungsvoller, über das Konzept oder die Idee zu sprechen als über ein preisbezogenes Angebot.

Schlagen Sie dem Interessenten maximal drei alternative Lösungen vor, die sich preislich unterscheiden. Damit haben Sie mehr Verhandlungsspielraum und bessere Chancen, die tatsächliche Kundenerwartung zu erfüllen. Ihr Angebot sollte im Idealfall alle verfügbaren Optionen aufzeigen, die Lösungen der Konkurrenz und die negativen Folgen des Nichthandelns mit eingeschlossen.

Der Kunde kauft da, wo ihm sein Nutzen am besten kommuniziert wird. Und der Kunde kauft da, wo das Angebot zu seinem Bedarf und seinen Kaufmotiven passt. Schlagworte sind bei der Nutzenkommunikation zu wenig. Hinterfragen Sie deshalb Begriffe wie „Qualität", „Service" oder „Kompetenz". Was sind die dahinterliegenden Nutzenvorteile? Ihr Service steht zum Beispiel für „Freundlichkeit", „Schnelle Reklamationsabwicklung" und „Kurze Wartezeiten". Auch das können Sie weiter hinterfragen. Welchen Nutzen hat der Kunde durch Freundlichkeit? Welchen Nutzen hat er durch schnelle Reklamationsabwicklung oder kurze Wartezeiten? Je mehr Argumente greifbar sind, desto anschaulicher lässt sich der Nutzen darstellen. Beispiel: Dieses Seminar hat vier Module, um Ihren Mitarbeitern verdaubare Inhalte zu vermitteln. So können die Mitarbeiter die Inhalte leicht verstehen und anwenden lernen. Durch das Seminar werden Ihre Vertriebsmitarbeiter die Abschlussquoten innerhalb von vier Monaten um garantiert 20 Prozent steigern. 20 Prozent mehr Umsatz – wie hört sich das für Sie an? Jedes Leistungsmerkmal, das Sie isoliert vorstellen und das sich nicht hinreichend von Ihren Wettbewerbern unterscheidet, bringt Sie einem Preiskampf näher.

Versetzen Sie sich in die Lage Ihres Kunden. Was denkt er wohl über Ihr Unternehmen, über die Branche und das Produkt? Aus diesem Glaubensmuster können Sie einen USP entwickeln. Ein Vorurteil, das die Kunden zum Beispiel gegenüber Handwerkern haben: Sie lassen das Haus dreckig zurück. Nehmen Sie in diesem Fall also ein Sauberkeitsversprechen in Ihr Angebot mit auf. Analog suchen Sie ein Beispiel für Ihre Branche und Ihr Produkt.

Ein schriftliches Angebot darf nichts enthalten, das der Interessent nicht versteht und das nicht vorher im Dialog zwischen Verkäufer und Interessent explizit besprochen wurde. Schriftliche Angebote können keine Abschlussgespräche führen. Sie können weder argumentieren noch Fragen beantworten. Was Ihnen im persönlichen Gespräch nicht gelingt, kann schon gar kein Angebot leisten. Viele Verkäufer machen den Fehler, dass Sie sich im Kundengespräch nicht trauen, offen über den Preis zu sprechen. Dieser steht erstmals irgendwo versteckt im Angebot. Wenn der Kunde den Preis aber nur im Angebot findet und nicht darauf vorbereitet wurde, können Sie auf seine Reaktion nur noch wenig Einfluss ausüben. Sie müssen deshalb die Leistung, den Preis sowie alle Details vorher vollständig mit dem Interessenten klären, sodass das schriftliche Angebot und die Unterschrift unter den Vertrag nur noch eine reine Formsache sind. Durch diese Vorgehensweise werden Sie weniger Angebote verschicken. Sie sparen aber Zeit und können sich auf die Kunden mit einem hohen Abschlusspotenzial konzentrieren. Ihre Abschlussquote steigt.

Setzen Sie Preise im Angebot nicht fett. Der Preis hat die gleiche Schriftgröße wie der übrige Text. Fett sein dürfen dagegen Leistungsmerkmale und Vorteile für den Kunden. Der Preis wird wie ein Sandwich zwischen Nutzen und der Sicherheitsgarantie verpackt. Schreiben Sie neben den Preis: inklusive unserer Zehn-Punkte-Garantie, damit der Kunde gedanklich gleich zum nächsten Punkt springt. Achten Sie bei der Preisnennung auf unrunde Zahlen oder Kommastellen. Glatte Zahlen wirken ab- oder aufgerundet.

Aber: Jeder Kunde unterstellt dem Verkäufer, dass er aufrundet. Also wirken unrunde Zahlen seriöser. Das zeigt dem Kunden, dass Sie sich die Mühe gemacht haben, den genauen Preis zu berechnen. Der Preis sollte ruhig auch eine gewisse Höhe haben, damit der Kunde Sicherheit, Zufriedenheit und Vertrauen empfindet. Dahinter steckt die psychologische Verbindung von Preishöhe mit einer Qualitätsvermutung.

Um sich preislich nicht mit dem Wettbewerb vergleichen zu lassen, können Sie gemeinsam mit dem Kunden die Kosten Ihrer Lösung über die Gesamtnutzungsdauer berechnen. Erstens schaffen Sie durch eine solche Ausarbeitung eine persönliche Beziehung, weil Sie bereits etwas zusammen mit dem Kunden geschaffen haben. Zweitens machen sich die meisten Wettbewerber nicht die Arbeit, mit den tatsächlichen Kundenzahlen zu rechnen. Zu dieser Kostenbetrachtung zählen zum Beispiel die ursprünglichen Investitionskosten, schnellere Lieferungs- oder Umsetzungszeiten sowie Wartungs-, Energie-, Personal-, Schulungs- und Entsorgungskosten. Oftmals sind Produkte mit einer teuren Anschaffung über die Gesamtlaufzeit günstiger, weil sie von deutlich besserer Qualität sind. Zeigen Sie das dem Kunden anhand seiner tatsächlichen Umstände auf.

Garantien schaffen Vertrauen. Überlegen Sie sich deshalb für Ihr Produkt eine Zehn-Punkte-Garantie. Der Kunde will Sicherheit. Mit dieser Darstellung sind Sie Ihrem Wettbewerb meilenweit voraus. Beispiele sind Lieferung auf Termin, Gewährleistung, kostenlose Testphase, Rückgaberecht usw.

Vergewissern Sie sich, dass Sie Ihre Angebote hieb- und stichfest belegen können. Führen Sie Erfolgsbeispiele, Referenzen und Testimonials an. Sagen Sie Ihrem Interessenten, dass die meisten anderen Verkäufer sich oft auf unbewiesene Behauptungen zurückzögen. Fügen Sie deshalb wenn möglich eine Bieterklausel in die Angebotsbedingungen ein, die besagt, dass alle Produkt- und Serviceaussagen durch konkrete Kundenmeinungen belegt werden müssen. Organisieren Sie Testimonials und Videos von zufriedenen Kunden, die Ihre Behauptungen unterstützen und Einwände entkräften.

Jedes Angebot sollte zur Positionierung Ihres Unternehmens, zu Ihrer Geschichte und Marke Stellung nehmen. Was davon kann den Kunden von Ihrer besonderen Leistungsfähigkeit überzeugen? Jeder möchte mit der Nummer eins zusammenarbeiten. Wo sind Sie also die Nummer eins? Bei einer Erfindung? Als Spezialist? Durch Größe? Preis? Vertrieb? In der Zielgruppe? In der Region? Bringen Sie Ihre Vorteile mit der angemessenen Bescheidenheit zum Ausdruck.

Trotz der Möglichkeit, Kunden damit positiv zu beeinflussen, werden Claims in schriftlichen Angeboten viel zu wenig verwendet. Nehmen Sie im Begleitbrief darauf Bezug und platzieren Sie Ihren Claim an geeigneter Stelle im Angebot. Erklären Sie dem Kunden, wie Sie auf den Claim gekommen sind und was er für Ihr Unternehmen bedeutet. Das wirkt persönlich und emotional. Angebote mit solchen übergeordneten Sinnbotschaften verkaufen sich teurer und besser.

Das Erlebnis rund um das Produkt ist in der Wahrnehmung des Kunden manchmal wichtiger als das Produkt selbst. Denken Sie zum Beispiel an die emotionale Welt, die Harley-Davidson mit seinen Motorrädern schafft. Dort kauft man kein Motorrad, sondern ein Lebensgefühl. Ein solches Erlebnis oder Lebensgefühl trägt stark zur Kaufentscheidung bei und erhöht die Wertschöpfung des anbietenden Unternehmens. Gehen Sie also darauf ein, sofern sich Ihr Produkt dazu eignet und es hier etwas zu erzählen gibt.

Die „Fragen, die Sie jedem Anbieter stellen sollten" ist eine geniale Taktik und dient sowohl dem Kunden als auch Ihnen selbst. Sie helfen dem Kunden, eine informierte Kaufentscheidung zu treffen. Und die richtigen Fragen bringen Ihren Wettbewerb ins Schwitzen. Sie können den Kunden auch bewusst hinsichtlich der Wettbewerbsangebote verunsichern. Weisen Sie ihn darauf hin, dass es Äpfel und Birnen gibt. Die Technik der Verunsicherung sieht folgende Phasen vor: /1/ Loben, /2/ die Kompetenz des Kunden stärken, /3/ verunsichern: Dass Sie bei einem Trainingsprojekt dieser Art mehrere Angebote einholen und dabei natürlich auf den Preis achten, ist selbstverständlich. Wie Ihnen sicherlich bekannt ist, gibt es gerade bei Trainingsangeboten zu diesem Thema gravierende Unterschiede. /1/ …

Wenn Sie wissen, dass der Kunde bereits mit einem Wettbewerber zusammenarbeitet, dann können Sie im Angebot das gleiche Gesprächsmodell wie bei der Terminvereinbarung nutzen: Uns ist bekannt, dass Sie bereits mit der Firma KONKURRENZ GmbH zusammenarbeiten. Lassen Sie uns deshalb einen Vorschlag machen, bei dem Sie nur gewinnen können und kein Risiko eingehen. Angenommen, Sie würden uns einen kleinen Teil Ihres Bedarfs übergeben: Was wird die Firma KONKURRENZ GmbH tun? Mit Sicherheit ihre Anstrengungen verstärken, vielleicht sogar die Konditionen für Sie verbessern. Wenn Sie mit unseren Leistungen nicht zufrieden sein sollten, dann stornieren Sie einfach den Auftrag. Ihre Rechnung brauchen Sie in diesem unwahrscheinlichen Fall selbstverständlich nicht zu bezahlen. Schaffen wir es aber, eine bessere Qualität als die KONKURRENZ GmbH zu liefern – und davon sind wir überzeugt –, dann profitieren Sie umso mehr. Für Ihr Unternehmen wird sich also in jedem Fall eine Verbesserung ergeben. Was halten Sie davon? Mit dieser Formulierung tritt der Preis völlig in den Hintergrund. Stattdessen argumentieren Sie ausschließlich mit der Qualität Ihrer Leistung und der Zufriedenheit des Kunden.

Jedes Angebot sollte zum Schluss eine Handlungsaufforderung im Sinne von „nächste Schritte" beinhalten. Das kann zum Beispiel ein vorbereitetes Antwortfax oder ein frankierter Briefumschlag sein. Setzen Sie in Ihre Angebote Entscheidungstermine, die dem Kunden als Vorteil dargestellt werden: Damit die Lieferzeit für Sie sichergestellt ist, bitten wir um Antwort bis zum 7. August. Entweder reagiert der Kunde von sich aus darauf, oder Sie haben einen Aufhänger für die Verfolgung des Angebots.

Bei der Übergabe

Geben Sie Ihr Angebot vor dem vereinbarten Termin ab. Auf diese Weise übertreffen Sie die Kundenerwartung bereits zum ersten Mal.

Rufen Sie den Kunden an, bevor Sie ihm das Angebot übermitteln: Guten Tag, Herr Müller. Ich rufe Sie wegen des Angebots an. Ich habe noch eine Frage, die ich kurz mit Ihnen klären möchte, damit Sie genau das Angebot bekommen, was Sie möchten. Passt es jetzt bei Ihnen? Stellen Sie nun irgendeine Frage, die sich auf das Angebot bezieht. Verabschieden Sie sich mit den folgenden Worten: Danke, Herr Müller, für Ihre Unterstützung. Ich maile Ihnen jetzt vorab das Angebot in zehn Minuten durch. Das Original erhalten Sie morgen mit der Post. Eine Frage habe ich noch: Wann hätten Sie Zeit, damit wir die einzelnen Positionen im Angebot telefonisch kurz durchgehen können? Durch den Anruf vor der Abgabe können Sie die Aufmerksamkeit des Kunden auf *Ihr* Angebot erhöhen. Der kurze persönliche Kontakt hat die Wirkung, dass das Angebot weniger anonym daherkommt als die zahlreichen Standardofferten. Ob tatsächlich eine fachliche Frage zu klären ist oder nicht, spielt keine Rolle. Entscheidend ist allein der Kontakt zum Kunden. Dadurch vermitteln Sie ihm das Gefühl, seine Wünsche bereits zu diesem Zeitpunkt in den Vordergrund zu stellen und ihn einzubinden. Indem Sie sich beim Kunden für die Unterstützung bedanken, erhält der Kunde die angenehme Botschaft, dass seine Unterstützung – und damit er selbst – für Sie wichtig sind. Wenn Sie mit dem Kunden einen festen Wiedervorlagetermin vereinbaren, machen Sie es ihm schwerer, sich bereits vorher für einen Wettbewerber zu entscheiden.

Versuchen Sie bei der Abgabe, nochmals die Entscheidungskriterien zu verändern: Wenn sich alle Angebote innerhalb einer Spanne von zehn Prozent Abweichung bewegen würden, würden Sie sich dann überlegen, auf das billigste Angebot zu verzichten und das Angebot auszuwählen, das Ihnen am meisten bietet? Die besten Ansprechpartner, das beste Produkt, den besten Service?

Bringen Sie bei größerem Auftragspotenzial das Angebot persönlich vorbei. Das zeigt dem Kunden, dass er einen hohen Stellenwert besitzt. Probieren Sie in diesem Fall, das Angebot direkt mit dem Kunden durchzugehen: Herr Müller, damit Sie Zeit sparen, gehe ich das Angebot mit Ihnen gleich kurz durch.

14 / Angebotserstellung und -verfolgung 245

Dabei können Sie das Angebot mit dem Kunden individualisieren, indem Sie Vorteile, besondere Materialien, Garantien oder Qualitätshinweise farbig markieren. Der Kunde erkennt sofort die positive Unterscheidung zur Konkurrenz.

Nachfassen

Die Erfolgschancen nach Abgabe des Angebots können Sie nur durch Hartnäckigkeit erhöhen. Halten Sie permanent Kontakt mit dem Kunden, um plötzliche Veränderungen der Kaufkriterien zu erkennen und gegensteuern zu können. Abhängig von der Branche führen 80 bis 95 Prozent aller Angebote nicht zum Auftrag für das eigene Unternehmen. Ein Teil der verlorenen Aufträge wird auf das Konto einer fehlenden oder unsystematischen Angebotsverfolgung verbucht.

Machen Sie die Angebotsverfolgung nicht per Mail. E-Mails sind kommunikative Einbahnstraßen. Sie können weder ein offenes Gespräch führen noch mit Einwänden direkt umgehen. Wenn der Kunde per E-Mail „Nein" schreibt, dann steht das unauslöschlich da. Im Telefongespräch können Sie jedoch weiterarbeiten.

Rufen Sie den Kunden am Tag nach der Angebotsübergabe an. Fragen Sie: *Guten Tag, Herr Müller, haben Sie unser Angebot erhalten? Was hat Ihnen an unserem Angebot gefallen?* Dadurch lenken Sie die Aufmerksamkeit des Kunden zuerst auf die positiven Aspekte. Wenn Sie an dieser Stelle nicht so direkt vorgehen möchten, fragen Sie: *Wie entspricht das Konzept Ihren Vorstellungen?* Der beste Einstieg ist über die Wünsche und Kaufkriterien aus der Bedarfs- und Motivanalyse: *Wir sprachen am 4. August gemeinsam über das Thema „Effizienzsteigerung im Vertrieb". Wichtig war Ihnen dabei, dass Ihre Vertriebsmitarbeiter höhere Abschlussquoten erzielen können. Außerdem haben Sie mir damals mitgeteilt, dass Sie schnell Resultate sehen wollen. Wie haben Sie Ihre Wünsche in unserem Konzept wiedergefunden? Was war Ihr erster Eindruck?* Mit solchen Meinungsfragen erhalten Sie nicht einfach ein Ja oder Nein, sondern wertvolle Informationen. Aus Höflichkeit wird der Kunde zuerst etwas Gutes sagen. Warten Sie die Antwort des Kunden ab und lassen Sie sie dann nochmals bestätigen: *Wurden alle Punkte in Ihrem Sinne berücksichtigt? Gibt es noch Unklarheiten über die angebotenen Details?* Je mehr Zustimmung Sie erhalten, desto schwieriger wird es für den Kunden, sich ohne Auftrag wieder zurückzuziehen. Je nach Aussage des Kunden merken Sie sofort, ob Sie direkt abschließen können oder ob das Verkaufsgespräch noch weitergeführt werden muss.

Einige Tage später nehmen Sie erneut mit dem Kunden per Telefon Kontakt auf. Wenn der Kunde dann noch keine Zusage erteilt, haken Sie wieder nach: *Wie kann ich Sie noch bei der Entscheidungsfindung* unterstützen? Welche Punkte müssen noch geklärt werden? Wie liegen wir im Rennen? Welche Maßnahmen sind Ihrer Meinung nach erforderlich, damit wir den Auftrag erhalten?

Sie können in der Nachverfolgungsphase auch weitere Kontaktmöglichkeiten nutzen. Hauptsache Sie bleiben am Ball. Schicken Sie dem Interessenten eine Einladung zu einer Fachmesse, organisieren Sie einen Termin mit einem Referenzkunden oder bringen Sie einen neuen Gesprächspartner mit ins Spiel, wie zum Beispiel Ihren Verkaufsleiter oder Geschäftsführer. Legen Sie bei jedem Kontakt den nächsten Termin und die nächste Aktion mit dem Kunden fest. Kein Termin ohne Brücke zum nächsten Kontakt. Vereinbaren Sie, was der Kunde und Sie in der Zwischenzeit tun.

Wenn der Kunde sagt, dass er noch keine Zeit hatte, das Angebot zu lesen, dann sagen Sie: Was halten Sie davon, wenn wir das Angebot jetzt gleich gemeinsam durchgehen? Wenn der Kunde gerade keine Zeit hat, können Sie einen Besprechungstermin vereinbaren.

Falls der Kunde mehrere Angebote vorliegen hat, bieten Sie ihm an, diese mit Ihrer Hilfe zu vergleichen: Herr Müller, damit Sie absolut sicher vergleichen können, schlage ich vor, dass wir gemeinsam die Angebote Punkt für Punkt durchgehen. Wenn Sie möchten, können Sie gerne die Preise des Wettbewerbs abdecken.

Sie müssen der letzte Ansprechpartner sein, bevor sich der Kunde entscheidet. Versuchen Sie, dem Kunden ein persönliches Versprechen abzuringen: Herr Müller, wir haben gemeinsam eine ganze Menge Zeit investiert. Können Sie mir die Zusage geben, dass Sie vor einer endgültigen Entscheidung nochmals mit mir sprechen? Antwortet der Kunde mit „Ja", kann das der entscheidende Vorsprung sein. Antwortet der Kunde mit „Nein", fragen Sie nach: Welche Gründe sprechen denn dagegen?

Wenn der Kunde sich nicht mehr bei Ihnen meldet, können Sie auch per E-Mail oder Anrufbeantworter eine Nachricht hinterlassen: Wir haben noch eine weitere Alternative für Sie entwickelt. Bitte rufen Sie mich zurück, damit wir die Rahmenbedingungen kurz durchgehen können. Falls auch das nichts nützt, dann lesen Sie nochmals im Kapitel „DER KAUF AUS SICHT DES KUNDEN" den Abschnitt über Angst und verhalten Sie sich entsprechend.

Falls Ihnen ein Kunde absagt, reagieren Sie nicht verärgert oder beleidigt. Drücken Sie dem Kunden in netter Art und Weise Ihr Bedauern aus: Schade, Herr Müller, dass wir dieses Mal nicht zusammengekommen sind. Ich hoffe, dass wir das nächste Mal wieder mit anbieten dürfen! Verlieren Sie nicht gleich das Interesse am Gegenüber, sondern fragen Sie nach weiteren Informationen: Damit wir uns verbessern können … was war der Grund, dass Sie sich für einen anderen Anbieter entschieden haben? Wer ist denn der Glückliche, der in Zukunft mit Ihnen zusammenarbeiten darf? Wie lagen wir denn preislich auseinander? Wenn als hauptsächlicher Grund der Preis genannt wird, dann haken Sie nochmals nach: Und mal abgesehen vom Preis, woran hat es sonst noch gelegen? Antwortet der Kunde wieder gleich, können Sie davon ausgehen, dass der Preis nicht nur vorgeschoben war. Stellen Sie alles systematisch zusammen und werten Sie die Informationen aus, damit Sie für die Zukunft lernen. Wenn Sie merken, dass der Kunde bei seinen Antworten zögert, kann das bedeuten, dass der Auftrag noch nicht endgültig vergeben ist. Vielleicht haben Sie nochmals eine Chance: Herr Müller, ist der Auftrag definitiv vergeben oder ist die Entscheidung erst einmal gedanklich gegen uns gefallen? Haben wir noch eine Chance, wenn wir nachbessern? Sie werden sich wundern, wie oft die Entscheidung eben doch noch nicht abschließend gefallen ist.

Wenn Ihnen der Kunde schriftlich absagt, sollten Sie sich telefonisch dafür bedanken. Natürlich nicht ohne Hintergedanken: Guten Tag, Herr Müller. Ich rufe Sie an wegen Ihrer schriftlichen Absage, die wir sehr respektieren. Ich möchte Ihnen nochmals mein persönliches Bedauern ausdrücken, dass wir Sie nicht als Kunde gewinnen konnten. Gleichzeitig möchte ich mich herzlich bei Ihnen bedanken, dass sie uns die Chance für ein Angebot gegeben haben. Dann sagen Sie nichts mehr und warten die Antwort des Kunden ab. Der Kunde wird Ihnen Ihren Stil unglaublich hoch anrechnen. Sie zeigen sogar in diesem für Sie schlimmsten Fall, dass Sie sich um den Kunden kümmern. Dann fragen Sie: Woran hat es denn gelegen? Und zum Schluss: Ist der Auftrag denn jetzt definitiv vergeben, oder haben wir noch eine Chance? Nachdem Sie vorher so nett zum Kunden waren, hat er eine moralische Verpflichtung, Ihnen etwas Nettes zurückzugeben. Vielleicht öffnet sich die Tür ja doch nochmal einen Spalt …

15

Nach dem Abschluss

Sie können als Verkäufer alle Techniken beherrschen, aber wenn Sie nicht den Service für Ihre Kunden beherrschen, werden Sie nie in die Liga der Topverkäufer aufsteigen.

(Joe Gandolfo)

Wenn Sie einen Auftrag abgeschlossen haben: Gratuliere! Fügen Sie der Auftragsbestätigung eine persönliche Grußkarte bei. Sagen Sie dem Kunden, dass Sie sich auf die Zusammenarbeit sehr freuen. Nehmen Sie ihm alle Arbeit mit der Bestellung ab. Erledigen Sie den Papierkram. Sorgen Sie für eine pünktliche Lieferung und Installation. Der Kunde möchte in erster Linie einen problemlosen Kauf. Er möchte nicht immer wieder seine Kaufentscheidung hinterfragen, weil ungelöste Probleme und Details ihn daran erinnern. Und jetzt? Sorgen Sie für eine intensive Betreuung und einen perfekten Service!

Intensive Betreuung

Ein neuer Kunde muss gerade in der Anfangsphase der Zusammenarbeit intensiv betreut werden, und zwar von der Person, die ihn gewonnen hat. Natürlich ist es möglich, den Kunden an einen Farmer zu übergeben, aber zu Beginn sind Sie mit dabei. Nach dem Kauf sieht der Kunde, was Ihnen wirklich wichtig war: er selbst oder nur die Verkaufsprovision. Jetzt können Sie sich wirklich von Ihren Wettbewerbern unterscheiden. Das Wichtigste für eine gute Beziehung und Folgeaufträge ist eine intensive und fortdauernde Betreuung.

Die Stammkunden sind das Rückgrat des unternehmerischen Erfolgs. Treue Kunden senken die Akquisitionskosten, erhöhen Ihren Umsatz und stärken die Positionierung in der Branche. Pflegen Sie gezielten Kontakt zu Ihren Kunden, auch ohne konkrete Verkaufsabsichten. Erstellen Sie einen Betreuungsplan. Überlegen Sie sich immer wieder interessante Ideen, wie Sie Ihre Kunden in regelmäßigen Abständen kontaktieren können. Mögliche Anlässe sind:

- Geburtstag
- Feiertage
- Firmenjubiläum
- Vorstellung neuer Mitarbeiter
- Neues Produkt
- Neues Leistungsangebot
- Zusatzservices zum Produkt
- Innovation
- Geschäftserweiterung
- Neuer Partner
- Messeauftritt

- Vortrag
- Zeitungsartikel
- Kontakt zu Dritten
- Feedback-Gespräch
- Kundenveranstaltung
- Tag der offenen Tür

Jeder Kunde ist an Informationen zu seinen Wettbewerbern interessiert. Wenn Sie als Verkäufer ein wandelndes Branchenlexikon sind, sind Sie ein gern gesehener Gast. So bleiben Sie im Gespräch und vertiefen die Beziehung. Kunden schätzen es sehr, wenn Sie sich auf eine bewährte und eingespielte Zusammenarbeit verlassen können. Gegenseitiges Verständnis und Vertrauen sind garantiert. Die üblichen Formalitäten werden nicht mehr so streng gehandhabt. Machen Sie den Kunden jedesmal gespannt auf den nächsten Kontakt: Beim nächsten Besuch bringe ich Ihnen etwas mit, dass ... für Sie löst. So entsteht Vorfreude und ein Spannungsbogen bis zum nächsten Termin.

Perfekter Service

Der amerikanische Geschäftsmann Norman Augustine fragte einmal einen Tankstellenbetreiber, warum es an seiner Tankstelle immer so voll sei, während diejenige auf der anderen Straßenseite fast immer leer war. Der Tankstellenbetreiber antwortete: „Die sind in einer anderen Branche als wir. Die haben eine Tankstelle – wir sind ein Servicebetrieb."

Nur zufriedene und begeisterte Kunden werden zu loyalen Partnern.

Eine Untersuchung hat gezeigt, dass 70 Prozent der Kundenabgänge aus unfreundlicher oder desinteressierter Betreuung resultieren. Nur zufriedene und begeisterte Kunden werden zu loyalen Partnern. Zufriedenheit entsteht durch erfüllte und Begeisterung durch übertroffene Erwartung. Kundenbegeisterung ist das Ergebnis positiver Erlebnisse im Verkaufsprozess. Vor allem nach dem Abschluss: bei der Lieferung, Installation, Schulung, im Kundendienst, bei Reklamationen, über die Hotline oder bei einer Kundenveranstaltung. Überlegen Sie sich, was Sie dem Kunden alles im Verkaufsgespräch versprochen haben. Was verspricht die Werbung Ihres Unternehmens? Berichten Sie allen Kollegen, die über den Auftrag informiert werden müssen, schriftlich von den Vereinbarungen mit dem Kunden. Berücksichtigen Sie alle besprochenen Sonderwünsche. Veranlassen Sie, dass der Kunde in alle Verteiler aufgenommen wird: Newsletter, Messeeinladungen und Glückwunsch-Service. Achten Sie darauf, dass Sie Kundenerwartungen messbar machen und dokumentieren. Nur was messbar ist, kann übertroffen werden. Wenn der Kunde zum Beispiel ein Angebot innerhalb von sieben Tagen erwartet, dann übertreffen Sie seine

Erwartungen, wenn er das Angebot schon am nächsten Tag vorfindet. Rufen Sie den Kunden einige Tage später an, nachdem er das Produkt in Gebrauch genommen hat. Gratulieren Sie ihm nochmals zum Kauf und erkundigen Sie sich nach seiner Zufriedenheit. Damit signalisieren Sie dem Kunden aufrichtiges Interesse und zeigen ihm, dass Ihnen nicht nur Abschluss und Verkaufsprovision wichtig waren. Wenn der Kunde zu Ihnen reist, dann senden Sie ihm eine SMS mit den Worten: Gute Reise, und wir freuen uns auf Ihren Besuch. Wenn der Kunde bei Ihnen zu einer Besprechung war, dann geben Sie ihm bei der Verabschiedung eine kleine Proviantüberraschung mit: zum Beispiel ein Schoko- oder Müsliriegel, Obst und ein kleines Getränk. Das können Sie schön verpacken und mit dem Firmenlogo versehen. So etwas bleibt in Erinnerung. Das sind die Gesten, mit denen Sie den gefühlten Mehrwert schaffen.

Loyalität verdienen Sie sich mit regelmäßigem Kontakt, zuvorkommendem Verhalten, schneller Reaktion und einer reibungslosen Auftragsabwicklung. Vereinbaren Sie regelmäßig Feedback-Gespräche mit dem Kunden. Fragen Sie ihn, ob seine Erwartungen erfüllt wurden. Auch wenn Sie alle Verkaufstechniken gut beherrschen: zum Profi-Verkäufer werden Sie erst mit der Bereitschaft zum persönlichen Service. Mit diesem Service steht und fällt Ihr Erfolg. Wenn der Kunde merkt, dass Sie sich für ihn interessieren, dann wird er das Gleiche für Sie und Ihre Produkte tun. Geben Sie Ihrem Kunden so viel Service, dass er sich schuldig fühlt, wenn er auch nur an einen anderen Anbieter denkt. Nach dem Verkauf sind Sie im Servicegeschäft. Service wird nicht nur daran gemessen, was Sie tun, sondern auch, wie Sie es tun. Ein Unternehmen kann keinen Service leisten. Das können nur Menschen. Individualität und die persönliche Note zählen. Fragen Sie sich zuerst selbst, was Sie als Kunde begeistern würde. Fragen Sie dann Ihre Kunden direkt nach Ihren Wünschen. Und dann tun Sie alles für deren Erfüllung. Überlegen Sie sich, worüber der Kunde sich freut, weil er es nicht erwartet. Machen Sie dem Kunden Ihren Service bewusst. Sagen Sie ihm, was sie bereits alles für ihn getan haben und was Sie noch tun werden. Nur der wahrgenommene Service zählt.

Variety Seeking

Viele Menschen suchen permanent nach Abwechslung, in der Fachsprache wird das „Variety Seeking" genannt. Gerade in unserer Erlebnisgesellschaft kann es Ihnen passieren, dass Kunden abwandern, obwohl sie mit Ihren Leistungen zufrieden sind. Auch zufriedene Kunden suchen Abwechslung. Und genau dies sollten Sie Ihren Kunden bieten. Dem Variety Seeking können Sie durch eine Variation der Produktpalette begegnen und durch abwechslungsreiche Ansprache Ihrer Kunden. Sorgen Sie dafür, dass es Ihren Kunden bei Ihnen *niemals* langweilig wird.

16

Zusatzverkäufe

Man kann alles verkaufen, wenn es gerade in Mode ist. Das Problem besteht darin, es in Mode zu bringen.

(Ernest Dichter)

Wenn der Kunde bereits etwas von Ihnen gekauft hat, ist er meist auch für Zusatzverkäufe offen. Denken Sie an das psychologische Prinzip von Konsistenz und Verpflichtung, welches Sie im ersten Buch dieses Kompendiums im Kapitel „PSYCHOLOGISCHE REAKTIONSMUSTER" kennengelernt haben. Personen, denen Sie schon einmal etwas verkauft haben, verfügen bereits über eine positive Einstellung zu Ihnen und Ihrem Produkt. Mit Zusatzverkäufen steigern Sie Profitabilität, Kundenzufriedenheit und Kundenbindung. Indem Sie den Kunden öfter für Zusatzverkäufe kontaktieren, wird auch der Kundenlebenszyklus verlängert. Es ist rund fünf- bis zehnmal teurer, einen Neukunden zu akquirieren als einen Bestandskunden zu halten. Durch Zusatzverkäufe können Sie die Deckungsbeiträge einzelner Kunden um bis zu 50 Prozent verbessern.

Wann ist der richtige Zeitpunkt für einen Zusatzverkauf? Schon im Verkaufsgespräch zum Hauptprodukt können Sie eine Produkterweiterung vorschlagen. Eine bestehende Geschäftsbeziehung ist keine zwingende Voraussetzung. Ein generelles Kaufinteresse reicht als Ansatzpunkt aus. So kann es bereits im

Erstkontakt sinnvoll sein, dem Kunden zeitgleich zum Hauptprodukt ergänzende Produkte anzubieten. Ist Ihr Kunde bereits zufriedener Nutzer Ihres Produkts, steht die Tür für neue Vorschläge jederzeit offen.

Zusatzverkäufe unterscheidet man in Cross- und Up-Selling. Erfolgreiches Cross- und Up-Selling soll vom Kunden als Beratung für eine optimale Nutzung wahrgenommen werden.

Cross-Selling

Beim Cross-Selling bieten Sie dem Kunden ein Produkt aus einer anderen Produktgruppe an. Das Angebot kann eine passende Ergänzung sein oder vollkommen unabhängig vom bisherigen Produkt. Das Vorhandensein einer Ergänzungsbeziehung erleichtert allerdings den Verkauf. Wenn der Kunde sich für einen Anzug entschieden hat, offerieren Sie ihm eine Krawatte dazu. Wenn der Kunde eine neue Software erworben hat, bieten Sie ihm zusätzlich eine Schulung an.

Up-Selling

Beim Up-Selling überzeugen Sie den Kunden von einer Produkterweiterung. Ziel ist es, das Hauptprodukt hinsichtlich Menge, Leistungs- und Qualitätsumfang zu veredeln. Dafür verlangen Sie einen höheren Preis. Wenn der Kunde bisher Internet mit einer analogen Leitung nutzt, bieten Sie ihm jetzt eine DSL-Leitung an. Wenn der Kunde bereits über eine Versicherung verfügt, offerieren Sie ihm eine Erweiterung seines Versicherungsschutzes. Verdeutlichen Sie dem Kunden seinen Bedarf und verkaufen Sie ihm die passende Erweiterung. Klären Sie ab, welche Funktionen Ihr Kunde benötigt: In welcher Umgebung setzen Sie das Produkt ein? Wie oft nutzen Sie es? Welchen Belastungen ist es ausgesetzt?

Verkaufstechnik beim Zusatzverkauf

Der Verkaufsprozess läuft beim Cross- und Up-Selling genauso wie beim Hauptprodukt. Alles was Sie bisher gelernt haben, gilt auch für den Zusatzverkauf. Nutzen Sie die folgenden Fragen, um ein erfolgreich verkauftes Hauptprodukt mit Zusatzprodukten zu ergänzen: Erfahrungsgemäß benötigen Sie noch … für den ordnungsgemäßen Betrieb. Ich empfehle Ihnen, noch … dazu zu nehmen, die Sie für den Betrieb benötigen. Wie viele brauchen Sie denn davon? Gehen Sie bei Ihrer Formulierung fest davon aus, dass der Kunde auch das Zusatzprodukt oder die Produkterweiterung von Ihnen kauft. Sie fragen nur noch, wie viel oder in welchem Umfang er das Zusatzprodukt benötigt.

Beim Up-Selling zu einem Hauptprodukt können Sie mit logischen Argumenten die Erweiterung anpreisen. Je logischer die Argumentationskette ist, desto schwieriger kann sich der Kunde verweigern. Beispiel: Die Lederausstattung in Ihrem Auto erhöht den Wiederverkaufswert. Das ist sicherlich richtig. Begründen Sie Ihre Aussage, um die Wirkung zu verstärken: Der Grund hierfür ist, dass sich das Leder viel besser reinigen lässt und die Bezüge deutlich stabiler sind. Leder ist weniger anfällig und robuster. Dann lenken Sie wieder auf Ihr eingehendes Argument: Das bedeutet für Sie, dass Ihr Auto von innen immer gepflegt aussieht. Dadurch können Sie es leichter weiterverkaufen. Es folgt eine suggestive Kontrollfrage, die sich nicht auf die Produkterweiterung bezieht, sondern auf Ihr logisches Argument: Sie möchten doch gerne einen besseren Wiederverkaufswert haben, oder nicht?

Bei einem großen Markenunternehmen können Sie davon ausgehen, dass der Kunde ein neues Produkt bereits aus der Werbung kennt. Sagen Sie als Verkaufseinstieg mit voller Begeisterung: Haben Sie schon von unserem neuen Angebot gehört? Wenn der Kunde darauf mit „Ja" antwortet, können Sie sofort in das Verkaufsgespräch einsteigen: Prima, wie gefällt Ihnen das Produkt denn? Wenn der Kunde mit „Nein" antwortet, stellen Sie das Produkt einfach kurz vor und schließen dann mit einer Meinungsfrage wie oben ab.

Wenn Sie nicht sicher sind, ob der Kunde schon ein Hauptprodukt besitzt, dann fragen Sie danach. Zum Beispiel, ob bereits ein Wettbewerbsprodukt im Einsatz ist: Sicher haben Sie bereits eine Unfallversicherung? Senken Sie dabei die Stimme, sodass es sich mehr um eine Feststellung als um eine Frage handelt. Warten Sie die Antwort des Kunden ab. Dann erklären Sie Ihr Produkt: Damit in Zukunft alle Ihre persönlichen Kosten im Falle eines Unfalls abgedeckt sind, können wir heute Ihre Versicherungspolice aufwerten. Das Produkt nennt sich „Unfall-Plus" und ergänzt die klassische Unfallversicherung. Die besondere Leistung ist … Sie können die Leistungsbeschreibung mit einer Frage zu einem menschlichen Grundbedürfnis abschließen: Möchten Sie gerne die Sicherheit haben, jederzeit rundum geschützt zu sein? Solche Fragen können nur schwer verneint werden. Sie können auch gleich auf andere Kunden verweisen, die mit der Produkterweiterung zufrieden sind: Für einen so kleinen monatlichen Beitrag lohnt sich das definitiv, sagen die meisten unserer Kunden.

Wenn Sie wissen, dass der Kunde ein bestimmtes Hauptprodukt schon nutzt, dann haben Sie einen idealen Einstieg über unbestreitbare Wahrheiten: Guten Tag, bin ich hier richtig bei Herrn Müller? Ja. Sie nutzen seit sechs Monaten unsere Flatrate für 19,99 Euro im Monat. Ja. Die ersten beiden Ja sind Ihnen sicher. Und dann: Ich habe jetzt eine tolle Erweiterungsmöglichkeit für Sie …

17 Umgang mit Beschwerden

Wer sich vielmals bedankt, hat oftmals Grund zur Beschwerde.

(Peter Tognotti)

Im Umgang mit Kunden haben Sie es immer mal wieder mit der einen oder anderen Beschwerde zu tun. Fehler, Schadensfälle und andere Unannehmlichkeiten kommen vor. Betrachten Sie Beschwerden als eine kostenlose Unternehmensberatung. Der Kunde teilt Ihnen mit, wo nachgebessert werden muss. Außerdem ist er weiter an einer Zusammenarbeit interessiert. Sonst würde er stillschweigend zur Konkurrenz wechseln. Suchen Sie auf jeden Fall ein persönliches Gespräch, auch wenn der Kunde sich schriftlich beschwert.

Erwartung des Kunden

Der Kunde möchte seine Beschwerde schnell loswerden und bearbeitet sehen. Wenn er mehrmals am Telefon weiterverbunden wird, steigern sich Ärger und negative Emotionen. Der Kunde möchte mit seinem Anliegen ernst genommen werden. Er hat ein Problem und möchte die volle Aufmerksamkeit. Ein Kunde, der sich beschwert, möchte nicht nur seine Sorgen gelöst haben, sondern auch einen Ausgleich für die von ihm aufgewendete Energie. Im Beschwerdefall müssen Sie die Kundenerwartungen nicht nur erfüllen, sondern übertreffen, um den Kunden langfristig zu halten. Neben der einwandfreien Beschwerdebehandlung kann eine zusätzliche Wiedergutmachung in Form eines Rabatts, eines Gutscheins oder einer Einladung zu einem Kundenevent die Erwartung übertreffen.

Vorteile für Sie

Wenn Sie sich einer Beschwerde annehmen, hat das auch für Sie Vorteile. Sie lernen durch eine Reklamation Ihre Kunden besser kennen. Und zwar nicht nur in guten, sondern auch in schlechten Zeiten. Das verbindet und schafft Vertrauen. Sie erhalten positives Feedback, wenn Sie Beschwerdefälle zufriedenstellend lösen. Im Falle einer erfolgreichen Bearbeitung schaffen Sie die Basis für einen Zusatzverkauf.

Das Beschwerdegespräch

Es kann nicht immer alles perfekt laufen. Das weiß auch der Kunde. Aber Sie müssen einen perfekten Ansatz haben, wenn einmal ein Kunde reklamiert. Hier ist er.

Ruhe bewahren

Achten Sie gleich am Anfang auf den Namen des Kunden. Fragen Sie sofort nach, wenn Sie diesen nicht verstanden haben: Wie schreibt sich Ihr Name genau? Ich möchte gleich alle wichtigen Punkte mitnotieren. Bewahren Sie Ruhe und lassen Sie den Kunden seinen Ärger abreagieren. Hören Sie genau zu, und lassen Sie den Kunden aussprechen. Zeigen Sie Verständnis für seine Situation und versetzen Sie sich in seine Lage: Ich verstehe Ihre Verärgerung. Ich kann Ihre Situation nachempfinden. Senden Sie „Ich"- und „Wir"-Botschaften. Versichern Sie dem Kunden, dass es Ihnen um eine gemeinsame Lösung geht: Da werden wir sicher eine akzeptable Lösung finden. Schauen wir uns das doch gleich gemeinsam an. So lassen Sie gar keine Konfrontation aufkommen, sondern machen sich zum Verbündeten des Kunden.

Bedanken

Bedanken Sie sich beim Kunden, dass er sich bei Ihnen gemeldet hat: Als Erstes möchte ich mich bei Ihnen bedanken, dass Sie uns den Vorfall gleich gemeldet haben. Das sind wichtige Hinweise, damit wir unseren Service verbessern können. Ihr Kunde rechnet bestimmt nicht damit, dass Sie sich an dieser Stelle für seine Kontaktaufnahme bedanken. Das kann Ihnen helfen, die Situation und den Kunden zu beruhigen.

Sich entschuldigen

Entschuldigen Sie sich beim Kunden für den Fehler, auch wenn Sie nicht der Verursacher sind: Ich möchte mich bei Ihnen dafür entschuldigen, dass Sie durch uns solche Unannehmlichkeiten hatten. Es tut mir leid, dass das gerade bei Ihnen passiert ist. Ich bedaure sehr, dass … Besänftigen Sie den Kunden mit Ihrer Hilfsbereitschaft und nehmen Sie ihm seinen Ärger ab. Zeigen Sie selbst Mitgefühl und Bedauern. Das öffnet den Weg für den weiteren Dialog.

Umgang mit Ärger

Trennen Sie Sache und Emotion. Wenn der Kunde aufbrausend und mit großem Ärger reagiert, nehmen Sie die Emotion an, und erfragen Sie sein Einverständnis zu einer gemeinsamen Lösungssuche: Herr Müller, ich sehe, wie wichtig Ihnen dieser Punkt ist. Ist es für Sie in Ordnung, wenn wir den genauen Ablauf kurz durchgehen? Begründen Sie Ihre Aussage: Dann kann ich schnell für Sie eine Lösung finden.

Ursachenforschung

Machen Sie sich gemeinsam mit dem Kunden an die Ursachenforschung für den Ärger: Wo genau ist … aufgetreten? Wie hat sich … denn gezeigt? Was meinen Sie mit … ? Versuchen Sie herauszufinden, ob die Reklamation aufgrund eines sachlichen Fehlers passiert ist oder durch unangebrachtes Verhalten eines anderen Mitarbeiters ausgelöst wurde. Wiederholen Sie die wichtigen Aussagen des Kunden: Habe ich Sie richtig verstanden, dass …

Verantwortung übernehmen

Der Kunde ist mit der Beschwerde bei Ihnen. Das Schlimmste, was Sie tun können, ist ihn an jemand anderen zu verweisen. Übernehmen Sie die Verantwortung selbst dann, wenn Sie den Fehler nicht verursacht haben: Ich kümmere mich sofort persönlich darum. Ich informiere mich sofort bei … und rufe Sie bis … zurück. Ich werde die Daten gleich ermitteln, und dann können wir uns das sofort gemeinsam anschauen. Ich werde mich gleich für Sie erkundigen. Ist Ihnen das recht? Halten Sie jede Zusage ein. Rückrufe müssen pünktlich um die vereinbarte Zeit erfolgen. Wenn Sie bis dahin noch keine Lösung erreicht haben, rufen Sie trotzdem zum vereinbarten Termin beim Kunden an. Erklären Sie ihm die weitere Verzögerung. Nehmen Sie jede Kundenreklamation ernst. Nur die wenigsten Beschwerden sind völlig aus der Luft gegriffen. Der Kunde ist verärgert oder enttäuscht. Alleine das ist schon eine ernste Situation. Wenn Sie sich wirklich mal nicht selbständig um die Behebung kümmern können, dann leiten Sie die Reklamation unverzüglich und genau dokumentiert an Ihre Kollegen weiter. Stellen Sie sicher, dass die Beschwerde von der nächsten Stelle sofort bearbeitet wird.

Lösung vereinbaren

Bei einer Beschwerde wegen einer unangebrachten Verhaltensweise bleibt Ihnen nur eine aufrichtige Entschuldigung. Den Vorfall können Sie ja nicht mehr rückgängig machen. Geloben Sie Besserung für die Zukunft, und senden Sie dem Kunden einen Blumenstrauß als Wiedergutmachung. Bei einer sachlichen Reklamation suchen Sie gemeinsam mit dem Kunden eine Lösung für sein Problem. Sagen Sie dem verärgerten Kunden, was er davon hat, wenn er auf Ihre Vorschläge eingeht. Dadurch wird er sich wesentlich kooperativer zeigen: Für Sie ist es vorteilhafter, wenn wir das Produkt gleich bei der Zentrale einschicken. Dann haben Sie es schneller ersetzt wieder zurück.

Beschwerde bearbeiten

Bleiben Sie in engem Kontakt, während Sie an der Lösung arbeiten. Schließen Sie sich mit der verantwortlichen Abteilung kurz, um die Gründe für den Fehler festzustellen. Vereinbaren Sie Maßnahmen, damit so etwas nicht mehr passieren kann. Beziehen Sie den Kunden immer in die Aufklärung ein. Benachrichtigen Sie den Kunden stets über die Schritte, die Sie eingeleitet haben und die Sie als Nächstes tun werden. Das schafft Vertrauen und wird vom Kunden geschätzt. Sobald der Kunde erkennt, dass Sie sich ernsthaft um eine Lösung kümmern, wird er sich kooperativ verhalten. Sorgen Sie für absolute Transparenz. Dann wird die gefundene Lösung vom Kunden akzeptiert. Es kann ja auch sein, dass der Kunde sein Problem mit dem Produkt selbst verursacht hat. Wenn der Kunde den Lösungsweg nachvollziehen kann, dann können Sie auch darüber offen mit ihm sprechen. Wenn Sie in so einem Fall anbieten, trotzdem einen Teil des Schadens zu übernehmen, dann gewinnen Sie einen zufriedenen Kunden. Vermeiden Sie aber jeden Triumph. Selbst wenn eindeutig hervorgeht, dass das Verschulden auf Seiten des Kunden liegt. Achten Sie darauf, dass der Kunde immer sein Gesicht wahren kann. Sagen Sie dem Kunden, dass Sie froh sind, den Vorfall gemeinsam geklärt zu haben.

Entschädigung anbieten

Oftmals ist es so, dass es für das Unternehmen günstiger ist, eine Reklamation mit Kulanz aus der Welt zu schaffen anstatt Sachverhalte über Abteilungen hinweg zu klären. Erst bei Reklamationen, die über einen festgelegten Betrag hinausgehen, sollten Sie den Ursachen genauer auf den Grund gehen. Arbeiten Sie gemeinsam mit dem Kunden an einer möglichen Lösung. Wenn Sie Mist gebaut haben, ist es am besten, wenn der Kunde auswählen kann, wie er den Fehler korrigiert haben will. Lassen Sie also den Kunden entscheiden und fragen Sie ihn, wie Sie das Problem aus der Welt schaffen können: Was haben Sie sich denn vorgestellt, Herr Müller, wie wir das wiedergutmachen können? Die meisten Kunden antworten mit einer vernünftigen Forderung, weil sie spüren, dass sie bestimmen können. Erfahrungsgemäß macht der Kunde sogar einen besseren Erstvorschlag als Sie als Verkäufer machen würden. Wenn Sie auf seinen Vorschlag eingehen können, haben Sie eine gemeinsame Lösung gefunden. Falls Sie auf den Vorschlag nicht eingehen können, fragen Sie den Kunden nach einer Alternative: Herr Müller, damit ich mit meinem Chef Alternativen besprechen kann, was wäre für Sie neben … auch noch eine Lösung? Wenn Sie dem Kunden selbst eine Lösung vorschlagen, dann können Sie das wie folgt formulieren: Ich biete Ihnen an … Ich schlage vor, dass …

Überzogene Forderungen abwehren

Grundsätzlich ist davon auszugehen, dass Kunden das Einvernehmen mit dem Unternehmen suchen und die Konfrontation nicht wirklich lieben. Leider machen es sich aber einige wenige Kunden zum Hobby, über eine Reklamation massiv den Preis zu drücken, und drohen mit einer Kündigung. Prüfen Sie solche

Aussagen sehr sorgfältig. Eine hohe Kundenorientierung bedeutet nicht, dass man dem Kunden alles schenken muss oder sich erpressen lässt. Wenn Sie einer Kundenforderung eine Absage erteilen müssen, dann machen Sie das möglichst diplomatisch: Herr Müller, bitte verstehen Sie unseren Standpunkt … Ich bitte Sie um Ihr Verständnis, dass …

Zustimmung einholen

Wenn Sie mit dem Kunden eine Lösung besprochen haben, dann sollten Sie sich unbedingt noch einmal seine Zustimmung holen. Nur so erkennen Sie, ob der Kunde mit der Lösung auch wirklich glücklich ist: Ist das für Sie ok? Ist diese Lösung so für Sie in Ordnung? Sind Sie mit dem Lösungsvorschlag einverstanden? Wenn Sie Zweifel hören, dann haken Sie nach.

Positiver Ausstieg

Bedanken Sie sich zum Schluss nochmals beim Kunden, dass er sich bei Ihnen gemeldet und Ihnen die Chance gegeben hat, an seiner Zufriedenheit zu arbeiten. Betonen Sie, wie wichtig für Sie das Vertrauensverhältnis zum Kunden ist. Teilen Sie dem Kunden mit, dass er jederzeit wieder zu Ihnen kommen kann, falls sich für ihn weitere Fragen ergeben.

Nachfassen

Wenn Sie professionell auf Beschwerden reagieren, werden Sie Ihre Stammkunden halten und über Weiterempfehlungen neue Kunden hinzugewinnen. Mit einer Beschwerde erhalten Sie einen guten Aufhänger, um mit Ihrem Kunden auch in Zukunft in Kontakt zu treten. Erkundigen Sie sich einige Zeit nach der Klärung, ob nun alles zufriedenstellend läuft. Ihr Kunde wird begeistert sein, wenn Sie oder gar Ihr Chef sich nochmals persönlich bei ihm melden. Und jetzt schlägt das Verkäuferherz wieder höher: Baldmöglichst nach einer erfolgreich gelösten Beschwerde sollten Sie dem Kunden etwas Zusätzliches zum Kauf anbieten. Er wird Ihnen für Ihre Dienste verpflichtet sein.

Kundenrückgewinnung

18

Nicht alles, was wir verlieren, ist ein Verlust.

(Walter Ludin)

Verlorene Kunden sind im Verkauf oft unbeliebt. Sie sind ein Beweis für persönliches Versagen. Versuche zur Rückgewinnung werden häufig als entwürdigend wahrgenommen. Deshalb investieren viele Verkäufer oft mehr Energie in die Gewinnung eines mittelmäßig erfolgversprechenden Neukunden, anstatt in die Rückgewinnung eines hochprofitablen Bestandskunden, der dem Unternehmen den Rücken gekehrt hat.

Die Kundenrückgewinnung folgt einem strukturierten Vorgehen, das Sie in diesem Kapitel kennenlernen. Oftmals ist die Abschlussquote bei der Kundenrückgewinnung größer als im Neukundengeschäft. Sie erreichen also bessere Ergebnisse mit weniger Aufwand und Kosten. Ein positiver Nebeneffekt: Die Loyalität und Rentabilität von zurückgewonnenen Kunden ist höher als bei Neukunden.

Schnelle Reaktion

Sobald sich Warnhinweise auf eine mögliche Abwanderung abzeichnen, müssen Sie reagieren. Je schneller die Reaktion, desto höher ist die Rückgewinnungswahrscheinlichkeit. Wenn der Kunde bereits eine langfristige Vertragsbindung mit dem Wettbewerbsunternehmen eingegangen ist, ist es für Sie zu spät. Sie können zwar am Kunden dranbleiben, sich aber erst nach Ablauf der Bindungsfrist wieder in Position bringen, alternativ können Sie den Kunden teuer heraus kaufen. Wenn Sie selbst mit Vertragsbindungen arbeiten, wie zum Beispiel im B2C bei Energie und Telekommunikation, können Sie den Kunden auch vor Ablauf der Vertragslaufzeit durch kleine Geschenke moralisch von einer Kündigung abhalten.

Folgende Anzeichen gibt es für eine mögliche Abwanderung:

- Rückgang der Anzahl Transaktionen
- Störungen in der Kundenbeziehung
- Distanzierung des Kunden
- Reklamationen
- Schlechte Zahlungsmoral
- Aussagen über Wettbewerbsprodukte

Persönliche Rückgewinnung

Rückgewinnung funktioniert am besten persönlich oder per Telefon. Nur so können Sie sich auf die individuellen Belange des Kunden einlassen und ergründen, was zu den Abwanderungsgelüsten geführt hat. Fragen Sie den Kunden ganz offen: Guten Tag, Herr Müller, hier ist Daniel Berger von der SELLGATE®AG. Sie hatten ja in der Vergangenheit öfter bei uns bestellt. Jetzt habe ich länger nichts mehr von Ihnen gehört und da wollte ich mich von unserer Seite mal wieder bei Ihnen melden. Wie ist denn bei Ihnen der Stand der Dinge? Brauchen Sie im Moment etwas? Sind Sie zufrieden mit unseren Angeboten? So erhalten Sie wertvolle Informationen. Teilen Sie dem Kunden mit, dass Sie an einer dauerhaften Geschäftsbeziehung interessiert sind. Falls es Anstoßpunkte gibt, vermitteln Sie glaubhaft, dass alle zur vollsten Zufriedenheit behoben werden.

Emotionale und finanzielle Anreize

Verschiedene Untersuchungen haben gezeigt, dass emotionale Anreize bei der Kundenrückgewinnung eine wichtigere Rolle spielen, als eine finanzielle Entschädigung. Der Kunde will Aufmerksamkeit, Wertschätzung und Hilfsbereitschaft von Ihnen erhalten. Wenn er das in der bisherigen Geschäftsbeziehung nicht erfahren hat, haben Sie als Verkäufer bereits etwas falsch gemacht. Geben Sie dem abwanderungswilligen Kunden das Gefühl, etwas Besonderes zu sein. Sagen Sie ihm, wie wichtig Ihnen die Beziehung und zukünftige Zusammenarbeit ist. Beide Seiten profitieren von Vertrauen und Verlässlichkeit. Sichern Sie dem Kunden für die Zukunft eine Sonderbehandlung zu. Rückgewinnungsangebote können sein:

- Entschuldigung
- Verständnisvolles Gespräch
- Problembehebung
- Kostenlose Reparatur

- Umtausch
- Zusatzleistungen
- Bessere Konditionen
- Rückkehrprämie

Geben Sie jedoch keine zu großen Preisnachlässe. Das ruft die Frage nach der Angemessenheit der bisherigen Preispolitik hervor. Je aggressiver der Kunde über den Preis zurückgeholt wurde, desto volatiler wird die Beziehung. Schaffen Sie nicht nur einen Anreiz für die einmalige Rückholung, sondern dafür, dass der Kunde ab jetzt dauerhaft bleibt.

Genauen Abwanderungsgrund erfragen
Vielfach werden vom Kunden pauschale Argumente als Abwanderungsgrund vorgeschoben. Das bezieht sich dann auf Preis, Qualität oder Lieferfristen. Lassen Sie das aber nicht im ersten Anlauf stehen, sondern gehen Sie mit Ihren Fragen in die Tiefe: Abgesehen vom Preis... gibt es sonst noch Gründe, womit Sie nicht zufrieden waren? Sie helfen mit sehr, wenn Sie mir mitteilen, was wir sonst noch verbessern müssen. Eine Abwanderung ist meist mit einer emotionalen Verletzung verbunden. Stellen Sie also auch emotionale Fragen: Wie haben Sie das denn empfunden? Was hat Sie bedrückt? Sie sind noch ein wenig skeptisch, nicht wahr? Was haben Sie bei uns besonders vermisst? Was haben Sie bei uns denn geschätzt? Wenn der Kunde Ihnen dazu Antworten liefert, fassen Sie diese zusammen und bereiten gleich den Abschluss vor: Ihnen ist also wichtig, dass...? Wenn der Kunde von einem spezifischen Problem berichtet, können Sie auch mit emotionalen Feststellungen arbeiten: Das hat Sie sehr genervt. Da fühlten Sie sich nicht richtig verstanden. Da waren Sie enttäuscht. Solche Formulierungen öffnen den Kunden. Er wird das Gefühl entweder bestätigen, oder seine wahren Gefühle beschreiben.

Verpflichtung und Abschluss
Wenn Sie ein spezifisches Bedürfnis des Kunden herausgearbeitet haben, können Sie darauf eine Rückkehrverpflichtung einholen: Wenn ich Ihnen zusichern kann, dass wir genau das in Zukunft leisten können, wäre das dann in Ordnung für Sie? Sofern Ihr Kunde darauf eingeht, bestätigen Sie ihm das Resultat: Prima, dann sind wir uns einig.

Einwände bei der Reaktivierung
Wenn Ihr Gespräch optimal gelaufen ist, wird der Kunde von sich aus zurückkommen. Oftmals hören Sie aber eine Reihe von pauschalen Einwänden, wie zum Beispiel: Das haben Sie mir schon einmal versprochen. Ich will mit Ihrem Unternehmen nichts mehr zu tun haben. Ihr Produkt interessiert mich nicht mehr. Jetzt, wo ich kündige, bin ich Ihnen wichtig. Von meinem neuen Lieferanten fühle ich mich deutlich

besser betreut. Nehmen Sie die Einwände des Kunden positiv entgegen: Danke, dass Sie das so offen sagen. Danke, dass Sie mir mitteilen, was Sie wirklich denken. Und dann arbeiten Sie mit den folgenden offenen Fragen: Ich möchte Sie sehr gerne als Kunde behalten. Bitte sagen Sie mir, wie wir das schaffen können? Was müssen wir tun, damit wir wieder zusammenkommen? Was müsste passieren, damit Sie uns nochmals eine Chance geben? Wir würden sehr gerne wieder mit Ihnen zusammenarbeiten. Unter welchen Umständen wäre das denn noch erreichbar? Geben Sie nicht zu schnell auf und unternehmen Sie mehrere Versuche.

Den Abschied versüßen

Natürlich gelingt es Ihnen nicht in jedem Fall, einen Kunden wieder zurückzuholen. Nun gilt vor allem eins: Bleiben Sie in guter Erinnerung. Bereiten Sie dem Kunden einen schönen Abschied. Senden Sie ihm ein nettes Auf-Wiedersehen-Geschenk. Damit zeigen Sie Größe und Ihr ehemaliger Kunde hat allen Grund, positiv über Sie zu sprechen. Nichts ist schlimmer, als wenn ein verlorener Kunde auch noch schlecht über Sie herzieht. Damit halten Sie die Tür offen für eine spätere Rückholaktion.

19 Eine Empfehlung zum Schluss

Auch eine schwere Tür hat nur einen kleinen Schlüssel nötig.

(Charles Dickens)

Normalerweise ist Empfehlungsmarketing ein Instrument der Kundenakquisition. Durch Empfehlungen gewinnen Sie neue Kunden. Trotzdem gehört dieses Kapitel für mich an den Schluss. Wie nichts anderes besiegeln Kundenempfehlungen einen erfolgreichen Verkaufsprozess. Hier schließt sich der Zyklus, und der Verkaufsprozess beginnt von vorn. Wenn der Kunde Sie weiterempfiehlt, erhöhen Sie die Kundenbindung. Der Kunde wäre unglaubwürdig, wenn er Sie an jemanden vermittelt und dann selbst woanders bestellt. Solange Sie Empfehlungen dem Zufall überlassen, bleibt auch eine positive Kundenakquisition in diesem Bereich zufällig. Mit einem systematischen Empfehlungsmarketing können Sie die Initiative Ihrer Kunden zielgerichtet steuern.

Aktive und passive Empfehlung

Persönliche Empfehlungen sind die günstigste und auch erfolgversprechendste Methode der Neukundengewinnung. Bei der aktiven Empfehlung sprechen Sie den Kunden darauf an, bei der passiven Empfehlung informiert der Kunde von sich aus seine Bekannten über Ihr Angebot. Eine Steigerung der passiven Empfehlungen ist nur möglich, wenn Ihre Kunden begeistert sind. Begeistert von Ihnen, von Ihrem Unternehmen und Ihrem Produkt. Es nützt Ihnen nichts, wenn Sie dem Kunden nur beiläufig sagen, dass Sie sich über eine Weiterempfehlung freuen. In den meisten Fällen wird er nicken ... und es passiert nichts. Sie müssen deshalb mit Ihrem Kunden eine verbindliche Vereinbarung treffen und gezielt nach konkreten Namen fragen.

Psychologie der Empfehlung

Zufriedene und begeisterte Kunden reagieren positiv auf aktive Empfehlungsfragen. Wir Menschen möchten uns bei unseren Freunden und Bekannten profilieren. Das gelingt, indem wir sie auf wertvolle und nützliche Tipps und Informationen hinweisen. Unser Ansehen steigt, wenn wir andere ebenfalls in den Genuss von guten Angeboten kommen lassen. Die Empfehlungsfrage an den Kunden ist eine Aufwertung seiner Person. Solche Personen werden häufiger um Rat gefragt und erhalten positives Feedback für zurückliegende Empfehlungen. Das spricht das Geltungsbedürfnis des Kunden an. Dieses psychologische Muster können Sie direkt bei Ihren Kunden ansprechen und so eine Empfehlung auslösen: Übrigens, ich habe festgestellt, dass erfolgreiche Menschen eine Gemeinsamkeit haben. So wie ich Sie einschätze machen Sie da keine Ausnahme. Diese Aussage wertet den Kunden auf, indem Sie ihn erfolgreich machen. Sie weiter: Erfolgreiche Menschen sind glücklich darüber, wenn Sie anderen dabei helfen können, sich weiterzuentwickeln. Wenn Sie an die Vorteile unseres Produkts denken ... für wen aus Ihrem Bekanntenkreis kann es ebenfalls interessant sein, diese Vorteile zu nutzen? Durch diese Vorgehensweise bitten Sie nicht um eine Empfehlung – der Kunde erweist seinen Bekannten einen Gefallen, indem er sie an seinen Erkenntnissen teilhaben lässt. Sie können als Vorbereitung auch *Xing & Co.* betrachten. Prüfen Sie, mit welchen anderen interessanten Personen Ihr Kunde vernetzt ist. Dann sprechen Sie Ihren Kunden gezielt auf eine Empfehlung an. Dadurch erhöhen Sie die Effektivität enorm.

Weitervermittelte Kunden sind sehr empfänglich für gute Hinweise von Ihren Bekannten. Das ist anders als bei den Versprechungen aus der Werbung, die häufig mit großem Misstrauen verfolgt werden. Empfehlungen sind glaubwürdig, weil sie auf persönlichen Erfahrungen beruhen. Sie kommen von Menschen, die wir kennen und denen wir vertrauen. Die Empfehlungsnehmer sind somit bereits positiv auf Sie eingestimmt.

Empfehlungsverpflichtung frühzeitig einholen

Erzählen Sie beiläufig im Erstgespräch, wie ein Empfehlungsgeber und der Empfehlungsnehmer von Ihrem Produkt profitiert haben. Durch die Reaktion des Kunden finden Sie gleich zu Beginn heraus, ob Ihr Kunde prinzipiell zu einer Empfehlung bereit ist, sofern die Leistung stimmt. Sprechen Sie dann das Thema konkret an: Herr Müller, jetzt habe ich da noch eine Frage ... Die Spannung steigt ... Ich arbeite oft auf Empfehlungsbasis. Mein Ziel ist es, Sie so zufriedenstellend zu beraten, dass Sie mich weiterempfehlen. Können Sie sich vorstellen, mich weiterzuempfehlen, wenn Sie absolut zufrieden mit unserer Leistung sind? Idealerweise vereinbaren Sie schon jetzt die Bedingungen, wie Ihr Kunde Zufriedenheit misst: Wie soll aus Ihrer Sicht unsere Zusammenarbeit aussehen, damit Sie zu 100 Prozent begeistert sind? Warten Sie die Antwort des Kunden ab, wiederholen Sie diese und lassen Sie sich die Aussage nochmals bestätigen. Auf diese Vereinbarung können Sie sich später berufen: Herr Müller, vielleicht erinnern Sie sich daran, was ich Ihnen zu Beginn unseres Kennenlernens gesagt habe. Ich habe mir das Ziel gesetzt, Sie mit meinem Service zufriedenzustellen. Habe ich mein Ziel in Ihren Augen erreicht? Jetzt kommt hoffentlich ein Ja. Dann fahren Sie fort: Das freut mich sehr. Und ich habe Ihnen damals auch mitgeteilt, dass es mein Ziel ist, Sie so zufriedenstellend zu beraten, dass Sie mich weiterempfehlen. Ist mir das ebenfalls gelungen? Nach dem ersten Ja kann der Kunde jetzt kaum mehr einen Rückzieher machen. Er müsste sonst seine erste Antwort revidieren. Fragen Sie weiter: Herr Müller, was glauben Sie: Wer aus Ihrem Bekanntenkreis könnte von meiner Beratung auch noch profitieren? Falls doch einmal ein Nein auf die Empfehlungsfrage kommt, dann konfrontieren Sie den Kunden mit seinen ursprünglichen Bedingungen der Zufriedenheit. Wenn Sie einen Punkt nicht erfüllt haben, dann schauen Sie, ob Sie das noch nachholen können. Dann fragen Sie erneut nach einer Empfehlung.

> Sprechen Sie Ihren Kunden gezielt auf eine Empfehlung an. Dadurch erhöhen Sie die Effektivität enorm.

Wenn Sie einmal vergessen haben, das Empfehlungsthema im Erstgespräch anzusprechen, dann können Sie den Weg auch abkürzen. Sie können den Kunden jederzeit fragen: Herr Müller, wie zufrieden sind Sie mit unserem Produkt und unserem Service? Die meisten Kunden werden Ihnen hoffentlich bestätigen, dass sie zufrieden sind. Dann haken Sie nach: Empfehlenswert zufrieden? Wissen Sie, ich arbeite in erster Linie auf Basis von positiven Kundenempfehlungen. Wäre es für Sie denkbar, mich ebenfalls weiterzuempfehlen? Wer würde Ihnen dazu einfallen? Die erste Frage ist eine geschlossene Frage, die Sie aber so direkt stellen, dass der Kunde weiß, was Sie von ihm möchten. Da die Gefahr für ein Nein bei dieser geschlossenen Frage aber zu groß ist, hängen Sie einfach noch eine offene Frage hinten an. Der Kunde wird sich auf die Beantwortung der zweiten Frage konzentrieren.

Empfehlungsbereitschaft erkennen

Sie können die Empfehlungsfrage schriftlich oder mündlich vorbereiten. Im Rahmen einer Zufriedenheitsbefragung nach der Produktauslieferung können Sie die Empfehlungsbereitschaft auf einer Skala von Null bis Zehn testen: Würden Sie uns weiterempfehlen, Null = überhaupt nicht, Zehn = mit voller Begeisterung? Sprechen Sie die positiven Antworten direkt auf mögliche Empfehlungen an. Wer nicht die Bestnote gibt, muss intensiv betreut werden. Fragen Sie, was Sie tun müssen, damit Sie die Bestnote erhalten. Und dann setzen Sie den Wunsch des Kunden um.

Gegenseitige Empfehlungen

Ihr Kunde ist möglicherweise nicht bereit, eine Empfehlung für Ihr Unternehmen auszusprechen, wenn Sie nicht gleichziehen. Vereinbaren Sie in so einem Fall ein gemeinsames Mittagessen, wo jeder dem anderen einen Interessenten mitbringt.

Bearbeitung der Empfehlung

Die Bearbeitung der Empfehlung betrifft nicht nur den neuen Kontakt, sondern auch Ihren Bestandskunden. Fragen Sie den Empfehlungsgeber, wie Sie mit der Empfehlung umgehen sollen: Darf ich Herrn Becker anrufen und mich auf Sie beziehen? Möchten Sie Herrn Becker vorher über meinen Anruf informieren? Wann, denken Sie, ist ein guter Zeitpunkt, dass ich mich anschließend bei Herrn Becker melde? Fragen Sie, worauf Sie generell bei dieser Person achten müssen und was sie für ein Mensch ist. Vereinbaren Sie gemeinsam eine Strategie.

Rufen Sie zum vereinbarten Zeitpunkt beim Empfehlungsnehmer an: Guten Tag Herr Becker, mein Name ist Daniel Berger von der SELLGATE® AG. Ein Gruß verbessert die Wirkung: Ich soll Ihnen einen lieben Gruß ausrichten von Peter Müller. Hat er mich schon angekündigt? Wenn der Empfehlungsgeber seine Aufgabe vereinbarungsgemäß erledigt hat, dann können Sie gleich zur Terminvereinbarung oder zum Verkauf übergehen: Wie Sie sicherlich von Herrn Müller gehört haben, ist er sehr angetan von unserer Lösung. Aus diesem Grund hat er mich gebeten, auch mit Ihnen Kontakt aufzunehmen, damit Sie sich ebenfalls ein Bild davon machen können. Wie denken Sie darüber, wenn wir in einem persönlichen Gespräch einmal tiefer in das Thema einsteigen? Wann würde es Ihnen passen? Wurde der Empfehlungsnehmer noch nicht informiert, dann sagen Sie: Herr Müller hat mich darum gebeten, Sie einmal zu kontaktieren. Herr Müller arbeitet seit ... erfolgreich mit unserem Produkt und er meinte, dass die Vorteile auch für Sie interessant sein könnten. Wie interessant ist ... „Nutzen eins" und „Nutzen zwei" für Sie? Erwähnen Sie den Namen des Empfehlungsgebers mehrmals im Gespräch. So schaffen Sie eine vertraute Atmosphäre.

Vorwandbehandlung

Vorwände seitens des Kunden bei der Empfehlungsfrage sind pauschale Aussagen, wie zum Beispiel: Ich möchte niemanden nennen oder Mir fällt niemand ein. Signalisieren Sie dem Kunden Ihr Verständnis für seine Abwehr: Ich verstehe. Da sehe ich zwei Möglichkeiten: Entweder möchten Sie nicht, dass Ihre Bekannten ebenfalls von unserem Produkt profitieren. Das kann ich mir bei jemandem wie Ihnen gar nicht vorstellen. Oder es gibt irgendetwas, das Sie bedrückt. Irgendetwas, das wir bisher nicht zu Ihrer vollsten Zufriedenheit erledigt haben. Was könnte das sein? Der Kunde wird sich dadurch erklären müssen. Entweder sagt er, dass nichts ist. Dann haben Sie einen idealen Ansatzpunkt, um ihn doch noch zu einer Empfehlung zu bewegen. Oder Sie wissen, wo Sie nacharbeiten müssen, und geben Ihrem Kunden das Gefühl, dass Ihnen viel an seiner Zufriedenheit liegt.

Einwandbehandlung
Bei Einwänden hat der Kunde einen konkreten Grund, etwas gegen Ihr Anliegen vorzubringen. Wenn Ihr Kunde mit Ihrem Produkt zufrieden ist, ist der häufigste Einwand, den Sie hören werden: Ich habe schlechte Erfahrungen mit der Weitergabe von Kontakten gemacht. Zeigen Sie Verständnis für die Situation des Kunden und lassen Sie ihn vorerst alleine aktiv werden: Ich verstehe, dass Sie aufgrund solcher Erfahrungen vorsichtig mit der Weitergabe Ihrer wertvollen Kontakte sind. Was halten Sie davon, wenn Sie zuerst alleine mit möglichen Interessenten sprechen und wir uns in 14 Tagen nochmals über das Thema unterhalten? So nehmen Sie den Druck raus, und der Kunde hat ein angenehmeres Gefühl.

Bedanken beim Empfehlungsgeber
Geben Sie Ihrem Kunden unbedingt Feedback dazu, wie sich die Kontaktvermittlung entwickelt hat. Denn es geht ja um seine Beziehung und seine Reputation. Würdigen Sie seine Empfehlung mit einem netten Brief: Lieber Herr Müller, herzlichen Dank für Ihre Weiterempfehlung an Herrn Becker. Das ist für mich die schönste Art, wie man Zufriedenheit ausdrücken kann. Ich gebe mein Bestes, Herrn Becker ebenso zufriedenzustellen wie Sie. Diese Belohnung signalisiert dem Empfehlungsgeber, dass er gern so weitermachen kann. Sie loben Ihren Kunden für sein Tun. Das spornt ihn an, weitere Empfehlungen auszusprechen. Legen Sie dem Dankesbrief ein kleines Geschenk bei. Das verstärkt die Wirkung.

In eigener Sache
Wir sind am Ende des Kompendiums angelangt. Jetzt beginnt der Rest Ihres weiteren Lebens. Denken Sie an all die Vorteile, die Sie sich als Profi-Verkäufer verschaffen können. Wenn Sie die Inhalte studieren und richtig anwenden, werden Ihre Umsätze explodieren. Sie werden erfolgreich und glücklich. Es geht gar nicht anders.

Wenn Sie zufrieden, und vielleicht auch ein wenig begeistert sind, dann empfehlen Sie „Alles, was Sie über das Verkaufen wissen müssen", die SELLGATE® AG und meine Person bitte an Ihre Freunde und Kollegen weiter. Machen Sie es wie alle erfolgreichen Menschen: Helfen Sie Ihren Bekannten, sich ebenfalls weiterzuentwickeln. Das positive Licht fällt auf Sie zurück.

Ich schließe mit Konfuzius: „Gib einem Mann einen Fisch, und Du ernährst ihn für einen Tag. Lehre einen Mann zu fischen, und Du ernährst ihn für sein Leben." Das habe ich hiermit getan.
Dominik Birgelen

Verkaufsliteratur

/ 1907 /
MOODY, WALTER Men who sell things, McClurg

/ 1911 /
BUTLER, RALPH Selling, Buying and Shipping Methods, Alexander Hamilton Institute

/ 1914 /
BUTLER, RALPH Marketing Methods and Salesmenship, Alexander Hamilton Institute

/ 1915 /
FOWLER, NATHANIEL How to sell, McClurg

/ 1925 /
STRONG, EDWARD Psychology of Selling and Advertising, McGraw-Hill

/ 1926 /
JAEDERHOLM, GUSTAV Psychotechnik des Verkaufens, Gloeckner

/ 1936 /
CARNEGIE, DALE How to win Friends and Influence People, Dale Carnegie

/ 1937 /
WHEELER, ELMER Tested Sentences That Sell, Prentice Hall

/ 1951 /
BETTGER, FRANK How I Raised Myself from Failure to Success in Selling, World´s Work

/ 1953 /
WILSON, JOHN Open the Mind and Close the Sale, McGraw-Hill Education

/ 1958 /
PACKARD, VANCE Die geheimen Verführer, Econ Verlag

/ 1966 /
GOLDMANN, HEINZ How to win Customers, Staples

/ 1967 /
ROBINSON, PATRICK / FARIS, CHARLES / WIND, YORAM Industrial Buying and creative Marketing, Allyn & Bacon

/ 1968 /
MANDINO, OG The Greatest Salesman in the World, Bantam Books

/ 1969 /
WAGE, JAN Psychologie und Technik des Verkaufsgesprächs, Moderne Industrie

/ 1970 /
HERMAN, FRED Selling is Simple, Vantage

/ 1972 /
WEBSTER, FREDERICK / WIND, YORAM Organizational Buying Behavior, Englewood Cliffs

/ 1978 /
GIRARD, JOE How to sell anything to anybody, Fireside

/ 1979 /
DETROY, ERICH-NORBERT Abschlusstechniken beherrschen und gekonnt einsetzen, Moderne Industrie
WEXLER, PHIL Non-Manipulative Selling, Reston

/ 1980 /
SHOOK, ROBERT Ten Greatest Salespersons – What they say about Selling, Barnes & Noble

/ 1981 /
DICHTER, ERNST Das große Buch der Kaufmotive, Econ
FISCHER, GERT Verkaufsprozesse und Interaktion, Deutscher Betriebswirteverlag
WAGE, JAN Psychologie und Technik des Verkaufsgesprächs, Moderne Industrie

/ 1982 /
BETTGER, FRANK How I Multiplied My Income and Happiness in Selling, Prentice Hall
HOPKINS, TOM How to Master the Art of Selling, Warner Books
SHOOK, ROBERT Successful Telephone Selling in the 80´s, Joanna Cotler Books

/ 1983 /
HEITSCH, DIETER Das erfolgreiche Verkaufsgespräch, Moderne Industrie

/ 1984 /
GANDOLFO, JOE How to Make Big Money Selling, HarperCollins
ZIGLAR, ZIG Zig Ziglar´s Secrets of Closing the Sale, Fleming

/ 1985 /
JOHNSON, SPENCER / WILSON, LARRY Das Minuten-Verkaufstalent, Rowohlt

/ 1986 /
DAVIS, WILLIAM The Super Salesman´s Handbook, Sidgwick & Jackson
GSCHWANDNER, GERHARD Supersellers – Portraits of Success from Personal Selling Power, Amacom

/ 1988 /
BARROIS, JULES Verkaufen heute, Menschen gewinnen – mehr verkaufen, Jünger
RACKHAM, NEIL SPIN Selling, McGraw-Hill

/ 1989 /
CARLZON, JAN Alles für den Kunden, Campus
GIRARD, JOE / SHOOK, ROBERT How to close every sale, Warner Books
RACKHAM, NEIL Major Account Sales Strategy, McGraw-Hill

/ 1990 /
HOLDEN, JIM Power Base Selling, John Wiley & Sons

/ 1991 /
HOLZHEU, HARRY Die hundert Gesetze des Verkaufs im Außendienst, Ullstein
OHOVEN, MARIO Die Magie des Power-Selling, Moderne Industrie

/ 1993 /
BIERBAUM, GEORG / MARWITZ, KLAUS / MAY, HORST Happy Selling, Junfermann
HOLZHEU, HARRY Natürliches Verkaufen, Econ
PEOPLES, DAVID Selling to the Top, John Wiley & Sons
TRACY, BRIAN Advanced Selling Strategies, Simon & Schuster
VÖGELE, SIEGFRIED Dialogmethode: Das Verkaufsgespräch per Brief und Antwortkarte, Moderne Industrie

Verwendete und weiterführende Verkaufsliteratur

/ 1994 /
BOSWORTH, MICHAEL Solution Selling, McGraw-Hill Professional
RICHARDSON, LINDA Stop Telling, Start Selling, McGraw-Hill
WEIS, HANS CHRISTIAN Verkaufsgesprächsführung, Kiehl

/ 1995 /
BANDLER, RICHAR / DONNER, PAU Die Schatztruhe. NLP im Verkauf, Junfermann
BRONS-ALBERT, RUTH Verkaufsgespräche und Verkaufstrainings, Westdeutscher Verlag
CONNOR, TIM Soft Sell, Sourcebooks Trade
GEOFFROY, EDGAR Verkaufserfolge auf Abruf, Moderne Industrie
MILLER, ROBERT / HEIMAN, STEPHEN The New Strategic Selling, Warner Books
WEIS, HANS CHRISTIAN Verkauf, Kiehl

/ 1996 /
BÄNSCH, AXEL Verkaufspsychologie und Verkaufstechnik, Oldenburg
DAHM, WOLFGANG Beraten und verkauft. Die Methoden der Strukturvertriebe, Gabler
DAVIS, KEVIN Slow down, sell faster, Time Business
WERT, JACQUES / RUBEN, NICHOLAS High Probability Selling, Bookworld Services

/ 1997 /
McCORMACK, MARK Die Schule des Verkaufens, Campus
POTHMANN, ACHIM Diskursanalyse von Verkaufsgesprächen, Westdeutscher Verlag

/ 1998 /
ALTMANN, HANS CHRISTIAN Kunden kaufen nur von Siegern, Redline
BECKER, WALTER Verkaufspsychologie, Profil
KÖHLER, HANS-UWE LoveSelling, Metropolitan
WAGNER, HUBERT Die Wiederentdeckung des Verkäufers, Murmann
ZIMMERMANN, HANS-PETER Hypnose im Alltag, Hypnotische Sprachmuster in Politik, Verkauf und Werbung, E-Buch

/ 1999 /
BECKER, WALTER Beeinflussungstechniken in Werbung und Verkauf, Profil
EICHER, HANS / STENGL, DETLEF Personality Sells – Das Erfolgsgeheimnis im Automobilverkauf, Autohaus
FINK, KLAUS-JÜRGEN Bei Anruf Termin, Gabler
GODIN, SETH Turning Strangers Into Friends and Friends Into Customers, Simon & Schuster
HELLER, ROBERT Erfolgreich verkaufen, Dorling Kindersley
SICKEL, CHRISTIAN Verkaufsfaktor Kundennutzen, Gabler

/ 2000 /
FREESE, THOMAS Secrets of Question-Based Selling, Sourcebooks
GARNITSCHNIG, JOHANN / GANSTER, MAXIMILIA SalesCard, Junfermann
GIRARD, JOE Ein Leben für den Verkauf, Gabler
HÄUSEL, HANS-GEORG Think Limbic, Haufe

/ 2001 /
CIALDINI, ROBERT Influence – Science and Practice, Allyn & Bacon
HERNDL, KARL Auf dem Weg zum Profi im Verkauf, Gabler
NERDINGER, FRIEDEMANN Psychologie des persönlichen Verkaufs, Oldenburg
RUHLEDER, ROLF Meine 202 besten Tipps für Verkäufer, Gabal
SAXER, UMBERTO Bei Anruf Erfolg, Ueberreuter Wirtschaft

/ 2002 /
CARNEGIE, DALE The Sales Advantage, Free Press
GEBHARDT-SEELE, STEPHAN Immer gute Auftragslage, Gabler
KÖHLER, HANS-UWE / MÜLLER-GERBES, GEERT Verkaufen. Aber wie? Bitte!, Gabal
KREUTER, DIRK Erfolgreich akquirieren auf Messen, Gabler
RATZKOWSKI, JÜRGEN Keine Angst vor der Akquise, Carl Hanser
SAXER, UMBERT / FREI, THOMAS Einwand-frei verkaufen, Redline
STEIN, DAVID How Winners Sell, Bard Press

/ 2003 /
BARTNITZKI, SASCHA Piranha Selling, Sascha Bartnitzki
EICHER, HANS Der Verkaufs-Alchimist: Die geheimen Gesetze im Verkauf, Ecowin
FISCHER, CLAUDIA Telefonsales, Gabal
KENZELMANN, PETER Kundenbindung, Cornelsen
SCHERER, HERMANN Ganz einfach verkaufen, Gabal

/ 2004 /
EADES, KEITH The New Solution Selling, McGraw-Hill
ETRILLARD, STÉPHANE Spitzengespräche im Verkauf, Junfermann
GALAL, MARC So überzeugen Sie jeden, Bertelsmann
GITOMER, JEFFREY Das kleine rote Buch für erfolgreiches Verkaufen, Redline
SPARKS, DUANE Action Selling, The Sales Board

/ 2005 /
DETROY, ERICH-NORBERT Das Powerbuch der Neukundengewinnung, Redline
GITOMER, JEFFREY Das kleine rote Buch der ultimativen Antworten für den Verkaufserfolg, Redline
HAGMAIER, ARDESCHYR Heute akquirieren – sofort profitieren, Gabler
KIEN, ALEXANDER Verkauf den Fish!, Rhombos
KREUTER, DIRK Verkaufs- und Arbeitstechniken für den Außendienst, Cornelsen
LIMBECK, MARTIN Das neue Hardselling, Gabler
PEPELS, WERNER Käuferverhalten, Erich Schmidt
THIEME, KURT / FISCHER, RAINER / SOSTMANN, MICHAEL Preisdruck? Na und!, Avance

/ 2006 /
BEYREUTHER, CARSTEN Halluzinationen im Verkauf, Books on Demand
HÄRTER, GITTE Kundenakquise. Wie Sie der Welt sagen, dass es Sie gibt, Cornelsen
HÄUSEL, HANS-GEORG Neuromarketing. Erkenntnisse der Hirnforschung für Markenführung, Werbung und Verkauf, Haufe Lexware
HELD, DIRK / SCHEIER, CHRISTIAN Wie Werbung wirkt. Erkenntnisse des Neuromarketing, Haufe-Lexware
REICHHELD, FRED The ultimative Question, McGraw-Hill
SANTS, TOM The Giants of Sales, Amacom
STÖGER, GABRIELE / STÖGER, HANS Besser verkaufen mit Glaubwürdigkeit und Sympathie, Redline

/ 2007 /
ARNDT, ROLAND Menschen gewinnen per Telefon, Walhalla
EHRHARDT, WOLF / BUSCHMANN, HUBERT Verkaufen mit Psychologie, Wiley
ETRILLARD, STÉPHANE Sog-Selling, BusinessVillage

/ 2008 /

BECKER, MARKUS / ZIELONKA, ARKADIUS Die Bedarfsanalyse im Rahmen des B2C-Selling, Grin
ERHARDT, WOLF Nicht geschenkt!, Wiley
GEFFROY, EDGAR Das große Geffroy Top-Verkäufer Handbuch, Campus
GLEING, ELKE / EVERS, MOMO Hervorragend positioniert, Redline
HÄUSEL, HANS-GEORG Brain View, Haufe
KLIMKE, ROBERT / FABER, MANFRED Erfolgreicher Lösungsvertrieb, Gabler
STEMPFLE, LOTHAR / ZARTMANN, RICARDA Aktiv verkaufen am Telefon, Gabler
VON MASSENBACH, RAINER / SCHLOSSER, TOBIAS Direktkontakt, Books on Demand

/ 2009 /

ALTMANN, HANS CHRISTIAN Die neuen Spielregeln im Verkauf, Wiley
BURZLER, THOMAS Mission Profit, Gabal
CASSEL, JEREMY / BIRD, TOM Brilliant Selling – What the best salespeople know, do and say, Pearson Education
FISCHER, CLAUDIA 30 Minuten für profitable Akquise-Telefonate, Gabal
HAHN, WERNER Kaltakquisition – So bekommst Du (fast) jeden Termin!, Werner F. Hahn GmbH
HAHN, WERNER Mach den Abschluss, Werner F. Hahn GmbH
KALTENBACH, WALTER / AMANN, MARKUS Was im Verkauf wirklich zählt, Business Village
KATZENGRUBER, WERNER Die neuen Verkäufer, Wiley
KLOTZ, MARCEL Competence Selling, Das Geheimnis der Spitzenverkäufer, BusinessVillage
SCHÜLLER, ANNE Erfolgreich verhandeln – Erfolgreich verkaufen, Businessvillage
VOGEL, INGO Top Emotional Selling, Gabal

/ 2010 /

BUHR, ANDREAS / CRISTIANI, ALEXANDER / DETROY, ERICH-NORBERT /
FINK, KLAUS-JÜRGEN / EULER, MARKUS Back to Basic – Verkaufen heute, Businessvillage
FRÄDRICH, STEFAN / KREUTER, DIRK / LIMBECK, MARTIN Das Sales-Master-Training, Gabler
PINCZOLITS, KARL Was Profi-Verkäufer besser machen, Campus
READ, NICHOLAS / BISTRITZ, STEPHEN Selling to the C-Suite, McGraw-Hill
SCHMITZ, KARL WERNER berühren – begreifen – verkaufen, Finanzbuch

/ 2011 /

ALTMANN, HANS CHRISTIAN Die zehn Geheimnisse der besten Verkäufer, Wiley
AREND, MARIO Erfrischend anders, Books on Demand
DIETZE, ULRICH / MANNIGEL, CHRISTIAN Total Quality Selling, Gabal
GEBHARDT-SEELE, STEPHAN Aufstand der Verkäufer, Wiley
LIMBECK, MARTIN Nicht gekauft hat er schon, Redline
SESSLER, HELMUT Limbic® Sales, Haufe
TAXIS, TIM Heiß auf Kaltakquise, Haufe

/ 2012 /

MESSNER, HARALD Nichts ist spannender als Verkaufen, Linde
MORGENSTERN, MARTIN CHRISTIAN Furchtlos verkaufen, Business Village
SCHÄFER, LARS Emotionales Verkaufen, Gabal

Ergänzende Literatur

ALT, JÜRGEN AUGUST Richtig argumentieren, C.H. Beck, 2002
ARGYLE, M. Körpersprache und Kommunikation, Junfermann, 1979
BECK, GLORIA Verbotene Rhetorik, Die Kunst der skrupellosen Manipulation, Eichborn, 2005
BIRKENBIHL, VERA Kommunikation für Könner, mvg, 2000
BIRKENBIHL, VERA Psycho-logisch richtig verhandeln. Professionelle Verhandlungstechniken mit Experimenten und Übungen, mvg, 1997
BREDEMEIER, KARSTEN Schwarze Rhetorik, Wilhelm Goldmann, 2005
BETSCHART, MARTIN Ich weiß, wie Du tickst, Orell Füssli, 2011
BRAUN, ROMAN NLP – Eine Einführung, Manager Edition, 2003
CARNEGIE, DALE Rede Dich zum Erfolg, Wilhelm Heyne, 2002
CERWINKA, GABRIELE / SCHRANZ, GABRIELE Nervensägen. So zähmen Sie schwierige Mitarbeiter, Chefs und Kunden, Linde, 2005
CERWINKA, GABRIELE / SCHRANZ, GABRIELE Wenn der Kunde laut wird, Linde, 2009
CICERO, ANTONIA / KUDERNA, JULIA Die Kunst der „Kampfrhetorik", Junfermann, 2000
DALL, MARTIN Der Verhandlungsprofi, Linde, 2011
DANZ, GERRIET Neu Präsentieren, Campus, 2010
DEGEN, URSULA Small Talk, Orell Füssli, 2002
EDMÜLLER, ANDREAS / WILHELM, THOMAS Manipulationstechniken, Haufe, 2002
EKMAN, PAUL Gefühle lesen, Spektrum, 2011
ERICKSON, MILTON / ROSEN, SIDNEY / ECKERT, BRIGITTE Die Lehrgeschichten von Milton H. Erickson, Iskopress, 2006
ERICKSON, MILTON / ROSSI, ERNEST / STEIN, BRIGITTE Hypnotherapie. Aufbau, Beispiele, Forschungen, Klett-Cotta, 2007
FERRAZZI, KEITH Never Eat Alone, Random House, 2005
FISCHBACHER, ARNO Geheimer Verführer Stimme, Junfermann, 2010
FISHER, ROGER / URY, WILLIAM / PATTON, BRUCE Das Harvard-Konzept. Sachgerecht verhandeln – erfolgreich verhandeln, Campus, 1998
FRANCK, NORBERT Fit für den Auftritt, dtv, 2003
FRETER, HERMANN Markt- und Kundensegmentierung, Edition Marketing, 2008
GEOFFROY, EDGAR / SEIWERT, LOTHAR Zeitmanagement für Verkäufer, Moderne Industrie
GEORGE, WALTER Sag, was du meinst, und du bekommst, was du willst, Econ, 1992
GIGERENZER, GERD Bauchentscheidungen, Goldmann, 2008
GLADWELL, MALCOLM Blink! Die Macht des Moments, Campus, 2005
GLASS, LILLIAN Ich weiß, was Sie denken!, Oesch, 2002
GOLEMAN, DANIEL EQ. Emotionale Intelligenz, Deutscher Taschenbuchverlag 2011
HAVENER, THORSTEN Denk doch, was Du willst, Rowohlt, 2011
HAVENER, THORSTEN Ich weiß, was Du denkst, Rowohlt, 2011
HOHENSEE, THOMAS Erleuchtung in sieben Tagen, Knaur, 2006
KAWASAKI, GUY Die Kunst, die Konkurrenz zum Wahnsinn zu treiben, Signum, 1997
KIRCHNER, ALEXANDER / KIRCHNER, BALDUR Rhetorik und Glaubwürdigkeit, Gabler, 1999
KÖNIG, KARL Kleine psychoanalytische Charakterkunde, Vandenhoeck & Ruprecht, 2010

Verwendete und weiterführende Verkaufsliteratur | *287*

LANGMAACK, BARBARA Soziale Kompetenz, Beltz, 2004
LAUTEN, ANNO Stimmtraining – live, Haufe, 2006
MATSCHNIG, MONIKA Körpersprache, Gräfe und Unzer, 2009
MOHL, ALEXA Der Meisterschüler, Das NLP Lern- und Übungsbuch, Junfermann, 2002
MOHL, ALEXA Der Zauberlehrling, Das NLP Lern- und Übungsbuch, Junfermann, 2003
MOLCHO, SAMY Körpersprache des Erfolgs, Hugendubel, 2005
MÜLLER, MEIKE Killerphrasen… und wie Sie gekonnt kontern, Eichborn, 2003
NASHER, JACK Durchschaut, Heyne, 2010
NAVARRO, JOE Menschen lesen, mvg, 2011
NAVARRO, JOE Menschen verstehen und lenken, mvg, 2012
NÖLLKE, MATTHIAS Small Talk, Die besten Themen, Haufe, 2006
NÖLLKE, MATTHIAS Small Talk – live, Haufe, 2005
NUFER, GERD / KELM, DANIEL Cross Selling Management, Hochschule Reutlingen, 2011
OVERSTREET, HARRY ALLEN Influencing Human Behaviour, Norton, 1925
PIAZOLO, MARC Empirische Marktforschung & Datenanalyse, Books on Demand GmbH, 2011
PÖHM, MATTHIAS Das Nonplusultra der Schlagfertigkeit, mvg, 2004
PÖHM, MATTHIAS Nicht auf den Mund gefallen!, mvg, 2000
PÖHM, MATTHIAS Präsentieren Sie noch oder faszinieren Sie schon?, mvg, 2006
PÖHM, MATTHIAS Vergessen Sie alles über Rhetorik, mvg, 2002
ROSSIÉ, MICHAEL Frei sprechen, Econ, 2009
ROSSIÉ, MICHAEL Sprechertraining, Evon, 2011
SANT, TOM Persuasive Business Proposals, Amacom, 2012
SCHÄCHTELE, PETRA Schlagfertigkeit – live, Haufe, 2005
SCHAUB, BRIGITTE Der Stimmige Auftritt, Edition Octopus, 2008
SCHERER, HERMANN Das überzeugende Angebot, Campus, 2011
SCHERER, HERMANN Wie man Bill Clinton nach Deutschland holt, Campus, 2006
SCHOPENHAUER, ARTHUR Eristische Dialektik oder die Kunst recht zu behalten, Kein & Aber, 2009
SCHRANNER, MATTHIAS Der Verhandlungsführer, Ecowin, 2003
SCHÜLLER, ANNE Come Back! Wie Sie verlorene Kunden zurückgewinnen, Orell Füssli, 2010
SCHULZ VON THUN, FRIEDEMANN Miteinander reden: 1, Rowohlt, 2008
SIMON, WALTER Persönlichkeitsmodelle und Persönlichkeitstests, Gabal, 2010
SKUPNIK, PETER Sachgerecht und erfolgreich verhandeln, expert, 2002
SPRENGER, REINHARD K. Radikal führen, Campus, 2012
THIELE, ALBERT Argumentieren unter Stress, Frankfurter Allgemeine Buch, 2005
TOPF, CORNELIA Präsentations-Torpedos, managerSeminare, 2004
WINTHROP, SIMON So werden Sie ein Mentalist, mvg, 2012

www.welt.de/wissen Spontaneität macht großzügig

Generell war WIKIPEDIA ein guter Ratgeber für viele Stichwortrecherchen.

Die Verkaufsliteratur wurde chronologisch geordnet, damit man die Entwicklung
der Verkaufsliteratur und deren Titel leichter nachverfolgen kann.

Im Literaturverzeichnis ist jeweils die Erstauflage des entsprechenden Werks
vermerkt, um die Entwicklung auf der Zeitachse aufzuzeigen, auch wenn
der Verfasser teilweise spätere Auflagen gelesen hat.

Die Erstausgaben wurden sorgfältig recherchiert. Trotzdem mögen es mir die Autoren und werte Leserschaft verzeihen, wenn ich mich einmal mit einer Jahresangabe geirrt haben sollte.

Vorsorglich wird darauf hingewiesen, dass verwendete Bezeichnungen, die einem marken- oder urheberrechtlichen Schutz unterliegen, hier nur zu informatorischen Zwecken genannt werden.

Bildnachweise

Seite	Quelle	Seite	Quelle
S. 9:	© Jayesh/istock.com	S. 161:	© Classics/istock.com
S. 19:	© CSA_Images/istock.com		© Jeffrey Thompson/istock.com
S. 21:	© Marina Zlochin/istock.com	S. 162:	© Man_Half-tube/istock.com
S. 25:	© akindo/istock.com	S. 169:	© Hans Laubel/istock.com
S. 29:	© artvea/istock.com	S. 171:	© Hongli/istock.com
S. 30:	© Alashi/istock.com	S. 173:	© CurvaBezier/istock.com
S. 35:	© George Paul/istock.com	S. 175:	© Saul Herrera/istock.com
S. 39:	© iconeer/istock.com	S. 183:	© Volodymyr Grinkot/istock.com
S. 48:	© anthony myers/istock.com	S. 187:	© Saul Herrera/istock.com
S. 51:	© Neil Riehle/istock.com	S. 193:	© Saul Herrera/istock.com
S. 56:	© Alexander Samoyilov/istock.com	S. 201:	© Jayesh/istock.com
S. 63:	© John_Woodcock/istock.com	S. 204:	© MHJ/istock.com
S. 71, 73:	© Peter Willems/istock.com	S. 207:	© CurvaBezier/istock.com
S. 81:	© yungshu chao/istock.com	S. 213:	© Joseff Hunor Vilhelem/istock.com
S. 83:	© thorbjørn kongshavn/istock.com	S. 215:	© CurvaBezier/istock.com
S. 87:	© Jennifer McCormick/istock.com	S. 219:	© labsas/istock.com
S. 87:	© Mark Divers/istock.com	S. 220:	© Zack Blanton/istock.com
S. 95:	© akindo/istock.com	S. 225:	© Christos Georghiou/istock.com
S. 97:	© anthony myers/istock.com	S. 227:	© thorbjørn kongshavn/istock.com
S. 99:	© pahin/istock.com	S. 229:	© akindo/istock.com
S. 101:	© akindo/istock.com	S. 230:	© DrawingDuck/istock.com
S. 102, 103:	© CSA_Images/istock.com	S. 236:	© Jeremy Mayes/istock.com
S. 105:	© Yew Hougloh/istock.com	S. 237:	© fenix1984/istock.com
S. 115, 120:	© sirBS/istock.com	S. 241:	© akindo/istock.com
S. 121:	© Svetlana Alyuk/istock.com	S. 243:	© akindo/istock.com
S. 124:	© yuoak/istock.com	S. 251:	© Man_Half-tube/istock.com
S. 128:	© Jayesh/istock.com	S. 253:	© Peter Willems/istock.com
S. 136:	© Jeremy Mayes/istock.com	S. 259:	© Saul Herrera/istock.com
S. 139:	© CurvaBezier/istock.com	S. 261:	© Yuri Kuzmin/istock.com
S. 141:	© Jayesh/istock.com	S. 265:	© Yogy Hehwanto/istock.com
S. 151:	© kimberrywood/istock.com	S. 267:	© Alashi/istock.com
S. 156:	© Nancy Edmonds/istock.com	S. 275:	© Jayesh/istock.com
		S. 279:	© John_Woodcock/istock.com